中等职业教育国家规划教材
全国中等职业教育教材审定委员会审定

传感器及应用

（第3版）

主编　吴旗

中国教育出版传媒集团
高等教育出版社·北京

内容简介

本书是中等职业教育国家规划教材，在第2版的基础上修订而成。

本书共分十个模块，内容包括传感器技术概述、电阻式传感器、电感式及电容式传感器、发电传感器、光电式传感器、数字式传感器、新型传感器、检测仪表概述、传感器应用的相关技术问题以及传感器的综合应用。书中列举了传感器在生产、生活中的许多应用案例，部分模块、单元配备了实践任务。

本书配套教学课件等辅教辅学资源，请登录高等教育出版社新形态教材网（https://abooks.hep.com.cn）获取相关资源。详细使用方法见本书最后一页“郑重声明”下方的“学习卡账号使用说明”。

本书可作为中等职业学校机电设备类、自动化类、电子信息类、计算机类等专业的教学用书，也可作为相关企业的培训用书。

图书在版编目（CIP）数据

传感器及应用 / 吴旗主编. -- 3版. -- 北京 ：高等教育出版社，2025. 2. -- ISBN 978-7-04-062345-1

Ⅰ. TP212

中国国家版本馆CIP数据核字第2024YK7903号

传感器及应用（第3版）
CHUANGANQI JI YINGYONG

策划编辑 王佳玮　　责任编辑 王佳玮　　封面设计 杨伟露　　版式设计 杨 树
责任绘图 马天驰　　责任校对 张 薇　　责任印制 沈心怡

出版发行	高等教育出版社	网 址	http://www.hep.edu.cn
社 址	北京市西城区德外大街4号		http://www.hep.com.cn
邮政编码	100120	网上订购	http://www.hepmall.com.cn
印 刷	涿州市星河印刷有限公司		http://www.hepmall.com
开 本	889mm×1194mm 1/16		http://www.hepmall.cn
印 张	13.5	版 次	2002年7月第1版
字 数	280千字		2025年2月第3版
购书热线	010-58581118	印 次	2025年2月第1次印刷
咨询电话	400-810-0598	定 价	25.80元

物 料 号 62345-00

第 3 版前言

党的二十大报告指出，坚持把发展经济的着力点放在实体经济上，推进新型工业化，加快建设制造强国、质量强国、航天强国、交通强国、网络强国、数字中国。传感器技术在推进新型工业化的过程中起着重要作用。

本书在中等职业教育国家规划教材《传感器及应用（第 2 版）》的基础上修订而成，修订的指导思想是：根据传感器种类繁多、应用广泛的特征，突出基本性和简洁性；根据职业教育的培养目标，突出应用性；根据职业教育的特点，尽量做到手脑并用、做学合一，突出实践性；根据教育理论和教学规律，突出典型性；根据事物发展的规律，反映当前传感器技术发展的最新成果，突出新颖性；根据专业不同、学校所在地不同的现实，可按照地方经济的实际需要，对相关模块和单元内容进行选学，突出使用的广泛性。

为了顺应当前职业教育发展的趋势，本书对编写体例进行了调整，以模块、单元组织内容，并在第 2 版基础上删减部分理论知识，添加了一些传感器的应用案例和实践任务。

第 2 版出版以来国内外传感器应用技术发展迅速，本书在不改变第 2 版整体架构的情况下，对第 2 版进行了一定幅度的调整，主要调整内容如下。

1. 针对第 2 版中部分章节的内容分配不均的情况，将“参量传感器”拆分成“电阻式传感器”“电感式及电容式传感器”两个模块，其中“电阻式传感器”模块添加了使用广泛的“电位器式传感器”单元，“热电阻传感器”拆分成“热电阻传感器”和“热敏电阻传感器”两个单元，“气敏、湿敏电阻传感器”拆分成“气敏电阻传感器”和“湿敏电阻传感器”两个单元。

2. 限于篇幅，删除“发电传感器”中目前很少使用的“磁电式传感器”。

3. 针对“其他传感器”近年来应用快速增长的特点，将其拆分成“光电式传感器”“数字式传感器”和“新型传感器”三个模块，并对“光电式传感器”“数字式传感器”两个模块内容进行了适当增扩，将“机器人传感器”调整到“新型传感器”模块中，内容也进行了适当调整。

4. 将“传感器的信号处理”及“抗干扰技术”内容进行了增删，合并为“传感器应用的相关技术问题”模块，删除了“仪表放大器及 A/D 转换器的选择”和“传感器信号的非线性校正”内容，增加了“可靠性问题”单元。

5. 鉴于智能检测和物联网的飞速发展，将“传感器在机电产品中的应用”调整为“传感器的综合应用”模块，增加了“智能检测技术”和“传感器在物联网中的应用”两个单元。

本书配套电子课件等辅教辅学资源，请登录高等教育出版社新形态教材网（https://abooks.hep.com.cn）获取相关资源。详细使用方法见本书最后一页“郑重声明”下方的“学习卡账号使用说明”。

本书由常州工业职业技术学院（原常州轻工业学校）吴旗主编，常州工业职业技术学院的何成平、李永杰两位老师提供了一些应用案例及相关内容，在此表示衷心感谢。

本书在编写体系和内容取舍方面进行了一些新的尝试。限于编者的学识水平，书中难免有疏漏之处，恳请广大读者提出宝贵意见，读者意见反馈信箱：zz_dzyj@pub.hep.cn。

编　者

2024年3月

第1版前言

本书是根据教育部2001年颁发的《中等职业学校机电技术应用专业教学指导方案》中主干课程《传感器及应用教学基本要求》，并参照有关行业的职业技能鉴定规范及中级技术工人等级标准编写的中等职业教育国家规划教材。

本书主要内容包括：传感器的基本概念，常用传感器及测量转换电路，抗干扰技术，传感器的信号处理，检测仪表概述和传感器在机电产品中的应用。其中，常用传感器及测量转换电路一章可根据行业及地方经济的需要，在讲课时进行部分筛选；检测仪表概述一章在课时允许的条件下可作为选学内容。本书根据传感器技术实践性强、内容分散、缺乏系统性和连续性，而又具有“机”与“电”之间的“桥梁”和“纽带”作用这样一些特点，注重基本概念、基本原理、基本方法的阐述，并考虑中等职业教育的特点，避免了理论推导，增强了实际应用等方面的知识。为了加强学生的动手能力，部分传感器增添了应用小制作的介绍，提供学生作为课外兴趣制作的参考。本书尽可能反映国内外传感器领域的新成果、新进展，着力体现中等职业教育以应用为主的宗旨，同时有利于学生分析问题、解决问题能力的培养与提高。

全书由江苏省常州轻工业学校吴旗任主编，其中第一章，第二章的第一、二、四、八、十、十一节，第三章，第四章和第六章第一节由吴旗编写；第二章的第三、五、六、七、九、十二、十三节，第五章和第六章第二节由江苏省常州轻工业学校俞亚珍编写。高等教育出版社请河海大学机电学院卞新高副教授审阅了全书，特此致谢。本书为中等职业学校机电类专业的教材，也可供有关专业师生及工程技术人员参考。

本书通过全国中等职业教育教材审定委员会审定，由北京科技大学罗圣国教授担任责任主审，北京科技大学陈工、马祥华副教授审稿。他们对书稿提出了很多宝贵意见，在此表示衷心感谢。

由于编者水平有限，错误之处在所难免，敬请读者批评指正。

编　者

2002年4月

目　　录

模块一　传感器技术概述

当今世界是一个信息的时代，在处理信息的过程中，首先需要获取准确可靠的信息，而传感器是获取自然界和生产领域中信息的重要途径与手段。本模块力求通过对传感器技术的基本概念、传感器的定义与基本特性、传感器的测量误差与精度、传感器中的弹性敏感元件等的介绍，使读者对传感器技术涉及的一些基本问题有一个初步的了解。

单元1 传感器技术的基本概念

一、传感器技术简述

人的行为是通过人体感官(视觉、听觉、嗅觉、味觉、触觉)接收来自外界刺激的信息,并将这些信息传递给大脑,在大脑中进行运算、处理,然后传给肌体(如手足等)来完成的。假如希望用机器完成这一过程,则大脑相当于计算机,肌体相当于机器的执行器,人体感官就相当于"传感器"。这三者结合,发挥了人类改造自然的积极作用。计算机是人类大脑或智力的延伸,执行器是人类四肢的延伸,传感器则是人类感官的延伸。传感器的存在和发展,让物体有了视觉(光敏传感器)、听觉(声敏传感器)、触觉(压敏、温敏传感器)、味觉(气敏传感器)和嗅觉(化学、生物传感器)等感官,让物体活了起来。目前传感器技术正朝着微型化、数字化、智能化、多功能化、系统化、网络化等方向快速发展。

在现代工业生产中,为了检查、监督和控制某个生产过程或运动对象,使它们处于所选工况的最佳状态,必须掌握描述它们特性的各种参数,这就需要测量这些参数的大小、方向、变化速度等。所谓检测就是人们借助仪器和设备,利用各种物理效应,采用一定的方法,将客观世界的有关信息通过检查与测量定性或定量获取的过程。这些仪器和设备的核心部件就是传感器。传感器是一种检测装置,能感受到被测量(多为非电信号)的信息,并把它转化为电信号,以满足信息的传输、处理、存储、显示、记录和控制等要求。

检测包含检查与测量两个方面,检查往往是获取定性信息,而测量则是获取定量信息。自动检测是在检查和测量过程中完全不需要或仅需要很少的人工干预而自动进行并完成的。自动检测可以提高自动化水平,减少人为干扰因素和人为差错,可以提高生产过程或设备的可靠性及运行效率,而传感器恰恰是实现自动检测和自动控制的重要环节。

二、传感器的地位与作用

中国有句古话:"工欲善其事,必先利其器。"比喻要做好一件事,准备工作非常重要。用这句话来说明传感器技术在现代科学技术中的重要性很恰当,所谓"事",就是指发展现代科学技术,而"器"则是指利用传感器技术制造的仪器、仪表、工具等。所以说传感器技术是科学实践和生产实践的必要手段,它的水平高低是现代科学技术的重要标志,因此,它在发展国民经济中的作用也就不言而喻了。

随着自动化、物联网等新技术的发展，传感器的使用数量越来越大，一切现代化仪器、设备几乎都离不开传感器。

在工业生产中，尤其是自动化生产过程中，各种传感器常被用来监测和控制生产过程中的各个参数，如温度、压力、流量、pH 值等，以便使设备工作在最佳状态，产品达到最好的质量。

农业是国民经济的基础，为了加快建设农业强国，必须掌握农田土地实际状态、作物分布，掌握森林资源，观察海洋环境，探测鱼群等，所有这些工作都离不开传感器。

传感器技术早已进入了人们的日常生活之中。例如，电冰箱中的温度传感器，监视煤气溢出的气敏传感器，防止火灾的烟雾传感器，防盗用的光电式传感器，移动电话里的声音传感器、视觉传感器、触觉传感器、震动传感器等。

机电一体化技术是科学技术发展的必然产物，它使产品提高了自动化程度。作为高科技代表的机电一体化系统一般由机械本体、传感器、控制装置和执行机构四部分组成，如图 1-1 所示。传感器把机械本体的工作状态、生产过程等工业参数转换成电信号，从而便于采用控制装置使控制对象按给定的规律变化，推动执行机构适时地调整机械本体的各种工业参数，使机械本体处于自动运行状态，并实行自动监视和自动保护。显然，传感器是机械本体与控制装置的“纽带”和“桥梁”，在机电一体化系统中起着重要作用。

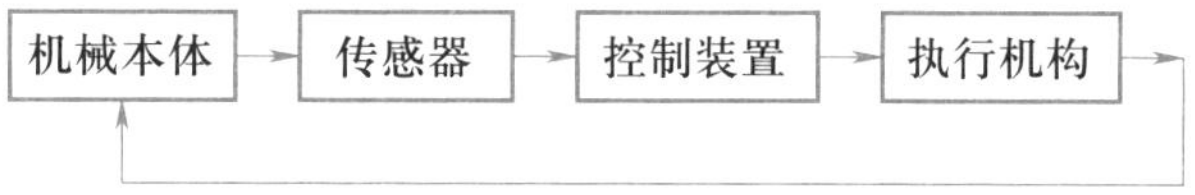

图 1-1　机电一体化系统的组成

传感器早已渗透到诸如工业生产、宇宙开发、海洋探测、环境保护、资源调查、医学诊断、生物工程，甚至文物保护等领域。可以毫不夸张地说，从茫茫的太空，到浩瀚的海洋，以至各种复杂的工程系统，几乎每一个现代化项目，都离不开各种各样的传感器。目前，传感器技术已成为工业生产中的一项重要技术。可以说，自动化水平是衡量一个国家现代化水平的重要方面，而自动化水平的高低是由使用传感器应用的广泛程度和深入程度决定的。

三、传感器的分类及命名

传感器名目繁多，分类方法不尽相同。常见的分类方法有以下几种。

1. 按工作原理分类

按工作原理可以将传感器分成参量传感器、发电传感器及特殊传感器。其中，参量传感器有触点传感器、电阻式传感器、电感式传感器、电容式传感器等；发电传感器有光电池、热电偶传感器、霍尔式传感器、压电式传感器等；特殊传感器是不属于以上两种类型的传感器，如数字式传感器、光纤传感器、红外探测器、激光检测器等。

这种分类方法的优点是可以把传感器按工作原理分门别类地归纳起来，避免名目过多，且较为系统。

2. 按被测量性质分类

按被测量性质可以将传感器分成机械量传感器、热工量传感器、成分量传感器、状态量传感器、探伤传感器等。其中，机械量有力、长度、位移、速度、加速度等；热工量有温度、压力、流量等；成分量传感器是检测各气体、液体、固体化学成分的传感器，如检测可燃性气体泄漏的气敏传感器；状态量传感器是检测设备运行状态的传感器，如由干簧管、霍尔元件做成的各种接近开关；探伤传感器是用来检测金属制品内部的气泡和裂缝，检测人体内部器官的病灶等的各种传感器，如超声波探头、CT 探测器等。

这种分类方法对使用者比较方便，容易根据测量对象的性质来选择所需的传感器。

3. 按输出量种类分类

按输出量种类可将传感器分成模拟式传感器和数字式传感器。模拟式传感器输出与被测量成一定关系的模拟信号，如果需要与计算机配合或用数字显示，还必须经过模/数（A/D）转换电路。数字式传感器输出的是数字量，可直接与计算机连接或作数字显示，读取方便，抗干扰能力强。

4. 按传感器的信号处理方法分类

按传感器的信号处理方法可以将传感器分成直接传感器、差动传感器和补偿传感器。直接传感器是单独将被测量转换成所需要的输出信号，它的结构最简单，但灵敏度低，易受外界干扰。差动传感器是把两个相同类型的直接传感器接在转换电路中，使两个传感器所接收的相同干扰信号相减，而有用的被测量信号相加，从而提高了灵敏度和抗干扰能力，改善了特性曲线的线性度。补偿传感器要求显示装置的指示自动跟随被测量变化而变化，它一般是把输出的电信号通过反向传感器变换成非电信号，再与被测量进行比较，产生一个偏差信号。此偏差信号通过正向通路中的传感器变换成电信号，再经过测量、放大，然后输出供指示或记录，从而大大提高了测量精度和抗干扰能力。但这类传感器往往结构复杂，价格偏高，本书将介绍前两种形式的传感器。

5. 按感知功能分类

传感器按感知功能可分为热敏、光敏、气敏、力敏、磁敏、湿敏、声敏、放射线、色敏和味敏等十大类。

传感器常按工作原理及被测量性质两种分类方式合二为一进行命名，例如电感式位移传感器、光电式转速计、压电式加速度计等。这种命名使被测量与传感器的工作原理一目了然，便于使用者正确选用。较为完整的传感器的分类表见本书附录一。

单元 2　传感器的定义与基本特性

一、传感器的定义与组成

传感器是能感受规定的被测量并按照一定规律转换成有用输出信号(一般为电信号)的器件或装置。它通常由敏感元件、传感元件和测量转换电路组成,如图 1-2 所示。其中,敏感元件是指传感器中能直接感受被测量的部分,传感元件指传感器中能将敏感元件输出转换为便于传输和测量的电信号的部分。由于传感器输出信号一般都很微弱,需要有信号调节与转换电路将其放大或转换为容易传输、处理、记录和显示的形式,这一部分一般称为测量转换电路。

图 1-2　传感器组成

传感器输出信号有很多形式,如电压、电流、频率、脉冲等,输出信号的形式由传感器的原理确定。常见的测量转换电路有放大器、电桥、振荡器、电荷放大器等,它们分别与相应的传感器相配合。

有些国家及有些学科领域,将传感器称为变换器、检测器或探测器等。应该说明,并不是所有的传感器都能明显区分敏感元件、传感元件和测量转换电路三个部分,有些传感器可能是三者合为一体。随着半导体器件与集成技术在传感器中的应用,传感器的测量转换电路可以安装在传感器的壳体里或与敏感元件一起集成在同一集成电路上,这是现代传感器的重要发展方向。例如半导体气体传感器、湿度传感器等,它们一般都将感受的被测量直接转换为电信号,没有中间环节。

二、传感器的基本特性

评价传感器的性能指标是多方面的,衡量检测系统的主要指标有精度、稳定性、可靠性和输入输出特性等。

1. 精度

精度是评价传感器优良程度的一个指标。精度分为准确度和精密度。所谓准确度就是测量值对于真值的偏离程度，为修正这种偏差需要进行校正，但完全校正是很麻烦的，因此，使用时需尽可能地减小误差。即使测量相同对象，每次测量也会得到不同测量值，即为离散偏差，离散偏差越小，则精密度越高。精度高的传感器价格也高，使用时注意不要损坏。

2. 稳定性

传感器的稳定性有两个指标，一是系统指示值在一段时间中的变化，以稳定度表示；二是系统外部环境和工作条件变化引起指示值的不稳定，用环境影响系数表示。稳定度指在规定时间内，测量条件不变的情况下，由检测系统中随机性变动、周期性变动、漂移等引起指示值的变化。一般以精密度数值和时间的长短来表示。例如，某仪表电压指示值每小时变化1.3 mV，则稳定度可表示为1.3 mV/h。环境影响系数是指检测系统由外界环境变化引起指示值变化的量。它是由温度、湿度、气压、振动、电源电压及电源频率等一些外加环境因素所引起的。

3. 可靠性

表征传感器可靠性最基本的尺度是可靠度，它是衡量传感器能够正常工作并完成其功能的程度。可靠度的应用亦可体现在传感器正常工作和出现故障两个方面，在传感器正常工作方面由平均无故障时间来体现，在传感器出现故障方面由平均故障修复时间来体现。关于可靠性问题本书将在模块九单元2中简要介绍。

4. 输入输出特性

传感器输入输出特性可分静态特性和动态特性。静态特性是指输入的被测量不随时间变化或随时间变化很缓慢时，传感器的输出量与输入量的关系。它主要有线性度、灵敏度、迟滞、分辨率与分辨力等。

（1）*线性度* 传感器的线性度是指传感器输出-输入的实际特性曲线和拟合直线（图1-3）之间的最大偏差与输出量程范围之比，即

$$\gamma_L=\frac{|\Delta_L|_{max}}{y_{max}-y_{min}}\times 100\% \qquad (1-1)$$

式中 γ_L——线性度；

$|\Delta_L|_{max}$——最大非线性绝对误差；

$y_{max}-y_{min}$——输出量程范围。

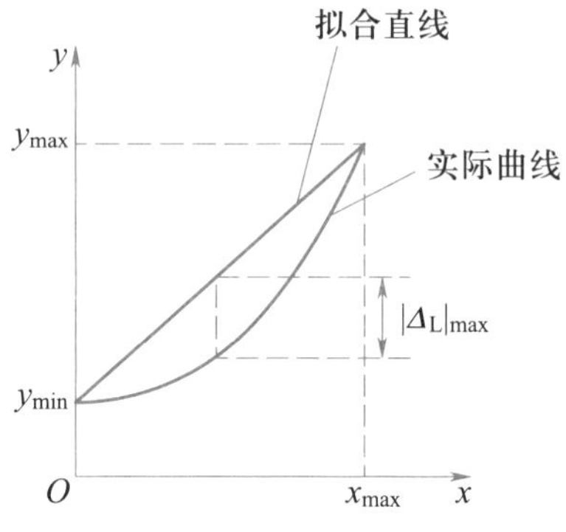

图1-3 线性度示意图

线性度又称为非线性误差。通常总是希望输出-输入特性曲线为一条直线，但实际的输出-输入特性曲线只能接近直线，实际曲线与拟合直线之间存在的偏差就是传感器的非线性绝对误差。

（2）*灵敏度* 传感器的灵敏度是指传感器在稳定标准条件下，输出变化量与输入变化量的比值，即

$$K=\frac{dy}{dx}\approx\frac{\Delta y}{\Delta x} \tag{1-2}$$

式中　K——灵敏度,线性传感器的灵敏度是个常数;

Δy——输出量的变化量;

Δx——输入量的变化量。

(3) 迟滞　传感器的迟滞是指传感器的正向特性与反向特性的不一致程度。产生迟滞现象的主要原因是传感器的机械部分不可避免地存在着间隙、摩擦及松动等。

(4) 分辨率与分辨力　分辨率和分辨力都是用来表示仪表或装置能够检测被测量的最小量值的性能指标。前者以最大量程的百分数表示,是一个无量纲的量;后者以最小量程的单位值表示,是一个有量纲的量。

(5) 动态特性　传感器要检测的输入信号是随时间而变化的,传感器的特性应能跟踪输入信号的变化,这样才可以获得准确的输出信号。如果输入信号变化太快,传感器就可能跟踪不上。这种跟踪输入信号变化的特性就是响应特性,即动态特性。动态特性是传感器的重要特性之一。

三、对传感器的要求

对传感器的具体要求因使用条件不同而异,主要从基本特性、使用性能、方便程度等方面提出要求,一般有以下十个方面:

① 输入与输出成比例,并且输出信号大;

② 迟滞和非线性误差小;

③ 要有一定的灵敏度和精密度;

④ 特性曲线的稳定性和重复性较好;

⑤ 具有较好的动态特性;

⑥ 具有一定的抗干扰能力;

⑦ 内部噪声小,反应速度快;

⑧ 小型、量轻、动作能量小;

⑨ 使用寿命长,价格便宜;

⑩ 易使用、维修和校准,对环境要求不高。

总之,要求传感器特性好、性能优、使用方便、易维修;体积小、重量轻、价格便宜、寿命长。本书附录二列出了几种常用传感器性能特点比较表供参考。

单元3 传感器的测量误差与精度

一、传感器测量误差的基本概念

任何测量不可能绝对准确,都存在误差,只要误差在允许范围内即可认为符合标准。传感器也不例外。所谓传感器的测量误差,即传感器的输出值与理论输出值的差值。因此,设计与制造传感器时允许有测量误差,但必须在规定的误差范围之内。为了使传感器能满足一定的精度要求,需要掌握误差的种类、产生误差的原因和克服与减少误差的方法。

由传感器的定义得知,传感器是将未知的物理量转换成人们易识别的电信号,实际上传感器就是一种测量器具,所以利用传感器进行测量产生的误差就是测量误差。下面介绍有关测量的部分名词。

(1) 真值　被测量本身所具有的真正值称为真值。量的真值是一个理想的概念,一般是不知道的。但在某些特定情况下,真值又是可知的,例如一个整圆的圆周角为360°等。

(2) 约定真值　由于真值往往是未知的,所以一般用基准器的量值来代替真值,称为约定真值,它与真值之差可以忽略不计。

(3) 实际值　误差理论指出,在排除了系统误差的前提下,当测量次数为无限多时,测量结果的算术平均值接近于真值,因而可将它视为被测量的真值。但是测量次数是有限的,故按有限测量次数得到的算术平均值只是统计平均值的近似值。而且由于系统误差不可能完全被排除掉,故通常只能把精度更高一级的标准器具所测得的值作为“真值”。为了强调它并非真正的“真值”,故把它称为实际值。

(4) 标称值(示值)　由测量器具读数装置所指示出来的被测量的数值。

(5) 测量误差　用器具进行测量时,所测量出来的数值与被测量的实际值之间的差值。

二、测量误差的分类

在测量中由不同因素产生的误差是混合在一起同时出现的。为了便于分析研究误差的性质、特点和消除方法,下面将对各种误差进行分类讨论。

1. 按表示方法分类

(1) 绝对误差——是指示值 A_x 与约定真值 A_o 的差值,即 $\Delta=A_x-A_o$。在计量中常使用修正值 α,$\alpha=A_o-A_x=-\Delta$。只要得到修正值 α、示值 A_x,便可得知约定真值 A_o。

(2) 相对误差——针对绝对误差有时不足以反映示值偏离约定真值大小程度而设定的，在实际测量中，相对误差有下列表示形式：

① 实际相对误差 γ_A——用绝对误差 Δ 与约定真值 A_o 的百分比表示，即

$$\gamma_A = \pm\frac{\Delta}{A_o}\times 100\% \tag{1-3}$$

② 标称相对误差 γ_x——用绝对误差 Δ 与示值 A_x 的百分比表示，即

$$\gamma_x = \pm\frac{\Delta}{A_x}\times 100\% \tag{1-4}$$

③ 满度(或引用)相对误差 γ_m——用绝对误差 Δ 与仪器满刻度值 A_m 的百分比表示，即

$$\gamma_m = \pm\frac{\Delta}{A_m}\times 100\% \tag{1-5}$$

式中，当 Δ 取为满度时的 Δ_m 时，满度(或引用)相对误差就被用来确定仪表的精度等级 S(如 0.5%<满度相对误差≤1%时，则称精度等级为 1 级)，即

$$S = \frac{|\Delta|_m}{A_m}\times 100 \tag{1-6}$$

当仪表显示值下限不为零时，精度等级 S 应用下式表达：

$$S = \frac{|\Delta|_m}{A_{max}-A_{min}}\times 100 \tag{1-7}$$

其中 A_{max} 和 A_{min} 分别为仪表刻度盘的上限与下限。我国电工仪表精度等级分为七级，即 0.1、0.2、0.5、1.0、1.5、2.5、5.0 级。

【例 1】　今有 0.5 级的 0～300 ℃和 1.0 级的 0～100 ℃两个温度计，要测 80 ℃的温度，试问采用哪一个温度计好？

解：　用 0.5 级仪表测量时，最大标称相对误差为

$$\gamma_{x1} = \frac{\Delta_{m1}}{A_x}\times 100\% = \frac{300\times(\pm 0.5\%)}{80}\times 100\% = \pm 1.875\%$$

用 1.0 级仪表测量时，最大标称相对误差为

$$\gamma_{x2} = \frac{\Delta_{m2}}{A_x}\times 100\% = \frac{100\times(\pm 1.0\%)}{80}\times 100\% = \pm 1.25\%$$

$$|\gamma_{x2}| < |\gamma_{x1}|$$

显然，用 1.0 级仪表比用 0.5 级仪表更合适。因此，在选用传感器时应兼顾精度等级和量程。

(3) 容许误差——根据技术条件的要求，规定某一传感器误差不应超过的最大范围。

2. 按误差出现的规律分类

(1) 系统误差——指误差的数值是一个常数或按一定规律变化的值。它又可分为恒值误差和变值误差。

恒值误差是指在一定条件下，误差的数值及符号都保持不变的系统误差；变值误差是指在一定条件下，误差按某一确定规律变化的系统误差。系统误差主要是由以下几个因素引起的：材料、零部件及工艺缺陷；环境温度和湿度；压力变化及其他外界干扰。

系统误差表明了一个测量结果偏离真值和实际值的程度。系统误差越小，测量越准确，所以常用准确度来表征系统误差大小。系统误差是有规律的，它可以通过实验方法或引入修正值的方法予以修正。

（2）随机误差——由于偶然因素的影响而引起的误差，其数值大小和正负号不定，而且难以估计，但是总体仍服从一定统计规律。它不能通过实验方法加以消除，但能运用统计处理方法减少其影响。随机误差表现了测量结果的分散性。在误差理论中常用精密度来表征随机误差的大小。随机误差越小，精密度越高。

（3）粗大误差——指在一定的条件下测量结果显著偏离其实际值时所对应的误差。从性质上看，粗大误差并不是单独的类别，它本身既具有系统误差的性质，也可能具有随机误差的性质，只不过在一定测量条件下其绝对值特别大而已。粗大误差是由测量方法不妥、各种随机因素的影响以及测量人员粗心所造成的。

3. 按被测量随时间变化的速度分类

（1）静态误差——指在测量过程中，被测量随时间变化很缓慢或基本不变时的测量误差。

（2）动态误差——在被测量随时间变化时所测得的误差。例如，用笔式记录仪测得的结果，由于有惯性量，输出量在时间上不能与被测量的变化一致，而造成的误差就属于动态误差。动态误差是在动态测量时产生的，动态测量的优点是检测效率高和受环境影响小。

4. 按使用条件分类

（1）基本误差——指检测系统在规定的标准条件下使用时所产生的误差。所谓标准条件指一般传感器在实验室、制造厂或计量部门标定刻度时所保持的工作条件，如电源电压 220×(1±5%) V，温度 20 ℃±5 ℃，湿度小于 80%，电源频率 50 Hz±1 Hz 等。基本误差是检测仪表在额定条件下工作所具有的误差，检测仪表的精度就是由基本误差决定的。

（2）附加误差——当使用条件偏离规定标准条件时，除基本误差外还会产生附加误差，例如，由于温度超过标准引起的温度附加误差、电源附加误差以及频率附加误差等。这些附加误差在使用时会叠加到基本误差上。

三、仪表精度与测量精度

1. 仪表精度与测量精度的关系

仪表精度一般分为七个等级，实际上就是取最大满度（或引用）相对误差，对于数字仪表和光学仪表等还具有更高精度的等级。一般而言，七个等级在工业仪表中是具有代表性的。

而真正反映测量精度的是实际相对误差。从最大满度(或引用)误差和实际相对误差的定义公式不难看出,被测量的大小越接近量程,相对误差就越接近最大满度(或引用)误差,因此对于同等级精度的仪表,选择适当的量程,使被测量位于仪表量程的上限附近,能充分利用仪表精度获得较精确的测量结果。

2. 附加误差对实际测量精度的影响

在检测仪表的技术说明书中,除了给出基本误差外,还给出了工作条件变化时可能产生的附加误差。如果实际工作条件不是仪表规定的标准状态,这时必须考虑到附加误差的影响。那么此时仪表的测量误差究竟是多少呢?下面举例加以说明。

【例 2】 上例中,1.0 级温度计最大标称相对误差为±1.25%,若电源电压变化为±10%时产生的附加误差≤±0.5%,试估算实际测量误差。

解: 按最坏的情况考虑,每次误差都达到技术指标规定的极限值,即

基本误差 $\gamma_{x1}=\pm1.25\%$

附加误差 $\gamma_{x2}=\pm0.5\%$

若两项误差按相同的符号同时达到上述极限值,则应把上述误差相加,得

$$\gamma_x=\gamma_{x1}+\gamma_{x2}=\pm(1.25\%+0.5\%)=\pm1.75\%$$

计算结果和实际校验情况显然不符。这是因为各项误差不可能同时按相同的符号出现最大值,有的甚至互相抵消。实践证明,考虑附加误差的影响时按概率统计的方法将得到比较切合实际的结果,方法为求得各项误差的均方根值来估算测量误差,即

$$\gamma_x=\pm\sqrt{\sum\gamma_{xi}^2}=\pm\sqrt{(1.25\%)^2+(0.5\%)^2}=\pm1.35\%$$

这样处理的结果比较符合实际情况。测量误差 $\gamma_x=\pm1.35\%$也就代表了测量精度。

单元 4　传感器中的弹性敏感元件

物体因外力作用而改变原来的尺寸或形状称为变形,如果在外力去掉后能完全恢复其原来的尺寸和形状,那么这种变形称为弹性变形,具有这类特性的物体称为弹性元件。在传感器中用于测量的弹性元件称为弹性敏感元件。

弹性敏感元件是许多传感器及检测仪表中的基本元件,它们往往直接感受被测物理量(如力、压力等)的变化,并将其转化为弹性元件本身的应变或位移,然后由各种形式的传感元件把它转变为电信号。

弹性敏感元件在形式上基本分为两大类:将力(输入量,除流体压力外的力)变换成应变或位移(输出量)的变换力的弹性敏感元件和将压力(输入量,特指流体压力)变换成应变或位移(输出量)的变换压力的弹性敏感元件。变换力的弹性敏感元件通常有等截面轴、环状弹性

敏感元件、悬臂梁、扭转轴等。变换压力的弹性敏感元件通常有弹簧管、波纹管、等截面薄板、波纹膜片和膜盒、薄壁圆筒和薄壁半球等。如果输入量不是力或压力，则先将这个非电信号变换成力或压力然后再输入给弹性敏感元件。

一、变换力的弹性敏感元件

1. 等截面轴式弹性敏感元件

等截面轴式弹性敏感元件又称柱式弹性敏感元件，可以是实心柱体或空心圆柱体，如图1-4所示。实心等截面轴在力的作用下变形很小，因此常用它的应变作输出量。其主要的优点是结构简单、加工方便、测量范围宽，可承受数万牛顿的载荷，但其灵敏度低。空心圆柱体的灵敏度高，在同样的截面积下轴的直径可加大，可提高轴的抗弯能力，但其过载能力弱，载荷较大时会产生较明显的桶形变形，使工作段应变复杂而影响精度。

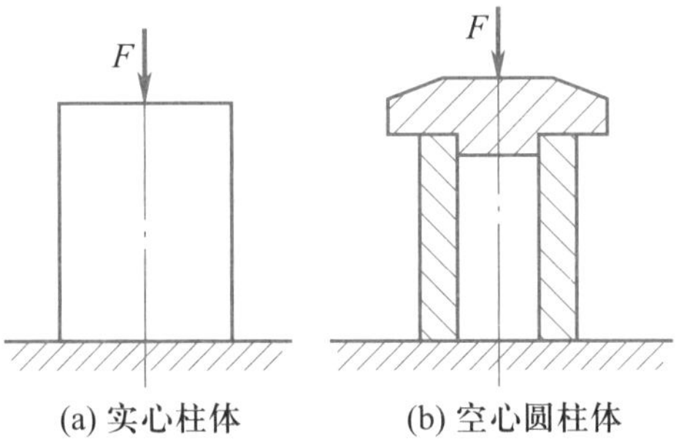

图 1-4 等截面轴式弹性敏感元件

设轴的横截面积为 A，轴材料的弹性模量为 E，材料的泊松比为 μ，当等截面轴承受轴向拉力或压力时，轴向的应变 ε_x 为

$$\varepsilon_x=\frac{F}{AE} \tag{1-8}$$

与轴线垂直方向上的应变（横向应变）ε_y 为

$$\varepsilon_y=-\frac{\mu F}{AE}=-\mu\varepsilon_x \tag{1-9}$$

2. 环状弹性敏感元件

环状弹性敏感元件多做成等截面圆环，如图 1-5a 所示，圆环有较高的灵敏度，因而它多用于测量较小的力。圆环的缺点是加工困难，环的各个部位的应变及应力都不相等。当外力 F 作用在圆环上时，环上的 A、B 点处可产生较大的应变。当环的半径比环的厚度大得多时，A 点或 B 点内外表面的应变大小相等、符号相反。图 1-5b 所示是变截面圆环，与等截面圆环的不同之处是增加了中间过载保护缝隙。它的线性度较好，加工方便，抗过载能力强，目前应用较多。在该环的 A、B 点处可得到较大的应变，且内外表面的应变大小相等、符号相反。

3. 悬臂梁式弹性敏感元件

悬臂梁式弹性敏感元件是一端固定、另一端自由的弹性敏感元件。按截面形状又可分为等截面矩形悬臂梁和变截面等强度悬臂梁，如图 1-6 所示。悬臂梁的特点是结构简单，易于加工，输出位移（或应变）大，灵敏度高，常用于较小力的测量。

4. 扭转轴式弹性敏感元件

图 1-7 所示为扭转轴式弹性敏感元件，当自由端受到转矩 T 的作用时，扭转轴的表面会产生拉伸或压缩应变，在轴表面上与轴线成 45°方向（图 1-7 的 AB 方向）产生应变 ε，而图 1-7 中 AC 方向所产生的应变与 AB 方向的应变大小相等，符号相反。

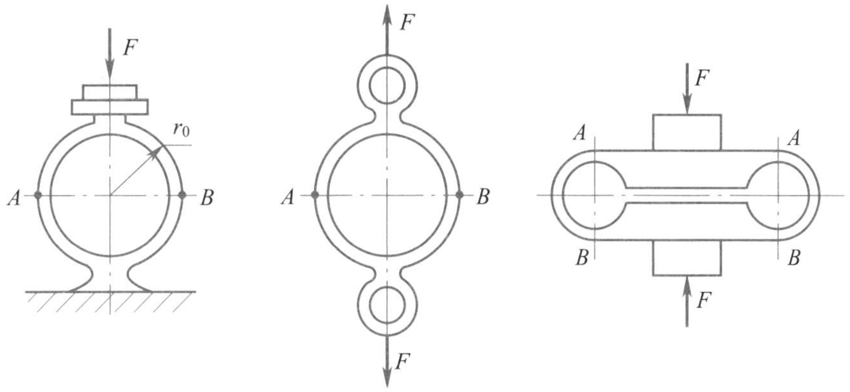

(a) 等截面圆环　　(b) 变截面圆环

图 1-5　环状弹性敏感元件

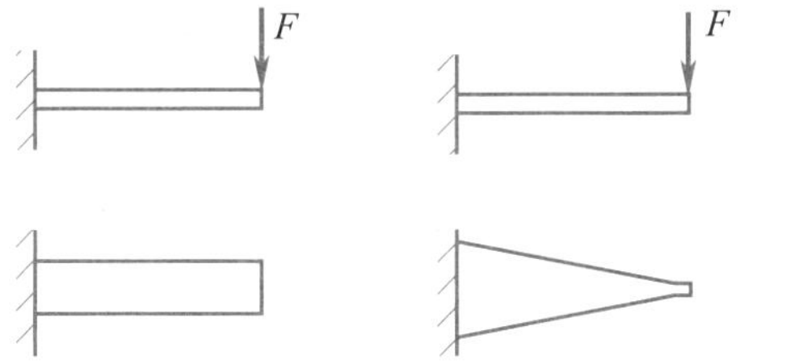

(a) 等截面矩形悬臂梁　(b) 变截面等强度悬臂梁

图 1-6　悬臂梁式弹性敏感元件

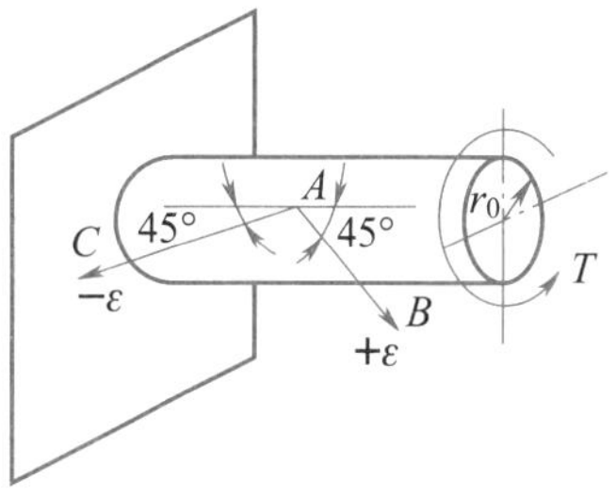

图 1-7　扭转轴式弹性敏感元件

二、变换压力的弹性敏感元件

1. 弹簧管

弹簧管又称波登管，通常是一根弯成 C 形的空心扁管，管子的截面形状有椭圆形、平椭圆形、D 形、8 字形等，如图 1-8 所示。弹簧管的一端（自由端）密封并与传感器其他部分相连。在压力 p 的作用下，弹簧管的截面有变成圆形截面的趋势，截面的短轴（$2b$）力图伸长，而长轴（$2a$）力图缩短，以期增加横截面的面积。截面形状的改变导致弹簧管的弯曲半径变大，直至与压力的作用相平衡为止（如图 1-8a 中的虚线所示），结果使弹簧管的自由端产生位移，弹簧管的中心角 γ 也产生一定的变化量 $\Delta\gamma$，中心角的变化量 $\Delta\gamma$ 与压力 p 成正比。另外，还有螺旋形弹簧管（图 1-8c）和 C 形组合弹簧管（图 1-8d）。

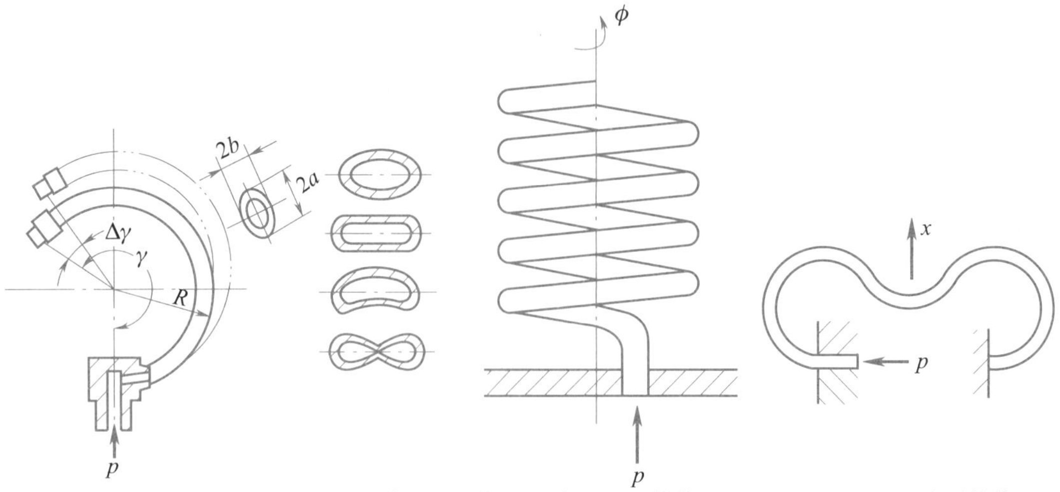

(a) C形弹簧管 (b) 弹簧管截面形状 (c) 螺旋形弹簧管 (d) C形组合弹簧管

图 1-8 弹簧管

2. 波纹管

波纹管是一种圆柱管状的弹性敏感元件，其表面上有许多与圆柱同心的环状皱纹(图 1-9)，管的一端封闭，另一端开口并与被测压力相通。当被测压力通入波纹管内时，能产生伸缩变形，因此可利用它把压力转换成位移。波纹管自由端的位移 x 与压力 p 成正比，即具有线性的弹性特性。但应指出，在很大的压力作用下，波纹管的刚度会增加，从而使其线性的弹性特性遭到破坏。

3. 等截面薄板

等截面薄板又称平膜片，是一种抗弯刚度可以忽略的周边固定的圆形薄膜，它能将输入信号 p(压力或压差)转化为位移信号 x。当膜片的两侧面受到不同的压力时，膜片的中心将向压力低的一侧产生一定的位移，如图 1-10 所示。将应变片粘贴在薄板表面可以组成电阻应变式压力传感器，利用薄板的位移可以组成电容式、霍尔式压力传感器。

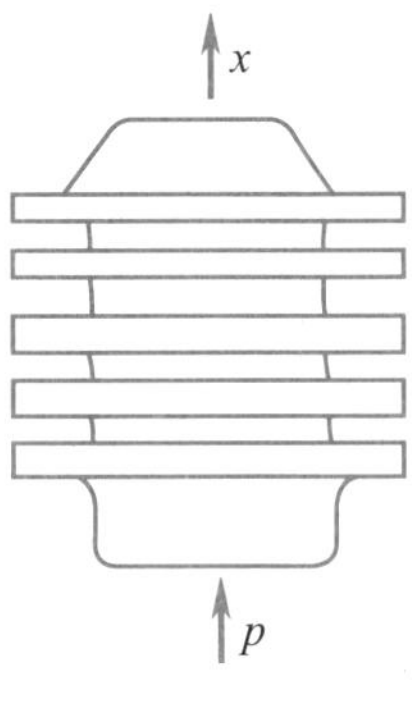

图 1-9 波纹管

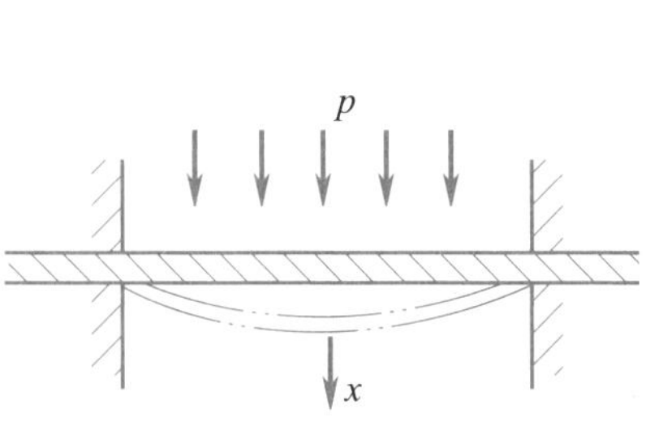

图 1-10 等截面薄板

4. 波纹膜片和膜盒

波纹膜片是一种压有环形同心波纹的圆形薄膜，为了便于与传感器相连接，膜片的中央留有一个光滑的部分,有时还在中心处焊接一块圆形金属片为膜片的硬心,其截面形状有正弦形、梯形、锯齿形等多种,如图 1-11 所示。当膜的四周固定,两侧存在压力差时,膜片将弯向压力低的一侧,也就把压力 p 转变成位移量 x。波纹膜片的形状对其输出特性有影响,在一定的压力作用下,正弦形波纹膜片给出的位移最大,但线性较差;锯齿形波纹膜片给出的位移最小,但线性较好;梯形波纹膜片的特性介于上述两者之间。

为了进一步提高灵敏度,可将两个波纹膜片焊在一起,制成膜盒,如图 1-12 所示。在同样大小的压力(或压差)p 作用下,它的中心位移量 x 是单个膜片的两倍。由于膜盒本身是一个封闭的整体,所以周边不需要固定,给安装带来方便,它的应用比波纹膜片广泛。

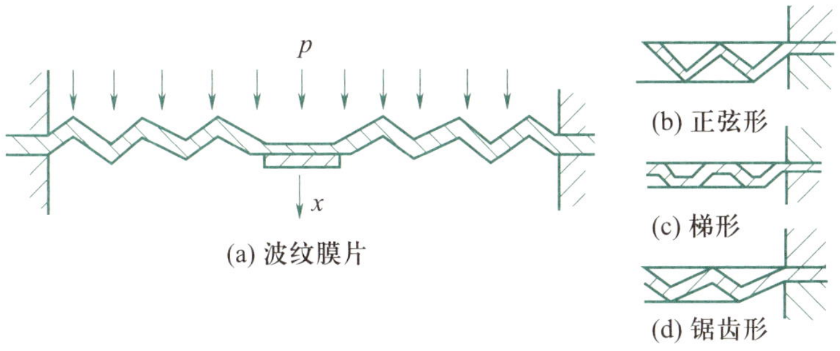

图 1-11　波纹膜片及其截面形状

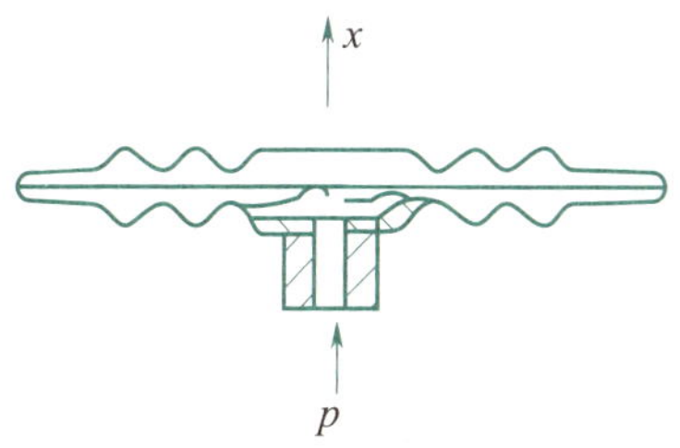

图 1-12　膜盒

5. 薄壁圆筒和薄壁半球

薄壁圆筒和薄壁半球的应用不是很广泛,原因是这两种弹性敏感元件的灵敏度较低,如图 1-13 所示。它们的厚度一般要小于直径的 1/20,当被测压力 p 通入薄壁圆筒和薄壁半球的内腔中时,圆筒和半球均匀地向外扩张,产生拉伸应力或应变 ε。它们在轴向的应变和圆周方向的应变是不相等的。薄壁圆筒和薄壁半球虽然灵敏度较低,但坚固性较好,适用于特殊结构要求的场合。

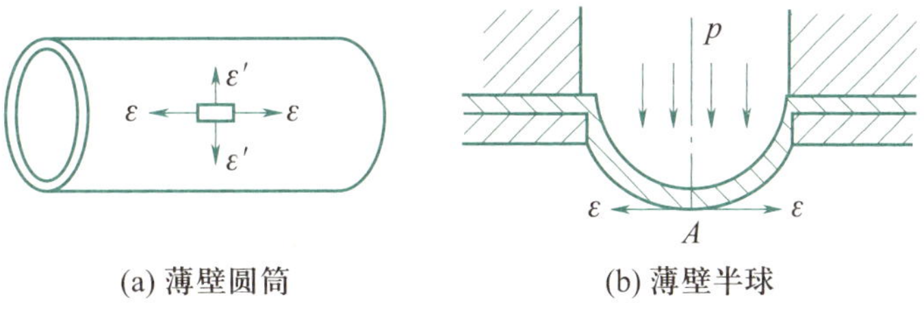

图 1-13　薄壁圆筒和薄壁半球

综合训练一

【认知训练】

1-1 某线性位移测量仪，当被测位移由4.5 mm变为5.0 mm时，位移测量仪的输出电压由3.5 V减至2.5 V，求该仪器的灵敏度。

1-2 有一数字温度计，它的测量范围为-50~150 ℃，精度为0.5级，求当示值分别为-20 ℃、100 ℃时的绝对误差及示值相对误差。

1-3 欲测250 V电压，要求测量示值相对误差不大于±0.5%，若选用量程为250 V电压表，其精度为哪级？若选用量程为300 V和500 V的电压表，其精度又为哪级？

1-4 已知待测电压为400 V左右。现有两只电压表，一只为1.5级，测量范围为0~500 V；另一只为1.0级，测量范围为0~1 000 V。问选用哪一只电压表测量较好？为什么？

1-5 有一台测量压力的仪表，测量范围为$0\sim10^6$ Pa，压力p与仪表输出电压之间的关系为

$$U_o=a_0+a_1p+a_2p^2$$

式中$a_0=2$ mV，$a_1=10$ mV/10^5 Pa，$a_2=-0.5$ mV/$(10^5$ Pa$)^2$。求：

① 该仪表的输出特性方程；

② 画出输出特性曲线示意图（x轴、y轴均要标出单位）；

③ 该仪表的灵敏度表达式；

④ 画出灵敏度曲线图；

⑤ 该仪表的线性度。

1-6 弹性敏感元件在传感器中起什么作用？

1-7 弹性敏感元件有哪几种基本形式？各有什么用途和特点？

【能力训练】

1-1 观察并列出学校内哪些地方用到了传感器？请列举这些传感器所起的作用，或者说明检测的是什么物理量。

1-2 请列举日常生活中使用的传感器，说明这些传感器所起的作用及检测的物理量。

模块二　电阻式传感器

电阻式传感器就是把被测量的变化转换为电阻的变化，然后通过对电阻的测量达到对非电信号检测的目的。电阻式传感器有电阻应变式传感器、电位器式传感器、热电阻传感器、热敏电阻传感器、气敏电阻传感器、湿敏电阻传感器等。本模块从应用角度出发，介绍几种常用电阻式传感器的工作原理、测量转换电路及一些应用案例。

单元1 电阻应变式传感器

电阻应变式传感器是一种电阻式传感器,它主要由弹性敏感元件或试件、电阻应变片和测量转换电路组成。利用电阻应变式传感器可以测量力、位移、形变、加速度等参数。

一、应变效应

导体或半导体材料在外力作用下产生机械变形,其电阻值发生变化的现象称为应变效应。电阻应变片就是利用这一现象制成的。用应变片测试时,将应变片粘贴在试件表面,当试件受力变形后,应变片上的电阻丝也随之变形,从而使应变片电阻值发生变化,再通过测量转换电路转换成电压或电流的变化。电阻丝应变片是最早生产并仍有应用的一种电阻应变片。

图 2-1 所示是电阻丝应变片结构示意图。它是用直径约为 0.025 mm 的具有高电阻率的电阻丝制成的。为了获得高的电阻值,电阻丝排成栅网状,并粘贴在绝缘基片上,线栅上面粘贴有覆盖层(保护用),电阻丝两端焊有引出线。图中 l 称为应变片的标距或工作基长,b 称为应变片基宽,$b\times l$ 为应变片的使用面积。应变片规格一般以使用面积或电阻值表示,如 3 mm×10 mm 或 120 Ω。

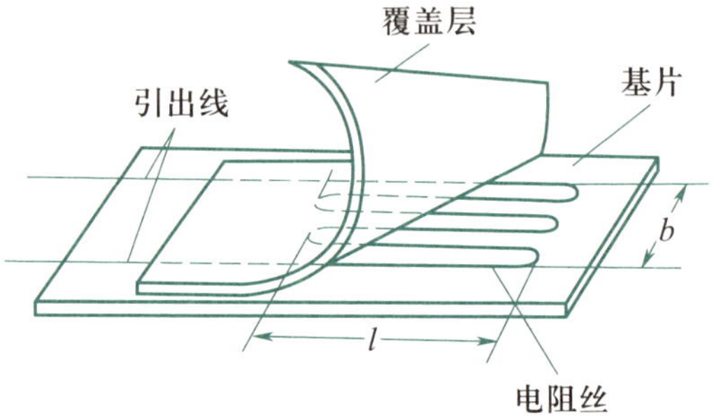

图 2-1 电阻丝应变片结构示意图

由电工学可知,电阻丝的电阻 R 可用下式表示:

$$R=\rho\frac{l}{A}=\rho\frac{l}{\pi r^2} \tag{2-1}$$

式中 ρ——电阻率,Ω·m;

l——应变片的标距或工作基长,m;

b——应变片基宽,m;

A——电阻丝截面积,m^2。

当沿电阻丝的长度方向均匀施加力时,上式中 ρ、r、l 都将发生变化,导致电阻值发生变化。实验证明,电阻丝应变片的电阻应变 $\varepsilon_R=\Delta R/R$ 与电阻丝应变片的纵向应变 ε_x 的关系在很大范围内是线性的,即

$$\varepsilon_R=\frac{\Delta R}{R}=K\varepsilon_x \tag{2-2}$$

式中 $\Delta R/R$——电阻丝应变片的电阻应变;

K——电阻丝的灵敏度；

ε_x——被测件在应变片处的应变。

严格来讲，由于试件与应变片之间存在蠕变等影响，所以应变片与试件的应变是有差异的，但差异并不很大，工程上可忽略，因此后续表述对两者不加以严格区分。

电阻丝应变片具有精度高、测量范围大、能适应各种环境、便于记录和处理等一系列优点，但却存在一大弱点，就是灵敏度低，为 2.0~3.6。对于半导体材料，它的电阻率很大。所以，半导体应变片的灵敏度比金属应变片高几十倍。

二、应变片的种类、结构与粘贴

1. 应变片的结构类型

应变片可分为金属应变片和半导体应变片。前者可分为金属丝式、金属箔式、金属薄膜式三种，图 2-2 所示为几种不同类型的电阻应变片。

金属丝式应变片使用最早，有纸基、胶基之分。

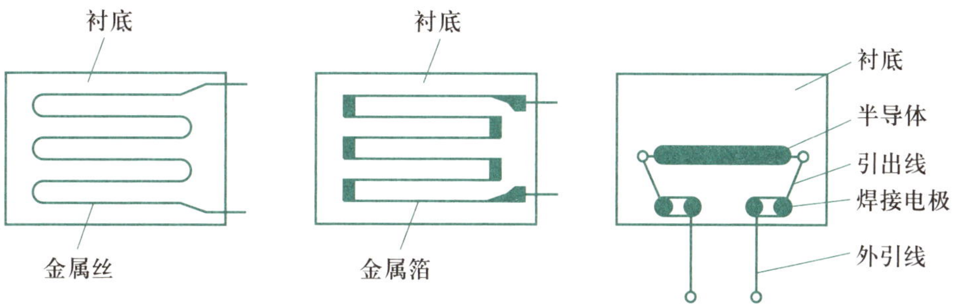

(a) 金属丝式应变片 (b) 金属箔式应变片 (c) 半导体应变片

图 2-2 常见的几种电阻应变片

金属箔式应变片是采用光刻、腐蚀等工艺制成的一种箔栅，箔的厚度一般为 0.003~0.01 mm，如图 2-2b 所示。金属箔式应变片由于散热好、允许较大电流通过、横向效应小、疲劳寿命长、柔性好、可做成基长很短或任意形状、工艺上适合大批量生产等优点，得到广泛的应用，已逐渐代替金属丝式应变片。

金属薄膜式应变片主要是采用真空蒸镀技术，在薄的绝缘基片上蒸镀金属材料薄膜，最后加保护层形成的，它是近年来薄膜技术发展的产物。

半导体应变片是用半导体材料作敏感栅而制成的。其主要优点是灵敏度高，横向效应小，易集成，与计算机接口方便；主要缺点是热稳定性差，电阻与应变间非线性严重，在使用时，需要采用温度补偿及非线性补偿措施。

随着半导体工业和集成电路的迅速发展，固态压阻式传感器广泛得到应用。它是利用半导体应变片的压阻效应进行工作的。固态压阻式传感器以单晶硅膜片作为敏感元件，在该膜片上采用集成电路工艺制作成4个电阻,并组成惠斯通电桥。当膜片受力后,4个电阻值发生相应变化,使电桥有输出。根据不同结构,它可用于测量压力、力、压差、加速度等。目前国内外都非常重视对它的研究,以扩大其应用范围。

表2-1列出了某企业生产的一些应变片的主要技术参数,仅供参考。表2-1中,PZ型为纸基金属丝式应变片,PJ型为胶基金属丝式应变片,BB、BA、BX型为金属箔式应变片,PBD型为半导体应变片。

表2-1 应变片主要技术参数

参数名称	电阻/Ω	灵敏度	电阻温度系数/℃$^{-1}$	极限工作温度/℃	最大工作电流/mA
PZ-120型	120	1.9~2.1	20×10^{-6}	-10~40	20
PJ-120型	120	1.9~2.1	20×10^{-6}	-10~40	20
BX-200型	200	1.9~2.2	—①	-30~60	25
BA-120型	120	1.9~2.2	—	-30~200	25
BB-350型	350	1.9~2.2	—	-30~170	25
PBD-1K型	1 000±10%	140±5%	<0.4%	<60	15
PBD-120型	120±10%	120±5%	<0.2%	<60	25

① 可根据被粘贴材料的线膨胀系数进行自补偿加工,以下同。

2. 应变片的粘贴

应变片是通过黏合剂粘贴到试件上的,黏合剂的种类很多,要根据基片材料、工作温度、潮湿程度、稳定性、粘贴时间,是否加温加压等多种因素合理选择。

应变处的粘贴质量直接影响应变测量的精度,必须十分注意。应变片的粘贴工艺包括:试件贴片处的表面处理、贴片位置的确定、应变片的粘贴和固化等。

应变片引出线的选择取决于电阻率的大小、焊接方便程度、可靠性及耐腐蚀性。引出线一般多是直径为0.15~0.3 mm的镀锡软铜线。使用时,应变片粘贴连接好后,常把引出线与连线电缆用胶布固定起来,防止连线电缆摆动时折断应变片引线,然后在应变片上涂一层防护层,防止空气对应变片的侵蚀,保证应变片长期工作的稳定性。

三、测量转换电路

常规应变片的电阻变化范围很小,因而测量转换电路应当能精确地测量出这些小的电阻变化。在应变式传感器中,最常用的是桥式电路,按电源性质不同可有交流电桥、直流电桥两类;按桥臂工作数量可分为单臂桥、半桥和全桥,其中半桥又分为第一类差动桥、第二类差动桥和对臂桥。下面以直流电桥为例分析其工作原理及特性。

图 2-3 所示为桥式测量转换电路，电桥的一条对角线接入电源电压 U_i，另一条对角线为输出电压 U_o，输出电压 U_o 为

$$U_o=\frac{U_i}{R_1+R_2}R_1-\frac{U_i}{R_3+R_4}R_4 \tag{2-3}$$

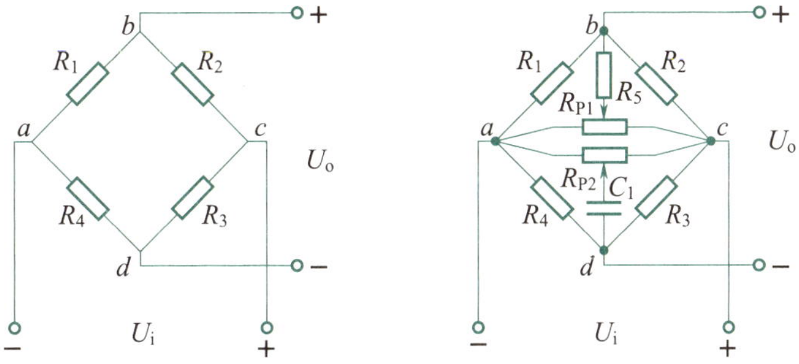

(a) 基本应变桥路　　(b) 桥路的调零电路图

图 2-3　桥式测量转换电路

为了使电桥在测量前的输出为零（电桥平衡），应该选择 4 个桥臂电阻，使 $R_1R_3=R_2R_4$ 或 $R_2/R_1=R_3/R_4$，通常情况下 $\Delta R_i \ll R_i(i=1,2,3,4)$。经数学推导各类电桥的灵敏度和非线性误差（线性度）见表 2-2。

表 2-2　各类电桥的灵敏度和非线性误差（线性度）

电桥类型		灵敏度	非线性误差	各桥臂典型电阻值
单臂桥		$u_i/4$	$\varepsilon_R/2$	$R_1=R_0+\Delta R$ $R_2=R_3=R_4=R_0$
半桥	第一类差动桥	$u_i/2$	0	$R_1=R_0+\Delta R, R_2=R_0-\Delta R$ $R_3=R_4=R_0$
	第二类差动桥		$\varepsilon_R^2/4$	$R_1=R_0+\Delta R, R_4=R_0-\Delta R$ $R_2=R_3=R_0$
	对臂桥		$\varepsilon_R/2$	$R_1=R_3=R_0+\Delta R$ $R_2=R_4=R_0$
全桥		u_i	0	$R_1=R_3=R_0+\Delta R$ $R_2=R_4=R_0-\Delta R$

由表 2-2 可知，当应变值较小时，非线性误差可忽略，而对半导体应变片，尤其在测大应变时，非线性误差则不可忽略。因此使用时，应尽量采用第一类差动桥和全桥这两种方式。采用恒流源作为桥路电源也能减小非线性误差。

实际使用中，R_1、R_2、R_3、R_4 不可能严格相等，所以即使在未受力时，桥路的输出也不一定为零，因此必须设置调零电路，如图 2-3b 所示。调节 R_{P1}，最终可以使电桥趋于平衡，U_o 被预调到零位。这一过程称为直流平衡或电阻平衡。图中的 R_5 是用于减小调节范围的限流电阻。

当采用交流电（正弦波或方波）作为桥路电源时，该电桥称为交流电桥。应变片引线电缆分布电容的不一致性将导致电桥的容抗及相位的不平衡。这时即使已做到电阻平衡，U_o 仍然无法达到零位，所以还需增设 R_{P2} 及 C_1 来平衡电容的容抗，这称为交流平衡或电容平衡。

四、温度补偿

在实际应用中，除了应变能导致应变片电阻变化外，温度变化也会导致应变片电阻变化，它将给测量带来误差，因此有必要对桥路进行温度补偿。下面介绍较为常用的补偿块补偿法和桥路自补偿法。

1. 补偿块补偿法

图 2-4 所示是补偿块温度补偿示意图，在使用单臂半桥测量试件上表面某一点的应变时，可采用两片型号、初始电阻值和灵敏度都相同的应变片 R_1 和 R_2，R_1 贴在试件的测试点上，R_2（称为温度补偿片）贴在试件的零应变处（图中试件的中线上），或贴在补偿块上。所谓补偿块，就是材料、温度与试件相同，但不受力的试块。当 R_1 和 R_2 处于相同的温度场中，并按图2-3 接成双臂半桥形式时，根据式（2-3）可得

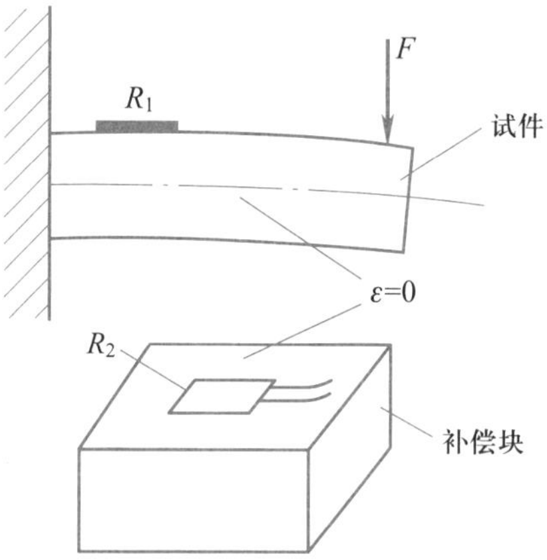

图 2-4 补偿块温度补偿示意图

$$U_o=\frac{U_i}{4}\left(\frac{\Delta R_{1\varepsilon}+\Delta R_{1t}}{R_1}-\frac{\Delta R_{2t}}{R_2}\right) \tag{2-4}$$

式中 $\Delta R_{1\varepsilon}$——试件受力后应变片 R_1 产生的电阻增量；

ΔR_{1t}、ΔR_{2t}——由温度变化引起的 R_1、R_2 的电阻增量。

由于 $R_1=R_2$，且 R_1、R_2 所处的温度场相同，所以 $\Delta R_{1t}=\Delta R_{2t}$，故上式可演化为

$$U_o=\frac{U_i}{4}\frac{\Delta R_{1\varepsilon}}{R_1} \tag{2-5}$$

上式中不包含 ΔR_t，所以 U_o 不受温度的影响，只与被测试件的应变有关。

2. 桥路自补偿法

当测量桥路处于双臂半桥和全桥工作方式时，与上述补偿块补偿法的工作原理相似，电桥相邻两臂受温度影响，同时产生大小相等、符号相同的电阻增量而互相抵消，从而达到桥路温度自补偿的目的。

五、电阻应变式传感器的应用

电阻应变式传感器中的各种弹性元件一般为弹性敏感元件，传感元件就是应变片，测量转换电路一般为电桥电路。电阻应变式传感器通常可用来测量应变以外的物理量，例如力、扭矩、加速度和压力等。把应变片粘贴到弹性敏感元件上，使弹性敏感元件的应变与被测量成比例关系。

1. 力和扭矩传感器

图 2-5 所示为几种粘贴式应变片力和扭矩传感器简图。拉伸应力作用下的拉伸杆和压缩应力作用下的压缩杆分别如图 2-5a、b 所示。测量时都可以在轴向布置一个或几个应变片，在圆周方向上布置同样数目的应变片。圆周方向的应变片拾取符号相反的横向应变，从而构成差动式。另一种弯曲悬臂梁和扭转轴上的应变片也均可构成差动式，其简图分别如图 2-5c、d 所示。另外用圆环状弹性敏感元件测拉(压)力也是比较普遍的，如图 2-5e 所示。目前，运用在电子秤上的传感器就是应变式力传感器。

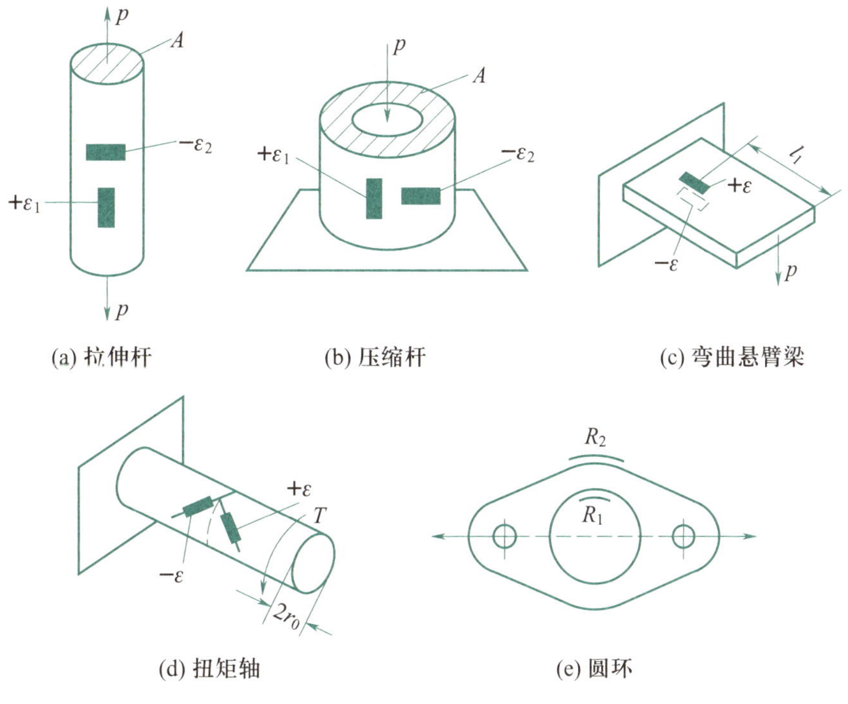

图 2-5　粘贴式应变片力和扭矩传感器简图

2. 压力传感器

应变式压力传感器主要用于液体、气体压力的测量，测量压力范围是 $10^4 \sim 10^7$ Pa。图 2-6 所示是组合式压力传感器示意图。图中应变片 R 粘贴在悬臂梁上，悬臂梁的刚度应比压力敏感元件更高，这样可降低这些元件所固有的不稳定性和迟滞。

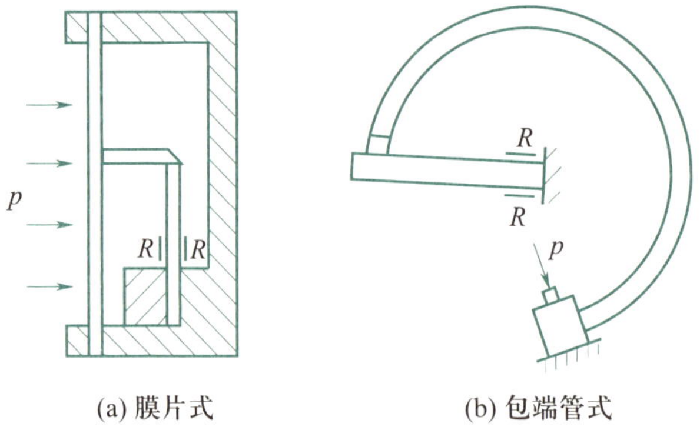

图 2-6　组合式压力传感器示意图

图 2-7 所示是筒式压力传感器示意图。被测压力 p 作用于筒内腔，使筒发生变形，工作应变片贴在空心的筒壁外感受应变，补偿应变片贴在不发生变形的实心端作为温度补偿使用。筒式压力传感器一般可用来测量机床液压系统压力和枪、炮筒腔内压力等。

3. 加速度传感器

加速度传感器实质上是一种测量力的装置，其示意图如图 2-8 所示。测量时，将基座固定在被测对象上，当被测物体以加速度 a 运动时，质量块受到一个与加速度方向相反的惯性力而使悬臂梁变形。通过应变片检测出悬臂梁的应变值，而应变值是与加速度成正比的。

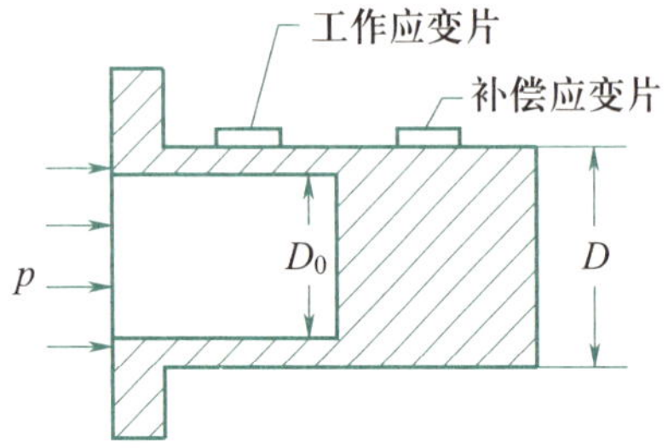

图 2-7　筒式压力传感器示意图

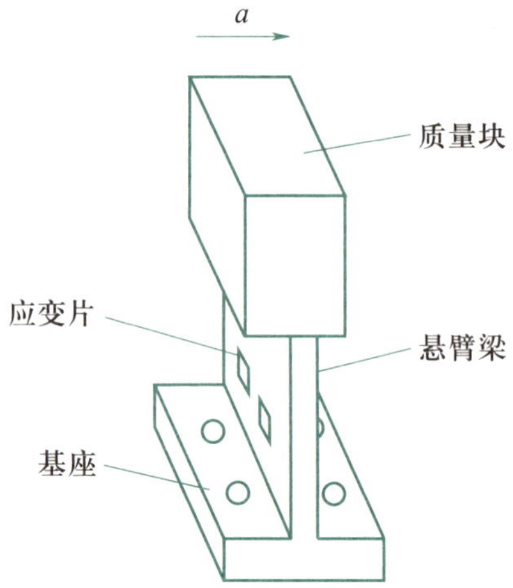

图 2-8　加速度传感器示意图

小制作

电阻应变式力传感器制作的数显电子秤

下面介绍的数显电子秤具有准确度高，易于制作，成本低廉，体积小巧，实用等特点。其分辨力为 1 g，在 2 kg 的量程范围内经仔细调校，测量精度可达 0.5%RD±1。

1. 工作原理

数显电子秤电路原理如图 2-9 所示，其主要部分为电阻应变式传感器 R_1、IC_2、IC_3 组成的测量放大电路和 IC_1 及外围元件组成的数字显示面板表。测量电路将 R_1 产生的电阻应变量转换成电压信号输出。IC_3 将经转换后的弱电压信号进行放大，作为 A/D 转换器的模拟电压输入。IC_4 提供 1.22 V 基准电压，它同时经 R_5、R_6 及 R_{P2} 分压后作为 A/D 转换器的参考电压。$3\frac{1}{2}$位 A/D 转换器 ICL7126 的参考电压输入正端，由 R_{P2} 中间触头引入，负端则由 R_{P3} 的中间触头引入。两端参考电压可对传感器非线性误差进行适量补偿。

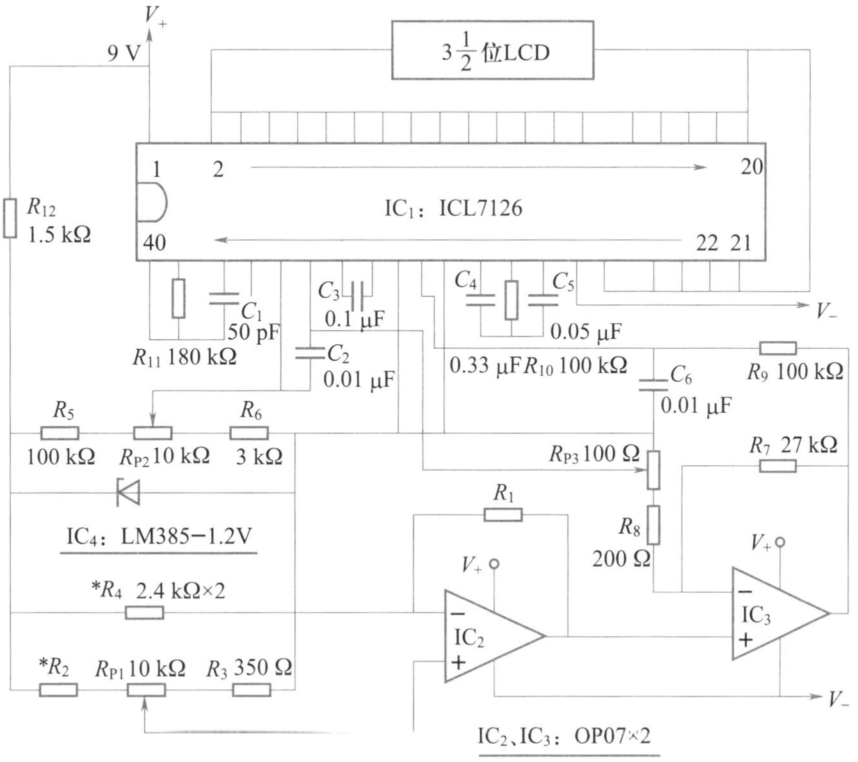

图 2-9　数显电子秤电路原理

2. 元件选择

① IC_1 选用 ICL7126 集成块；IC_2、IC_3 选用高精度低温漂精密运放 OP07；IC_4 选用 LM385—1.2 V 集成块。

② 传感器 R_1 选用 E350-2AA 箔式应变片，其常态阻值为 350 Ω。

③ 各电阻元件宜选用精密金属膜电阻。

④ R_{P1} 选用精密多圈电位器，R_{P2}、R_{P3} 经调试后可分别用精密金属膜电阻代替。

⑤ 电容中 C_1 选用云母电容或瓷介电容。

3. 制作与调试

该数显电子秤外形的形式可参考图 2-10 所示的外形。其中形变件可用普通钢锯条制作，其方法是：首先将锯齿打磨平整，再将锯条加热至微红，趁热加工成“U”形，并在对应位置钻孔，以便以后安装。然后再将其加热至呈橙红色（700～800 ℃），迅速放入冷水中淬火，以提高其硬度和强度，最后进行表面工艺处理。秤钩可用强力胶黏接于钢件底部。应变片则用专用应变胶黏剂黏接于钢件变形最大的部位（内侧正中），这时其受力变化与阻值变化刚好相反。提环用活动链条与秤体连接，以便使用时秤体能自由下垂，同时提环还应与秤钩在同一垂线上。

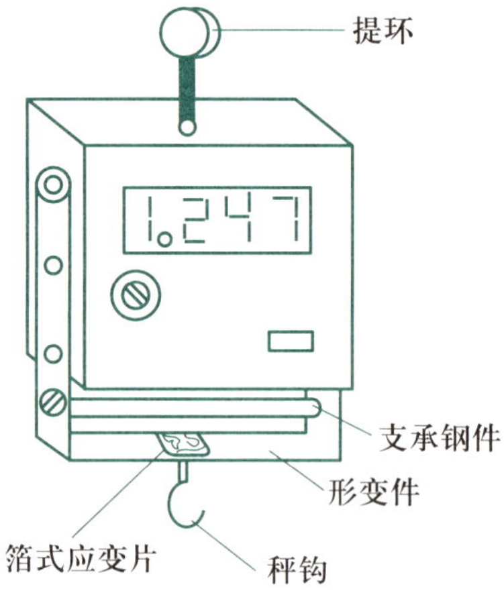

图 2-10　数显电子秤外形

准备 1 kg 及 2 kg 标准砝码各一个，其调试过程如下：

① 在秤体自然下垂且无负载时调整 R_{P1}，使显示器显示零。

② 调整 R_{P2}，使秤体承担满量程载荷（本电路选满量程为2 kg）时显示满量程值。

③ 在秤钩下悬挂 1 kg 的标准砝码，观察显示器是否显示 1.000，如有偏差，可调整 R_{P3} 值，使之准确显示 1.000。

④ 重复进行②、③步骤，至均满足要求为止。

⑤ 最后准确测量 R_{P2}、R_{P3} 电阻值，并用固定精密电阻予以代替。

R_{P1} 可引出表外调整。测量前先调整 R_{P1}，使显示器回零。

单元 2　电位器式传感器

一、电位器式传感器的工作原理

电位器是一种常用的电子元件，广泛应用于各种电器和电子设备中。它是一种把机械的线位移和角位移输入量转换为与其成一定函数关系的电阻和电压输出的传感元件。

直线电位器式传感器的工作原理如图 2-11 所示。图中 U_i 是电位器工作电压，R 是电位器电阻，R_L 是负载电阻（例如表头的内阻），R_x 是电位器滑臂移动到某位置时的电阻值，U_o 是负载两端的电压，即电位器式传感器的输出电压。

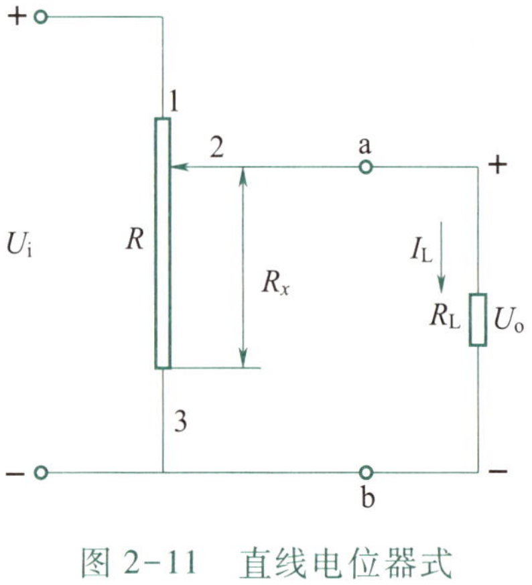

图 2-11　直线电位器式传感器的工作原理

被测位移量的变化通过机械结构，使电位器的滑臂产生相应的位移，改变了电路的电阻值，引起输出电压的改变，从而达到测量位移的目的。

在均匀绕制的线性电位器（单位长度上的电阻是常数）中，设 $m=R/R_{\mathrm{L}}$，$x=R_x/R=l/L$（相对位移量），其中 l 为 R_x 两端间的距离，L 为 R 两端的总距离，经推导可得：

$$U_{\mathrm{o}}=\frac{x}{1+mx(1-x)}U_{\mathrm{i}} \tag{2-6}$$

由式（2-6）可见，电位器的输出电压 U_{o} 与滑臂的相对位移量 x 是非线性关系，只有当 $m=0$，即 $R_{\mathrm{L}}\to\infty$ 时，U_{o}与 x 才满足线性关系，所以这里的非线性关系完全是由负载电阻 R_{L}的接入而引起的。

二、电位器式传感器的使用场合

电位器式传感器应用的场合非常广泛，常应用在注塑机、压铸机、吹塑机、制鞋机械、木工机械、印刷机械、包装机械、纸品机械、机械手、IT 设备等自动化控制领域。一般此类传感器行程为 10~2 500 mm。根据使用场合不同，电位器式传感器可分为 KTC 型、KTF 型、KPC 型、KPM 型、KTM 型、KTR 型和 KFM 型，下面进行简要说明。

KTC 是一般通用型电位器式传感器，适合各类型设备的位置检测，如注塑机、压铸机、橡胶机、制鞋机械、EVA 注射机、木工机械、液压机械等。

KTF 是通用型电位器式传感器，其安装小型化，可减少机械长度方向的安装尺寸，适合于较大行程的应用，如大型注塑机合模行程、橡胶机合模行程、木工机械、液压机械等。

KPC 具有两端带铰接的安装方式，适用于较大机械行程且有摆动的位置检测，安装时无对中性要求，如机器人、制砖机、陶瓷机械、水闸控制设备、木工机械、液压机械等。

KPM 是微型铰接式结构，适合于较小机械行程且有摆动的位置检测，对安装的对中性无任何要求，如机器人、制砖机、陶瓷机械、水闸控制设备等。

KTM 是微型拉杆系列，特别适合空间狭小的应用场合，如制鞋机械（前帮机、后帮机）、注塑机的顶针位置控制、印刷机械、纸品包装机械等。

KTR 是微型自恢复式电位器式传感器，特别适合空间狭小、安装不便的场合，如真空吹瓶机、IT 设备、张力调节、速度调节、印刷机械、纸品包装机械等。

KFM 是微型滑块式电位器式传感器，是最小尺寸的最小型化结构，特别适合安装在空间狭小、不便于对中的场合，如医疗设备、大厦自动门、列车自动门、轻工设备等。

三、电位器式传感器的应用案例

1. 电子节气门控制系统

电子节气门控制系统如图 2-12 所示，其主要由加速踏板、踏板电位器角位移传感器、ECU（电控单元）、数据总线、伺服电动机和节气门执行机构组成。角位移传感器安装在加速踏板内部，随时检测加速踏板的位置。当检测到加速踏板高度位置有变化时，会瞬间将此信息送往 ECU，ECU 对该信息和其他系统传来的数据信息进行运算处理，计算出一个控制信号，通过线路送到伺服电动机控制绕组，伺服电动机驱动节气门执行机构，数据总线则负责系统 ECU 与其他 ECU 之间的通信。由于电子节气门系统是通过 ECU 来调整节气门的，因此该系统可以设置各种功能来改善驾驶的安全性、舒适性、油耗及尾气排放质量。

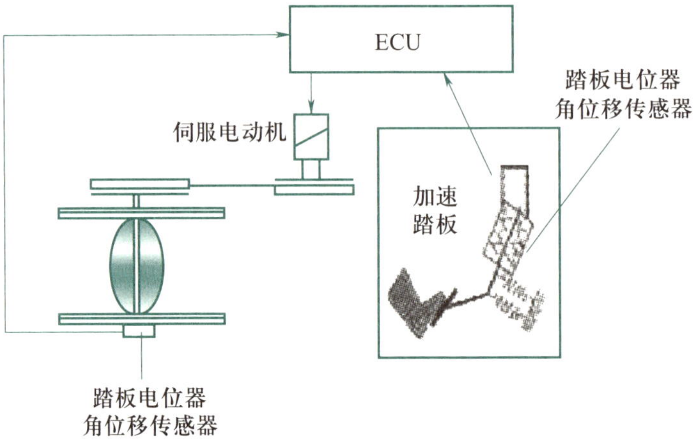

图 2-12　电子节气门控制系统

2. 电位器式压力传感器

线绕电位器式压力传感器利用弹性敏感元件把被测的压力变换为位移，并使此位移变为电刷触点的移动，从而引起输出电压或电流相应的变化。图 2-13 所示为 YCD-150 型远程压力传感器原理图。它是由一个弹簧管和线绕电位器组成的压力传感器。线绕电位器固定在壳体上，而电刷与弹簧管的传动机构相连接。当被测压力变化时，弹簧管的自由端移动，通过传动机构，一面带动压力表指针转动，一面带动电刷在线绕电位器上滑动，从而将被测压力值转换为电阻变化，输出一个与被测压力成正比的电压信号。

图 2-14 所示为膜盒电位器式压力传感器原理图。弹性敏感元件膜盒的内腔通入被测流体压力，在此压力作用下，膜盒产生位移，推动杠杆上移，带动电刷在电位器上滑动，同样输出一个与被测压力成正比的电压信号。

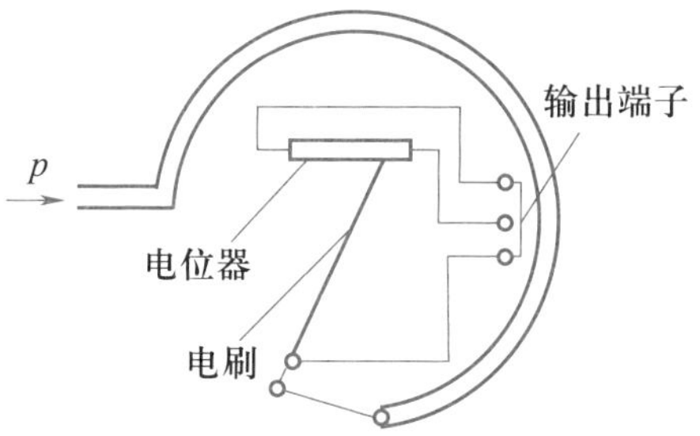

图 2-13　YCD-150 型远程压力传感器原理图

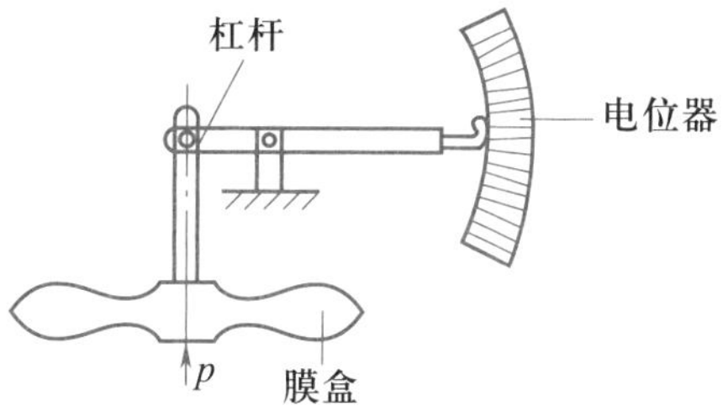

图 2-14　膜盒电位器式压力传感器原理图

单元 3　热电阻传感器

热电阻传感器主要用于对温度或与温度有关的参量进行检测。在工业上被广泛用来测量 -200～500 ℃的温度。热电阻按性质不同可分为金属热电阻和半导体热电阻两大类。前者通常称为热电阻,后者称为热敏电阻,本单元介绍金属热电阻。

一、热电阻的测温原理

热电阻主要是利用电阻值随温度变化而变化这一特性来测量温度的。目前广泛应用的热电阻材料是铂和铜,它们的电阻温度系数在(3～6)×10^{-3} ℃$^{-1}$。作为测温用的热电阻材料,希望具有电阻温度系数大、线性好、性能稳定、使用温度范围宽、加工容易等特点。铂的性能最稳定,采用特殊的结构可制成标准铂电阻温度计,它的适用范围为-200～960 ℃。铜电阻价廉并且线性好,但温度高时易氧化,故用于温度较低的环境(-50～150 ℃)中。

由理论计算可知,热电阻的阻值 R_t 不仅与温度 t 有关,还与温度在 0 ℃时的热电阻值 R_0 有关,即在同样的温度下,R_0 取值不同,R_t 也不相同。目前国内统一设计的工业用铂电阻的 R_0 值有 10 Ω、100 Ω 等几种,将 R_t 与 t 相应关系列成表格,称为铂电阻分度表,分度号分别用 Pt10、Pt100 表示;铜电阻 R_0 值为 50 Ω、100 Ω 两种,分度号分别用 Cu50、Cu100 表示。热电阻分度号及分度表见本书附录三和四。

二、热电阻的接线方式

热电阻是把温度变化转换为电阻值变化的元件,通常需要把电阻信号通过引线传递到计算机控制装置或者热电阻的相应仪表上。工业用热电阻安装在生产现场,与控制室之间存在一定的距离，由于测温的金属热电阻本身阻值很小，因此热电阻的引线电阻对测量结果会有较大的影响。目前热电阻的引线主要有二线制、三线制和四线制三种接线方式，其中二线制接线方式引线电阻对测量结果的影响较大。为了减少或消除引线电阻的影响，热电阻通常采用三线制接线（恒压源供电）和四线制接线（恒流源供电）的方式。

1. 二线制接线方式

在热电阻的两端各连接一根导线来引出电阻信号的方式称为二线制接线方式。这种接线方式很简单，但由于连接导线必然存在引线电阻，而引线电阻值的大小与导线材质和长度等因素有关，因此这种接线方式只适用于引线很短（如一体化温度仪表）或测量精度要求较低的场合。

2. 三线制接线方式

在热电阻的一端连接一根引线，另一端连接两根引线的方式称为三线制接线方式，图 2-15 所示为采用恒压源供电的热电阻三线制接线方式，这种方式与电桥配套使用，可以较好地消除引线电阻的影响，是工业过程控制中最常用的。这是因为测量热电阻的电路一般是不平衡电桥，热电阻作为电桥的一个桥臂电阻，其连接导线（从热电阻到中控室）也成为桥臂电阻的一部分，这一部分电阻是未知的且随环境温度变化而变化，造成测量误差。采用三线制接线方式，将导线中的一根接到电桥的电源端，其余两根分别接到热电阻所在的桥臂及与其相邻的桥臂上，引线电阻为图 2-15 中的 R_2'、R_3' 和 R_E，由于 R_E 上的电流很小，其压降可以忽略，而 R_2' 和 R_3' 分别在相邻两个桥臂上，这样就消除了引线电阻带来的测量误差（见本模块单元 1 温度补偿的相关内容）。

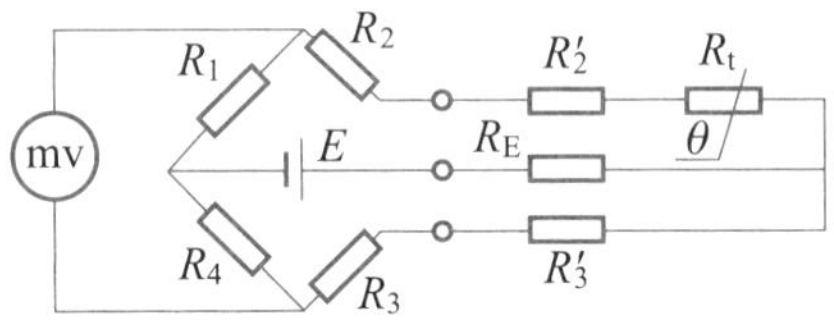

图 2-15　采用恒压源供电的热电阻三线制接线方式

3. 四线制接线方式

在热电阻的根部两端各连接两根导线的方式称为四线制接线方式，图 2-16 所示为采用恒流源供电的热电阻四线制接线方式，其中两根引线为热电阻提供恒定电流 I_S，把热电阻 R_t 转换成电压信号 U，再通过另两根引线把 U 引至二次仪表。图中 R_1、R_2、R_3、R_4 是引线电阻，由于输出电流可以忽略不计，因此这种接线方式可完全消除引线的电阻影响，主要用于引线较长的高精度温度检测。

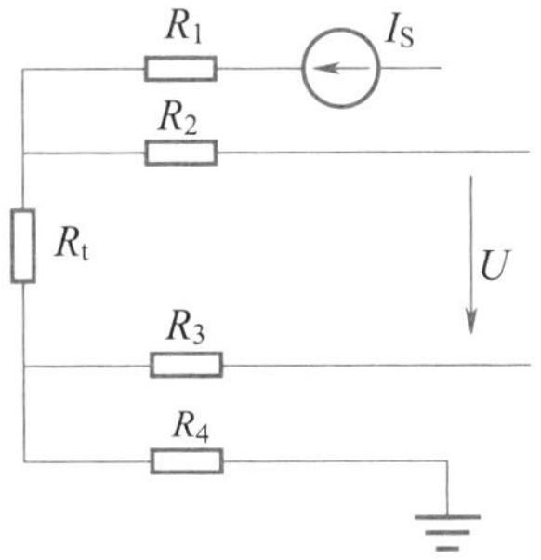

图 2-16　采用恒流源供电的热电阻四线制接线方式

二线制接线方式热电阻配线简单，但要带进引线电阻的附加误差，因此不适用于制造 A 级精度的热电阻，且在使用时引线及导线都不宜过长。三线制接线方式和四线制接线方式可以消除引线电阻的影响，测量精度高于二线制接线方式，作为过程检测元件，其应用最广。在高精度测量时，要采用四线制接线方式。

三、热电阻温度变送器模块

将被测温度经热电阻转换为电阻信号，再由热电阻温度变送器模块将其转换为直流标准电压或电流输出信号。图 2-17 所示为某公司生产的热电阻温度变送器模块，其产品型号为 BD-801，是专为热电阻（Pt100，Pt1000，Cu50，Cu100）温度传感器配套的 4~20 mA 直流输出模块。该模块属本安防爆型，带电源反接保护及温度传感器开路报警输出功能。其主要技术参数为：① 输入信号为二线制或三线制的 Pt100、Pt1000、Cu50、Cu100 信号；② 输出信号为 4~20 mA 直流信号（二线制）；③ 工作电压为 24 V（12~30 V）直流电压；④ 负载能力为 0~500 Ω；⑤ 工作环境温度范围为-20~80 ℃；⑥ 保护性输出电流：最大输出电流≤27 mA，最小输出电流≤3.6 mA；⑦ 外形尺寸为直径 ϕ45 mm、高度 22 mm；⑧ 安装孔距为 36 mm。

图 2-17　热电阻温度变送器模块

四、热电阻传感器的应用案例

图 2-18 所示为火药燃烧气体温度测量原理图。其中温度传感器选用 Pt100 热电阻，该热电阻测量最高温度为 600 ℃。为防止燃烧气体损坏传感器，传感器应固定良好并距气体喷口有一定的距离。传感器测试前应进行标定。由振子示波器测得的燃烧气体温度曲线如图 2-19 所示。

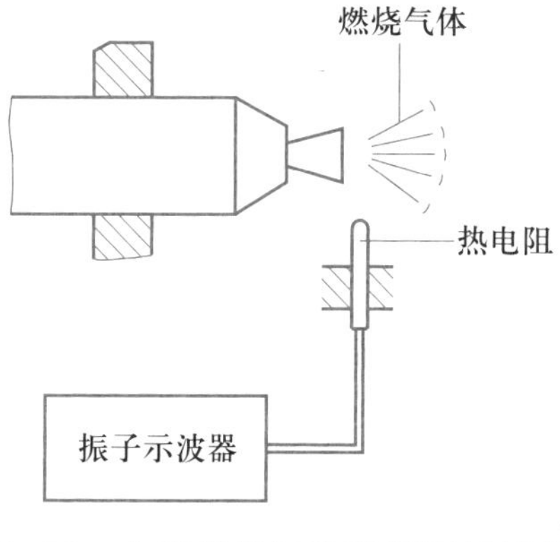

图 2-18　火药燃烧气体温度测量原理图

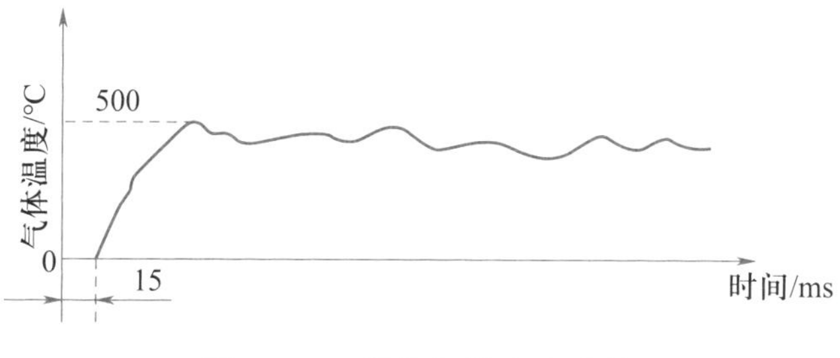

图 2-19　燃烧气体温度曲线

实践任务

热电阻温度数字仪表的调试

1. 任务要求

熟悉温度测量仪表回路的构成，完成热电阻数字显示仪表的调试工作，掌握万用表在热电阻温度数字显示仪表中的使用。

2. 设备与工具

DY 系列数字显示仪表一台；WZP-230 Pt100 热电阻一支；水银温度计一只；万用表一只；盛水容器一只；三芯电缆、导线若干。

3. 任务内容

(1) 外观技术要求：热电阻外观应良好，标志清晰；接线盒接线无松动、套管无漏点；数字显示仪表外观应良好，标志清晰，无松动、无破损，无读数缺陷，仪表示值清晰等。

(2) 热电阻与数字显示仪表连接原理如图 2-20 所示。

4. 操作步骤

(1) 仪表外观检查

按外观技术要求用目力观察。

(2) 热电阻的测试

① 查看水银温度计温度，对照 Pt100 热电阻分度表，得到室温对应的 Pt100 电阻值。

② 拆开电阻体接线盒，用万用表电阻挡测量电阻体接线端，电阻体阻值约等于室温电阻值，则电阻体合格，可用；电阻体阻值等于∞，电阻体断路，不可用；电阻体阻值约等于 0，电阻体短路，不可用。

(3) 热电阻与数字显示仪表连接测试

① 按图 2-20 和数字显示仪表说明书来检查接线线路是否正确。

② 确认接线无误时，数字显示仪表接通电源，按厂家规定时间预热。

③ 按说明书设定数字显示仪表输入信号为 Pt100，量程范围为 0~100 ℃。

④ 将电阻体放置于装有少许冷水的容器内，慢慢加入热水，观察数字显示仪表的变化。

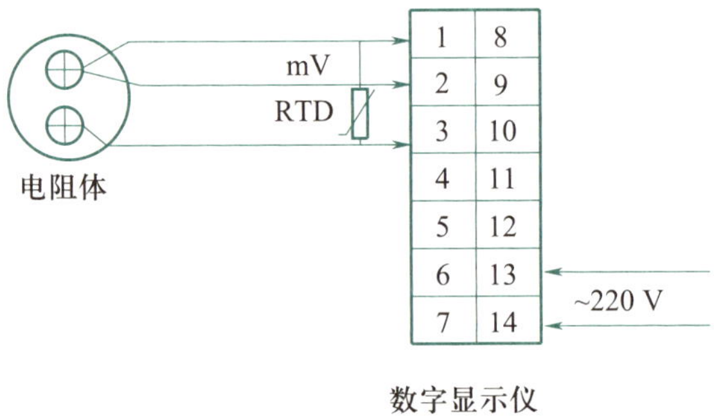

图 2-20　热电阻与数字显示仪表连接原理

⑤ 当数字显示仪表温度显示 50 ℃时，停止加入热水，将水银温度计插入容器，温度稳定后观察水银温度计的温度是否与数字显示仪表一致；记下数字显示仪表温度，给数字显示仪表断电，用万用表测量此时电阻体的电阻值，与 Pt100 热电阻分度表对照，观察所测得电阻值对

应的温度是否与数字显示仪表温度一致。

⑥ 给数字显示仪表接通电源，拆开电阻体接线盒，拆掉一根导线，观察此时数字显示仪表显示数值。

⑦ 给电阻体接好线，在电阻体套管内加入一些冷水，观察此时数字显示仪表显示数值。

5. 数据处理及思考

（1）对实践操作的数据进行和记录处理，对操作中出现的现象进行分析，得出结论。

（2）思考：水银温度计指示温度如果与数字显示仪表（配 Pt100）温度相差 3～5 ℃，分析造成误差的原因。

单元4　热敏电阻传感器

一、热敏电阻的基本特点

热敏电阻是利用半导体电阻与温度存在着某种关系而工作的一种半导体测温元件，它主要具有以下特点：① 灵敏度较高，其电阻温度系数要比金属大 10～100 倍，能检测出 10^{-6} ℃的温度变化；② 工作温度范围宽，常温元件适用于-55～315 ℃，高温元件适用温度高于 315 ℃（目前最高可达到 2 000 ℃），低温元件适用于-273～55 ℃；③ 体积小，能够测量其他温度计无法测量的空隙、腔体及生物体内血管的温度；④ 使用方便，电阻值可在 0.1～100 kΩ 间任意选择；⑤ 易加工成复杂的形状，可大批量生产；⑥ 稳定性好，过载能力强。因此热敏电阻被广泛应用于各种温控设备进行温度的检测。

二、热敏电阻的分类

根据选择的半导体材料不同，热敏电阻的电阻率温度系数可以是-6%/℃～60%/℃范围内的各种数值。热敏电阻可按电阻的温度特性、工作温度范围、外形结构形式、工作方式、使用的材料等进行分类。

1. 按温度特性分类

热敏电阻按温度系数可分为负温度系数热敏电阻（NTC）、正温度系数热敏电阻（PTC）和临界温度系数热敏电阻（CTR）。这三类热敏电阻的电阻率 ρ 与温度 t 的变化曲线如图 2-21 所示。从图中可以看出，这些曲线都呈非线性。

NTC 热敏电阻生产最早，最成熟，使用范围广。最常见的是由金属氧化物组成的，如锰、钴、铁、镍、铜等中的两三种氧化物混合烧结而成，广泛应用于自动控制及电子线路的热补偿线路中。PTC 热敏电阻最常用的是在钛酸陶瓷中加入施主杂质，以增大电阻温度系数，其用途主要是电气设备的过热保护、发热源的定温控制，还用作加热元件等。CTR 热敏电阻是一种具有开关特性的负温度系数热敏电阻，当外界温度达到阻值急剧转变温度时，引起半导体与金属之间的相变，利用这种特性可制成热保护开关，主要用作温度开关。

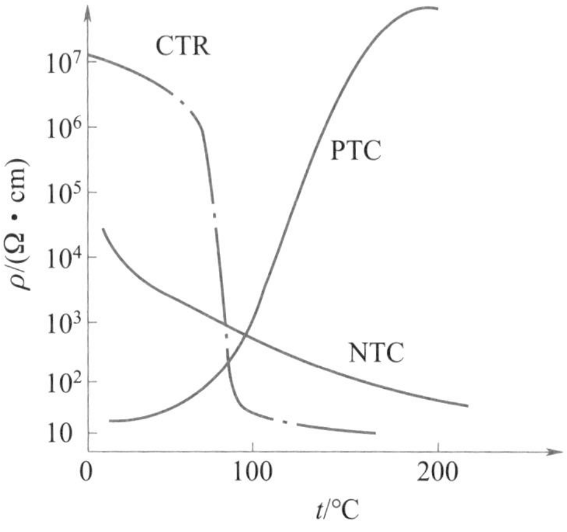

图 2-21　三类热敏电阻的电阻率 ρ 与温度 t 的变化曲线

2. 按工作温度范围分类

热敏电阻按工作温度范围可分为常温热敏电阻（−55～315 ℃）、高温热敏电阻（>315 ℃）和低温热敏电阻（−273～55 ℃）三类。

3. 按外形结构形式分类

热敏电阻按外形结构形式可分为体型、薄膜型、厚膜型三种，可根据使用要求封装加工成各种形状，如珠状、片状、杆状、锥状、针状等的探头，如图 2-22 所示。

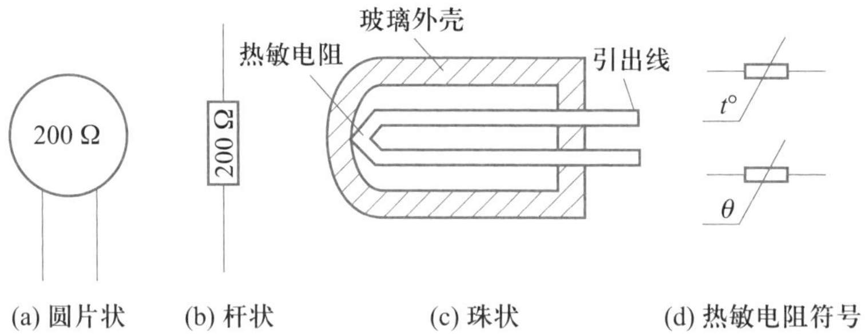

图 2-22　热敏电阻的结构外形及符号

4. 其他分类

热敏电阻还可按工作方式分为直热式、旁热式、延迟电路三种；按使用的材料分为陶瓷、塑料、金刚石、单晶、非晶热敏电阻等。

三、热敏电阻的应用案例——谷物温度的测量

在粮食存储和运输过程中，常把谷物装在麻袋中，为检查谷物的情况，需要对袋内谷物的温度进行测量。该测量仪是一个专门用于袋内谷物温度测量的简单仪器，其温度测量范围为 −10～70 ℃，精度为±2 ℃。

谷物温度测量仪由探针、电桥及电源组成，其结构如图 2-23 所示。作为温度传感器的热

敏电阻装在探针的头部，由铜保护帽将被测谷物的温度传给热敏电阻，为保证测量的精度，在探针的头部还装有绝热套。热敏电阻通过引线和插接件与测温直流电桥进行电路连接。电桥和电池装在一个不大的电路盒内，电路盒和探针通过连接件组合在一起。

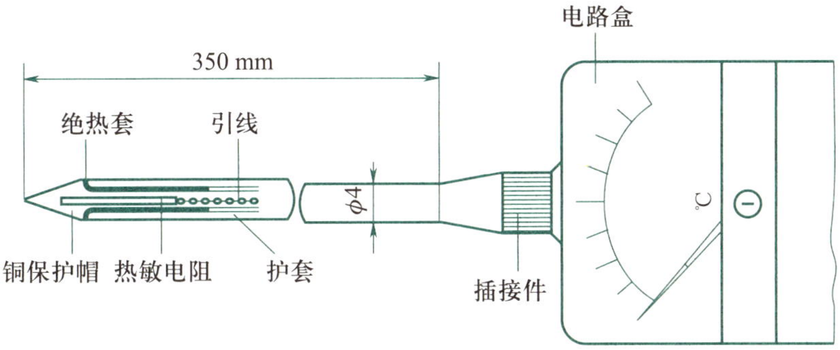

图 2-23　谷物温度测量仪结构

测量仪的基本工作原理是：在温度改变时，接在电桥一个臂中的热敏电阻的阻值将会发生变化，使电桥失去平衡，接于电桥一条对角线上的直流微安表即指示出相应的温度。

谷物温度测量仪的电路如图 2-24 所示。热敏电阻 R_T 构成测量电桥的一个臂（开关置于测量位置），在其他桥臂中接入电阻 R_3、R_4、R_2 和 R_{P1}。电桥的一条对角线接入电流表，另一对角线经电阻 R_5 和 R_{P2} 和开关 S_1 接入电源。可变电阻 R_{P1} 的作用是在-10 ℃时调整电桥的平衡。电阻 R_1 的阻值等于 70 ℃时热敏电阻 R_T 的阻值，用于校准仪器。校准时将开关 S_2 放置在校准挡，调节电位器 R_{P2}，使表头指针对准 70 ℃的刻度。

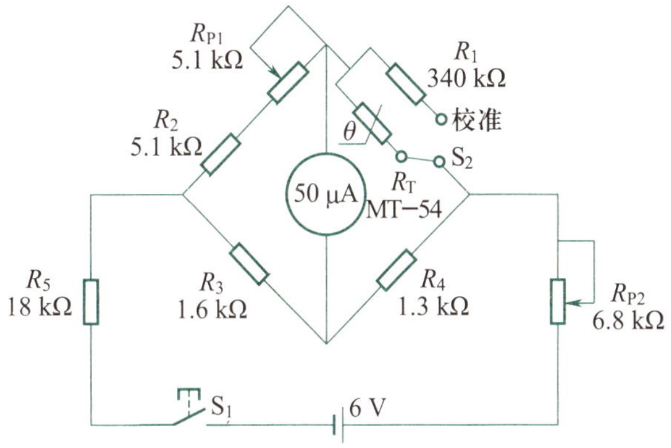

图 2-24　谷物温度测量仪的电路

小制作

用温度传感器制作的水开音乐告知器

水开音乐告知器在水开时能奏出一首动听的乐曲。所用的材料易购易找，制作简单，使用方便，很适合家庭使用。

1. 工作原理

图 2-25 所示为水开音乐告知器电路，感温开关 SA 的动触点（双金属片）受热时展开，当温度上升到一定值时，动触点与静触点接合，音乐集成块 IC 被触发，扬声器 Y 便发出乐曲。

2. 元件选择

① 电阻 R 选择 20 kΩ。

② 电容 C 选择 0.033 μF。

③ VT 选用 9013 型三极管。

④ IC 选用 HD-1(或其他类型)音乐集成块。

⑤ Y 选用 8 Ω、0.25 W 扬声器。

⑥ 感温开关 SA 用启辉器来制作。

3. 制作与安装

① 感温开关的制作:将启辉器的玻璃外壳打碎后取出动、静触点。将它插入刚刚停止沸腾的开水中,用镊子调整动静触点使两者刚好接触(用万用表 R×1 挡测试),然后取出吹干或烘干。找一根废旧电视机或收音机的拉杆天线,将它全部拉出后,用钳子把第一节管的根部夹断,取出完整的第二节管作感温开关管。找 3 个橡胶塞,把启辉器的动、静触点安装固定在管内(要密封),感温管结构如图 2-26 所示。

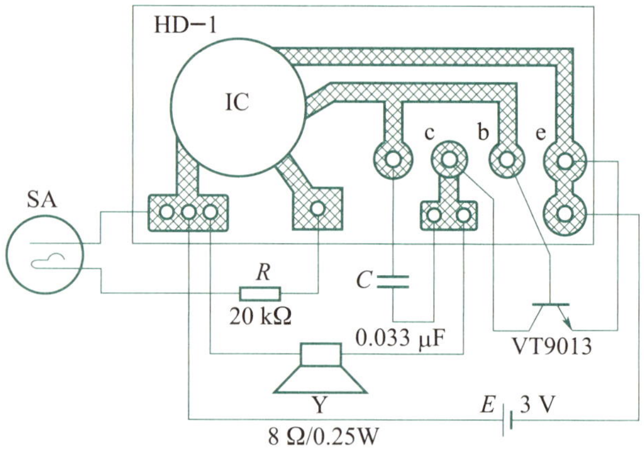

图 2-25 水开音乐告知器电路

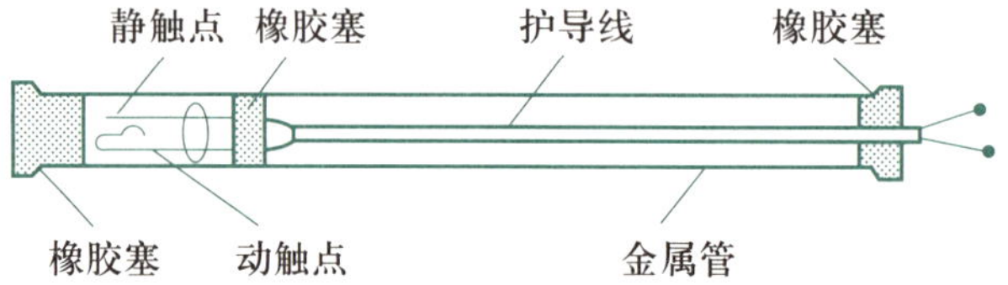

图 2-26 感温管结构

② 安装方法:取一只外壳(如废旧门铃或袖珍收音机的外壳),将线路板、扬声器安装固定在其内部,感温管的一端插入并固定在外壳内,另一端(安装触头的一端)伸出外面。

4. 使用方法

烧开水时,将感温管插入壶嘴内(入水部分不少于 70 mm)即可。不用时要放在通风干燥的地方。

此电路静态时耗电很少,动态时耗电约为 80 mW。

单元 5 气敏电阻传感器

一、气敏电阻传感器的工作原理

气敏电阻传感器是一种能把某种气体的成分、浓度等参数转换成电阻变化量再转换为电流或电压信号的传感器，它的传感元件是气敏电阻。

气敏电阻形式繁多，可以检测各种特定对象的气体，气敏电阻按被测气体性质可分为测量还原性气体传感器和测量氧气浓度传感器。

还原性气体就是在化学反应中能给出电子，化学价升高的气体。还原性气体多数属于可燃性气体，如石油气、酒精蒸气、甲烷、乙烷、天然气、氢气等。测量还原性气体的气敏电阻一般是用 SnO_2、ZnO 或 Fe_2O_3 等金属氧化物粉料添加少量铂催化剂、激活剂及其他添加剂，按一定比例烧结而成的半导体元件。

图 2-27 所示是 MQN 型气敏电阻的外形、结构及测量电路。

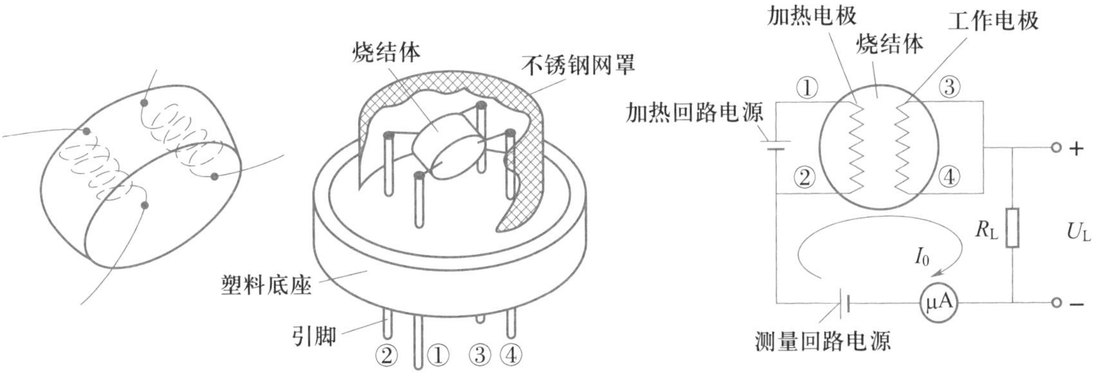

(a) 烧结体　(b) 气敏电阻外形　(c) 基本测量转换电路

图 2-27　MQN 型气敏电阻的外形、结构及测量电路

MQN 型气敏半导体元件由塑料底座、引脚、不锈钢网罩、烧结体以及包裹在烧结体中的两组铂丝组成。一组铂丝为工作电极，另一组（图中的左边铂丝）为加热电极兼工作电极。气敏电阻工作时必须加热到 200~300 ℃，其目的是加速被测气体的化学吸附和电离过程并烧去气敏电阻表面的污物（起清洁作用），提高元件的灵敏度和响应速度。

气敏电阻的工作原理十分复杂，涉及材料的微晶结构、化学吸附及化学反应，有不同的解释方式。一般认为，对于气敏半导体陶瓷材料，当有气体吸附时，如果材料的功函数小于吸附分子的电子亲和力，则气体分子得到电子，为负离子吸附，阻值变大；反之失去电子，为正离子吸附，阻值变小。气敏电阻使用时应尽量避免置于油雾、灰尘环境中，以免老化。

气敏半导体的灵敏度较高，它较适用于气体的微量检漏、浓度检测或超限报警。控制烧结体的化学成分及加热温度，可以改变它对不同气体的选择性。例如，制成煤气报警器可对居室或地下数米深处的管道漏点进行检漏；还可制成酒精检测仪，以防止酒后驾车。目前，气敏电阻传感器已广泛用于石油、化工、电力、家居等各种领域。

二、气敏电阻传感器的应用案例

1. 酒精测试仪

酒精测试仪可用于酒驾认定,也可以用在其他场合检测人体呼出气体中的酒精含量,避免造成人员伤亡和财产损失,或使用于高危领域中禁止酒后上岗的特殊作业。

酒精测试仪工作原理为:利用对酒精气体敏感的气敏元件探测酒精气体,并经测量电路将其转换为电压信号,再经放大、分析处理后显示或产生报警信号。图 2-28 所示为酒精传感器及手持式酒精测试仪实物图。

(a) 酒精传感器　　(b) 手持式酒精测试仪

图 2-28　酒精传感器及手持式酒精测试仪实物图

2. 燃气泄漏报警器

图 2-29 所示的燃气泄漏报警器是非常重要的燃气安全设备,广泛应用在城市安防、工矿企业、学校、家庭、仓库、石油、化工、燃气输配等众多领域。燃气泄漏报警器由探测器与报警控制主机构成,用以检测室内外危险场所的泄漏情况。当被测场所存在可燃性气体时,探测器将气体浓度信号转换成电压信号或电流信号传送到报警仪表,仪器显示出有可燃性气体爆炸下限的百分比浓度值。当可燃性气体浓度超过报警设定值时,控制器通过执行器或执行电路发出报警信号或执行关闭燃气阀门等动作。

探测可燃性气体的敏感元件主要有氧化物半导体型、催化燃烧型、热线型气体传感器,还有少量的其他类型,如化学电池类传感器。这些传感器都通过对周围环境中的可燃气体的吸附,在传感器表面产生化学反应或电化学反应,造成传感器的电物理特性的改变。

控制器采用三芯屏蔽线与探测器连接(注:单芯线径不低于 0.75 mm,依实际距离而定),将屏蔽层与控制器机壳相连并可靠接地。当采用 RVV 线缆时,应穿金属管并将金属管可靠接地。控制器与探测器连接示意图如图 2-30 所示。

图 2-29　燃气泄漏报警器

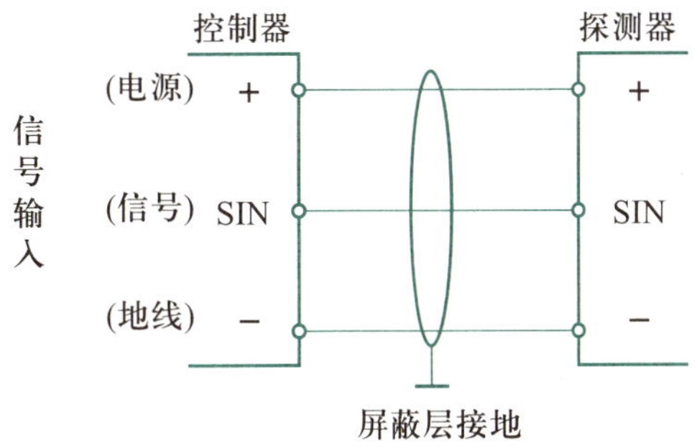

图 2-30　控制器与探测器连接示意图

小制作

用气敏传感器制作的烟雾报警器

1. 工作原理

烟雾报警器电路原理如图 2-31 所示。整个电路分为电源、检测、定时报警输出三部分。电源部分将 220 V 交流电经电源变压器降至 15 V，由 $VD_1 \sim VD_4$ 组成的桥式整流电路整流，并经 C_2 滤波后供给后面电路。烟雾检测器件 HQ-2 所需 10 V 和 5 V 直流电源由三端稳压器 7810、7805 供给；运算放大器 IC 所需 10 V 电源也由 7810 供给。

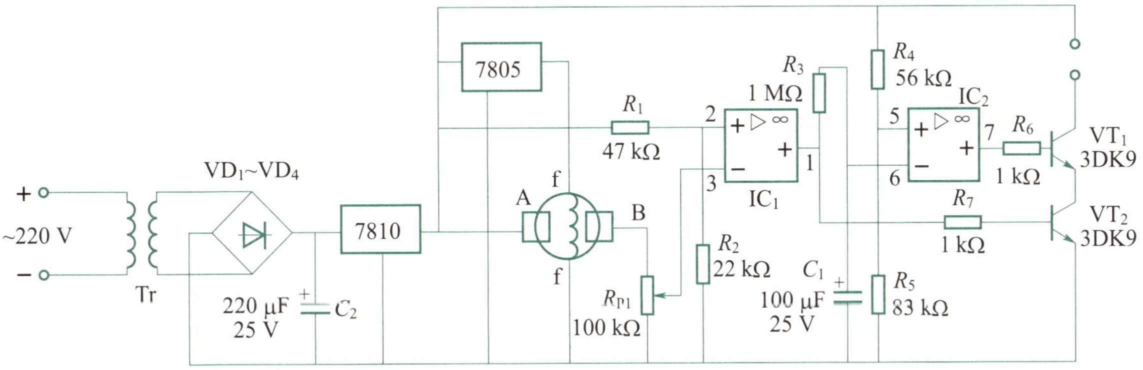

图 2-31　烟雾报警器电路原理图

HQ-2 上 A、B 之间的电阻，在无烟环境中为几十千欧，有烟雾环境中阻值可下降到几千欧。一旦 HQ-2 检测到周围环境中有烟雾存在，A、B 间电阻便迅速减小，IC_1 通过电位器所取得的分压则随之增加，比较器 IC_1 便迅速翻转，使 VT_2 导通。IC_2 在 IC_1 翻转之前输出高电平，因此 VT_1 也处于导通状态。只要 IC_1 翻转，输出端便可输出报警信号。输出端可接蜂鸣器或发光器件。IC_1 翻转后，由 R_3、C_1 组成的定时器开始工作。当电容 C_1 被充电达到阈值电位时，IC_2 翻转，则 VT_1 关断，停止输出报警信号。烟雾消失后，比较器复位，C_1 通过 IC_1 放电。

2. 元件选择

① 气敏传感器选用 HQ-2。

② IC 选用 LM324，其引脚排列如图 2-32 所示。

③ VT_1、VT_2 选用 3DK9 三极管。

④ 其他元件如图 2-31 所示，无特殊要求。

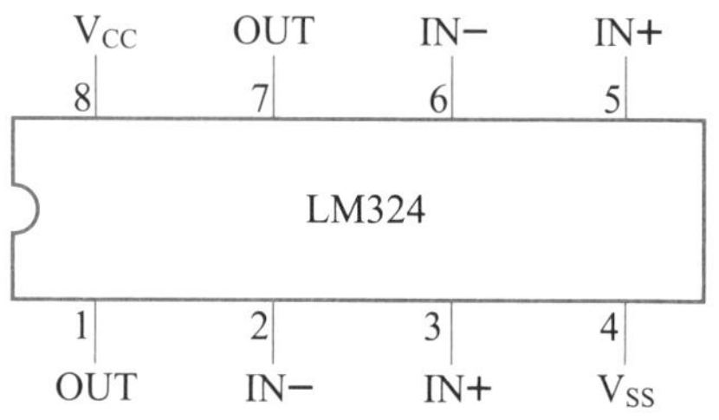

图 2-32　集成块 LM324 引脚排列图

3. 制作与调试

本报警器只需按常规制作即可成功。只要安装无误，无须调试即可正常工作。改变 R_3 阻值可改变报警信号的长短。通过调节电位器 R_{P1} 可改变比较器 IC_1 的阈值电位，也就是改变了系统灵敏度。在加电瞬间，HQ-2 可能会导通一下。该气敏元件长期搁置首次使用时，在没有遇到可燃性气体时电阻也将减小，需经 10 min 左右的初始稳定时间后方可正常工作。

该装置可用于会议室、客厅等场所做禁烟警示。

单元 6　湿敏电阻传感器

一、湿敏电阻及湿敏检测原理

湿度的检测与控制在现代科研、生产、生活中的地位越来越重要。例如，许多储物仓库在湿度超过某一程度时，物品易发生变质或霉变现象；居室的湿度希望适中；而纺织厂要求车间的相对湿度保持在（60～75）%；在农业生产中的温室育苗、食用菌培养、水果保鲜等都需要对湿度进行检测和控制。湿度有绝对湿度和相对湿度之分。检测湿度的手段很多，如毛发湿度计、干湿球湿度计、石英振动式湿度计、微波湿度计、电容湿度计、电阻湿度计等，本单元介绍陶瓷湿敏电阻式湿度传感器。图 2-33 所示是陶瓷湿敏电阻传感器的结构、外形及测量转换电路框图，它主要用于测量空气的相对湿度。

陶瓷湿敏电阻传感器的核心部分是用铬酸镁-氧化钛（$MgCr_2O_4-TiO_2$）等金属氧化物以高温烧结工艺制成的多孔陶瓷半导体。它的气孔率高达 25% 以上，具有 1 μm 以下的细孔分布。与日常生活中常用的结构致密的陶瓷相比，其接触空气的表面显著增大，所以水蒸气极易被吸附于其表层及孔隙之中，使其电导率下降。当相对湿度从 1% 变化到 95% 时，其电阻率变化高达 4 个数量级以上，所以在测量电路中必须考虑采用对数压缩手段。

多孔陶瓷置于空气中易被灰尘、油烟污染，从而使感湿面积下降。如果将湿敏陶瓷加热到 400 ℃以上，就可使污物挥发或烧掉，使陶瓷恢复到初期状态，所以必须定期给加热丝通电。陶瓷湿敏传感器吸湿快（10 s 左右），而脱湿要慢许多，从而产生滞后现象，称为湿滞。当吸附的水分子不能全部脱出时，会造成重现性误差及测量误差。有时可用重新加热脱湿的办法来

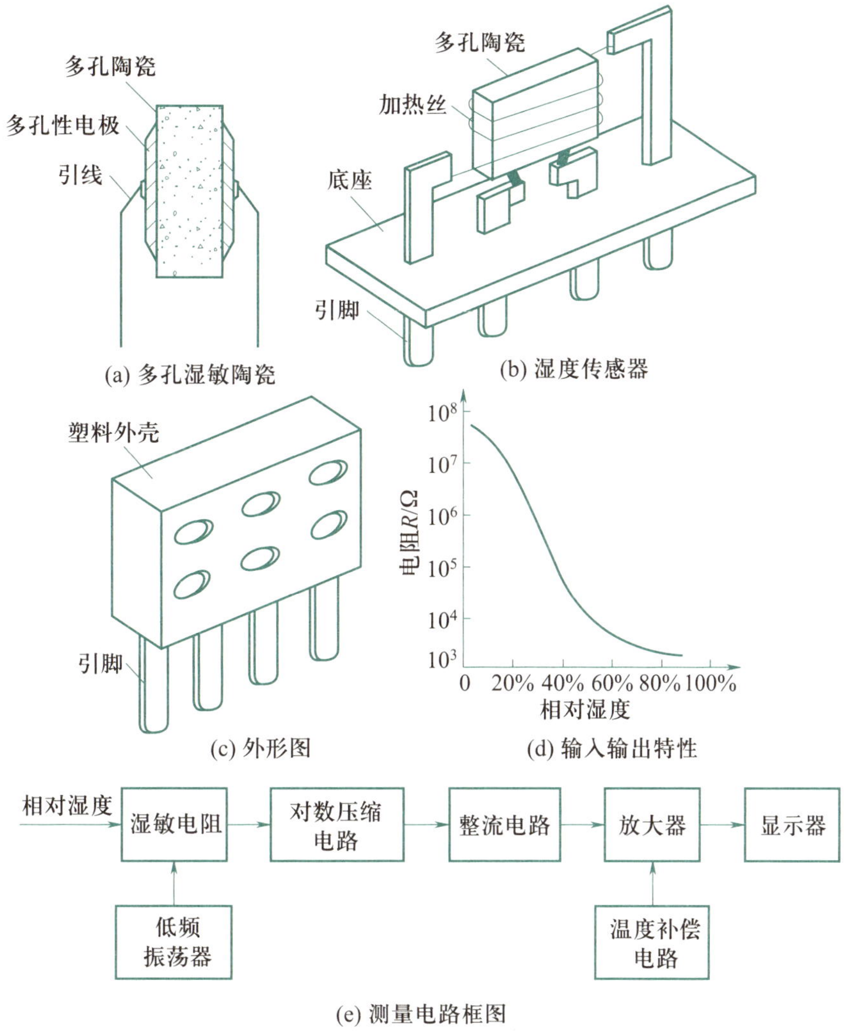

图 2-33　陶瓷湿敏传感器的结构、外形及测量转换电路框图

解决。陶瓷湿敏传感器的湿度-电阻关系的标定比温度传感器的标定困难得多、误差大，稳定性也较差，使用时还应考虑温度补偿（温度每上升 1 ℃，电阻下降引起的误差约为 0.1%）。陶瓷湿敏电阻应采用交流供电，若长期采用直流供电，会使湿敏材料极化，吸附的水分子电离，导致灵敏度降低，性能变差。湿敏电阻工作一段时间后必须重新标定。

二、湿敏电阻传感器的应用案例

汽车后窗玻璃自动除湿装置

图 2-34 所示为汽车后窗自动除湿电路及除湿装置安装示意图。图中 R_L 为嵌入玻璃的加热电阻，R_H 为设置在后窗玻璃上的湿度传感器。由三极管 VT_1 和 VT_2 接成施密特触发电路，在 VT_1 的基极接有由 R_1、R_2 和湿度传感器电阻 R_H 组成的偏置电路。在常温常湿条件下，由于 R_H

较大，VT_1处于导通状态，VT_2处于截止状态，继电器 J 不工作，加热电阻无电流流过。当车内外温差较大，且湿度过大时，湿度传感器 R_H的阻值减小，使 VT_1处于截止状态，VT_2翻转为导通状态，继电器 J 工作，其动合触点 J_1闭合，加热电阻 R_L开始加热，后窗玻璃上的潮气被驱散。

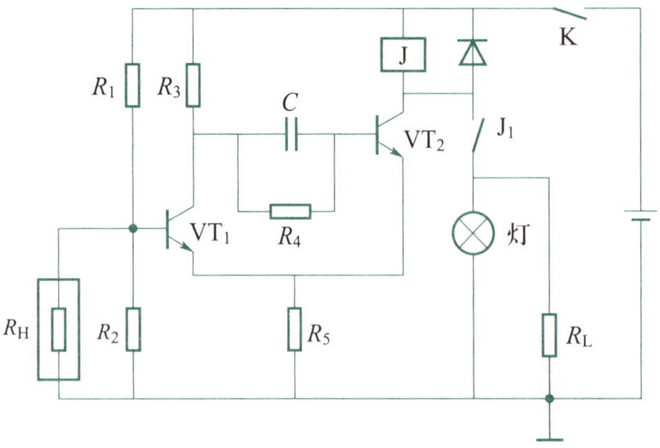

(a) 电路

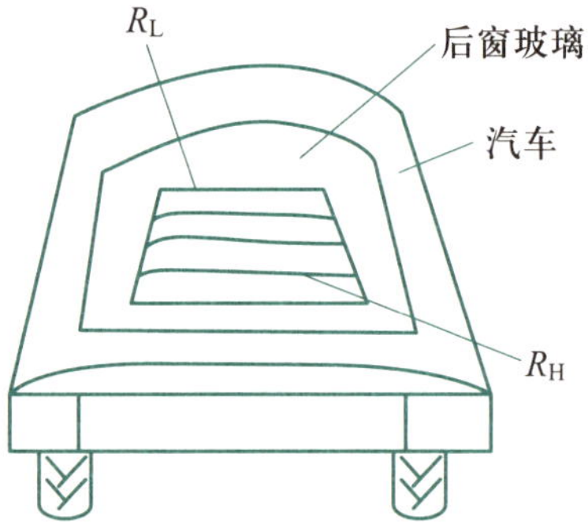

(b) 安装示意图

图 2-34　汽车后窗玻璃自动除湿电路及除湿装置安装示意图

综合训练二

【认知训练】

2-1　什么是应变效应？应变片有哪几种结构类型？

2-2　电阻应变片灵敏系数 $K=2$，沿纵向粘贴于直径为 0.05 m 的圆形钢柱表面，钢材的 $E=2\times10^{11}\ N/m^2$，$\mu=0.3$。求钢柱受 10 T 拉力作用时，应变片电阻的相对变化量。又若应变片沿钢柱圆周方向粘贴，受同样拉力作用时，应变片电阻的相对变化量为多少？

2-3　电位器式传感器有哪些种类？它能测量哪些物理量？

2-4　电位器式传感器线圈电阻 10 kΩ，电刷最大行程为 4 mm。若允许最大消耗功率为 40 mW，传感器所用的激励电压为允许的最大激励电压，试求当输入位移量为 1.2 mm 时，输出电压是多少？

2-5　铜电阻的阻值 R_t与温度 t 的关系可用 $R_t=R_0(1+\alpha t)$ 表示。已知铜电阻的 R_0为 50 Ω，温度系数 α 为 4.28×10^{-3} ℃$^{-1}$，求当温度为 100 ℃时的铜电阻值。

2-6　热电阻有哪几种接线方式？哪些接线方式可以消除引线电阻带来的测量误差？画出其接线图。

2-7　热敏电阻按照温度特性可分为哪些类型？各有什么特点？

2-8　试举 3 个例子说明热敏电阻的应用场合。

2-9 气敏传感器按照被测气体性质可分为哪几种？分别应用在哪些场合？

【能力训练】

2-1 现有数显扭力扳手一把，其外形如图 2-35 所示，电工螺丝刀一套，数码照片拍摄工具一个（如手机、相机等），完成下列任务：

① 对数显扭力扳手进行拆装，拍照指出各功能模块的位置及功能（注意：拆卸的零件按照顺序依次摆好，安装顺序与拆卸顺序相反）。

② 根据各功能模块分析其工作原理。

③ 用数显扭力扳手扳动一个螺母，说明它与普通扳手的区别。

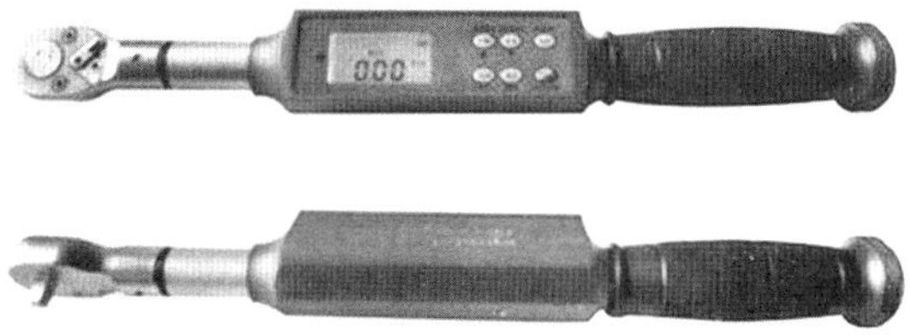

图 2-35 一种数显扭力扳手外形

模块三　电感式及电容式传感器

电感式或电容式传感器是把被测量的变化转换为电感或电容的变化，然后通过对电感或电容的测量达到对非电信号检测的目的。电感式传感器有自感式传感器、互感式传感器、电涡流式传感器等。本模块从应用角度出发，介绍差动变压器式传感器、电涡流式传感器和电容式传感器的工作原理、测量转换电路及一些应用案例。

单元 1　差动变压器式传感器

一、差动变压器式传感器简述

电感式传感器是利用线圈的自感、互感或阻抗的变化来实现非电量检测的一种装置，而互感式传感器就是一种电感式传感器，它是根据互感的变化来感知被检测量的。互感式传感器由于利用了变压器原理，又往往做成差动形式，故常称为差动变压器式传感器。

二、差动变压器式传感器的工作原理

差动变压器的结构示意图如图 3-1 所示，它主要由一个线框和一个铁心组成。在线框上绕有一组一次绕组作输入绕组。在同一线框上另绕两组完全对称的二次绕组作输出绕组，它们反向串联组成差动输出形式。理想差动变压器的原理如图 3-2 所示。

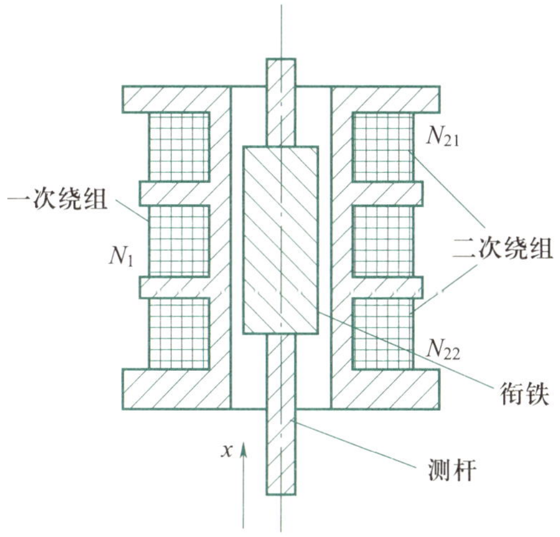

图 3-1　差动变压器的结构示意图

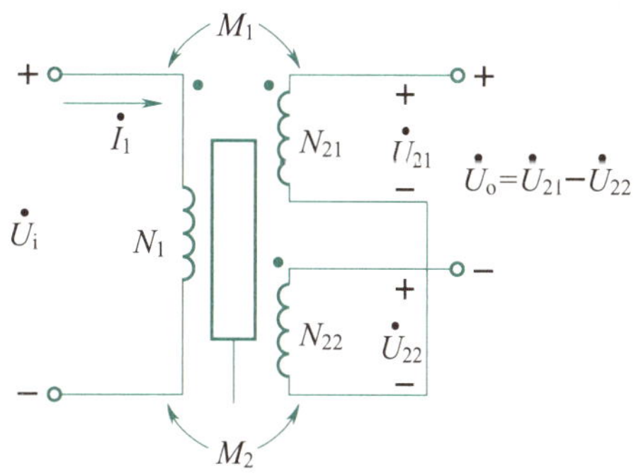

图 3-2　理想差动变压器的原理图

当一次绕组加入励磁电源后，其二次绕组 N_{21}、N_{22} 产生感应电动势 $\dot{E}_{21}$、$\dot{E}_{22}$，输出电压分别为 $\dot{U}_{21}$、$\dot{U}_{22}$，经推导得输出电压 $\dot{U}_o$ 为

$$\dot{U}_o = \pm 2j\omega\Delta M\dot{I}_1 \tag{3-1}$$

式中　ω——励磁电源角频率；

ΔM——线圈互感的增量；

$\dot{I}_1$——励磁电流。

理论和实践证明，线圈互感的增量 ΔM 与衔铁位移量 x 基本成正比关系，所以输出电压的有效值为

$$U_o = K|x| \tag{3-2}$$

式中，K 是差动变压器的灵敏度，它是与差动变压器的结构及材料有关的量，在线性范围内可近似看作常量。差动变压器的输出特性如图 3-3 所示。图中 E_0 称为零点残余电压，其数值为零点几毫伏，有时可达几十毫伏，并且无论怎样调节衔铁的位置均无法消除。当差动变压器的结构及电源电压一定时，互感系数 M_1、M_2 的大小和衔铁的位置有关。差动变压器式传感器除以上结构形式外，还有其他结构形式，如变气隙式差动变压器，由于其自由行程小，应用不如螺管式差动变压器广泛。

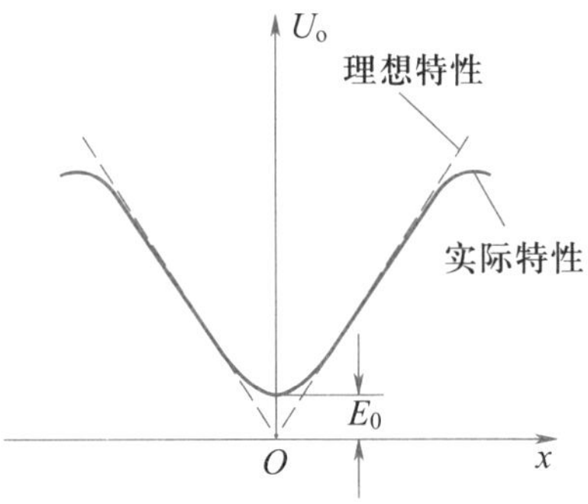

图 3-3　差动变压器的输出特性

产生零点残余电压的主要原因是：① 差动变压器两个次级绕组的电气参数、几何尺寸或磁路参数不完全对称；② 存在寄生参数，如绕组间的寄生电容、引线与外壳间的分布电容；③ 电源电压含有高次谐波；④ 磁路的磁化曲线存在非线性。

减小零点残余电压的方法通常有：① 提高框架和绕组的对称性；② 减少电源中谐波成分；③ 正确选择磁路材料，同时适当减少绕组的励磁电流，使衔铁工作在磁化曲线的线性区；④ 在绕组上并联阻容移相网络，补偿相位误差；⑤ 采用相敏检波电路，可以使零点残余电压减小到能够忽略的程度。

三、差动变压器式传感器的基本特性

1. 灵敏度

差动变压器的灵敏度是指差动变压器在单位电压励磁下，铁心移动一单位距离时的输出电压，以 mV/(mm · V)表示。一般差动变压器的灵敏度大于 50 mV/(mm · V)。

影响灵敏度的因素有：电源电压和频率，差动变压器一、二次绕组的匝数比，衔铁直径与长度、材料质量，环境温度，负载电阻等。为了获得高的灵敏度，在不使一次绕组过热的情况下，尽量提高励磁电压，电源频率以 400 Hz～10 kHz 为佳。此外，还可以提高线圈的品质因素 Q 值($Q=\omega L/R$)；衔铁的直径在尺寸允许的条件下尽可能大些，这样有效磁通较大；选用导磁性能好、铁损小、涡流损耗小的导磁材料等。

2. 线性范围

理想的差动变压器输出电压应与衔铁位移呈线性关系，实际上衔铁的直径、长度、材质和

线圈骨架的形状、大小的不同等均对线性关系有直接影响。差动变压器一般线性范围为绕组骨架长度的 1/10～1/4。由于差动变压器中间部分磁场是均匀的且较强，所以只有中间部分线性较好。

四、差动变压器式传感器的测量转换电路

差动变压器的电压是交流电压，它与衔铁位移成正比，其输出电压如用交流电压表来测量同样无法判别衔铁移动方向。所以在差动变压器测量转换电路中常采用差动整流电路，几种差动整流电路如图 3-4 所示。

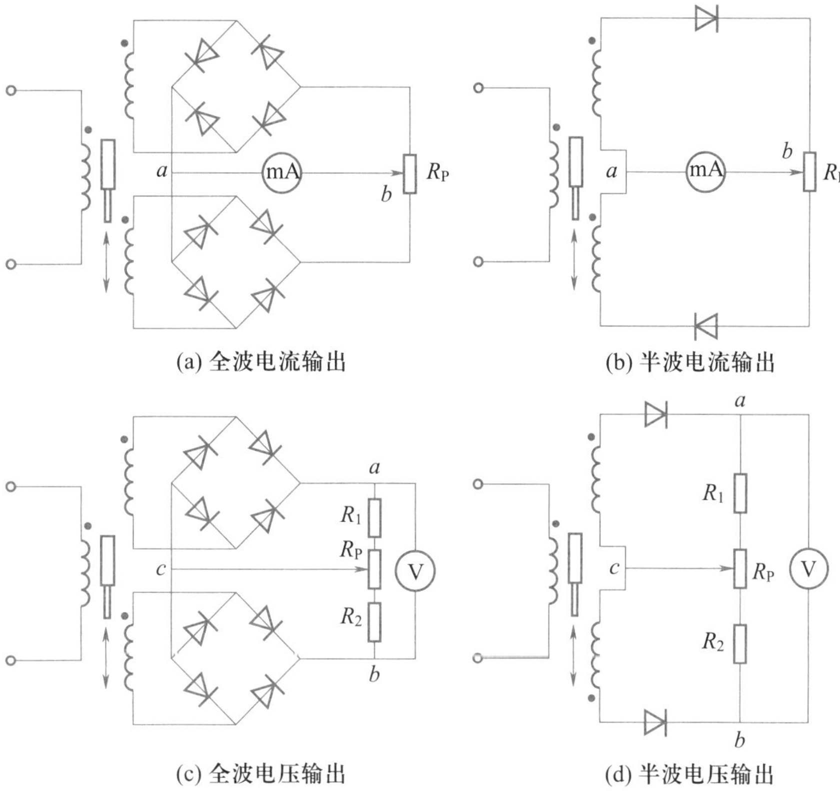

图 3-4　几种差动整流电路

差动整流电路可分为全波电流输出差动整流电路、半波电流输出差动整流电路、全波电压输出差动整流电路和半波电压输出差动整流电路四种。其中图 3-4a 和图 3-4b 所示电路用于连接低阻抗负载的场合，是电流输出型。图 3-4c 和图 3-4d 所示电路用于连接高阻抗负载的场合，是电压输出型。由于整流部分在差动变压器输出一侧，所以只需两根直流输送线即可，而且可以远距离输送，因而差动整流电路得到广泛应用。

分析可得，差动整流电路把差动变压器两个二次电压分别整流后，以它们的差值作为输出，不仅可消除零点残余电压，还可判别位移的大小和方向。

一般经相敏检波和差动整流输出的信号还必须通过低通滤波器，从而把调制的高频信号衰减掉，只让衔铁运动所产生的有效信号通过。

五、差动变压器式传感器的应用案例

1. 差动变压器式压力变送器

图 3-5 所示为 YST-1 型差压变送器的结构及电路图。其结构示意图如图 3-5a 所示，当被测压力未导入传感器时，膜盒无位移，这时活动衔铁在差动绕组的中间位置，因而输出为零。当被测压力从输入口导入膜盒时，膜盒在被测介质压力的作用下，其自由端产生一正比于被测压力的位移，测杆使衔铁向上移动，在差动变压器的二次绕组中产生的感应电动势发生变化而有电压输出，此电压经过安装在印制电路板上的电子线路处理后，送给二次仪表，加以显示。

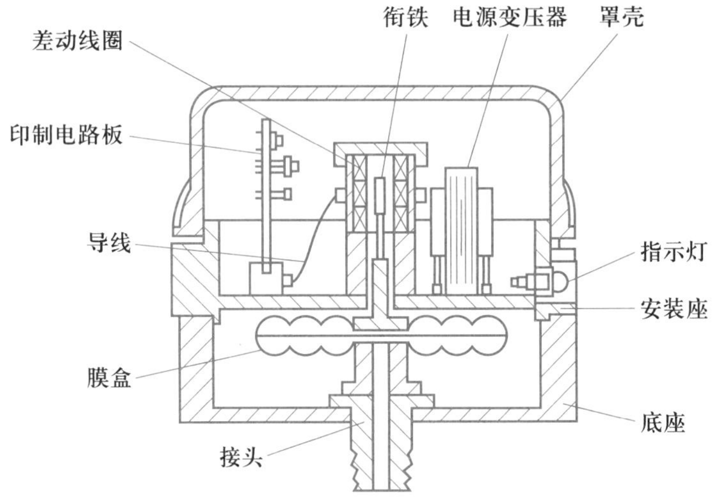

(a) 结构示意图

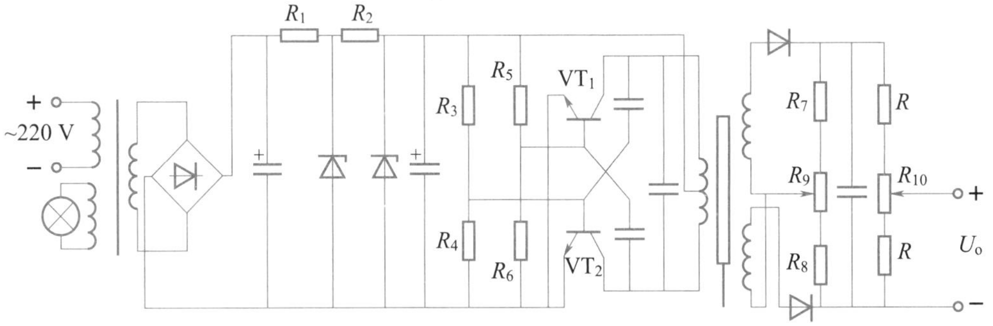

(b) 电气线路原理图

图 3-5　YST-1 型差压变送器的结构及电路图

此压力变送器的电气线路原理如图 3-5b 所示，220 V 交流电通过变压、整流、滤波、稳压后，由三极管 VT_1、VT_2 组成的多谐振荡器转变为 6 V、1 000 Hz 的稳定交流电压，作为差动变压器的励磁电压。差动变压器二次绕组输出电压通过差动整流电路、滤波电路后，作为变送器输出信号，可接入二次仪表加以显示。线路中 R_9 是调零电位器，R_{10} 是调量程电位器。二次仪表可选用 XCZ-103 型动圈式毫伏计，或选用自动电子电位差计（如 XWD 型），但必须在信号端并联 600 Ω 左右的电阻。图 3-6 所示为差动变压器式压力变送器的另外两种结构，其中，图 3-6a 所示是弹簧管式，图 3-6b 所示是波纹膜片式。

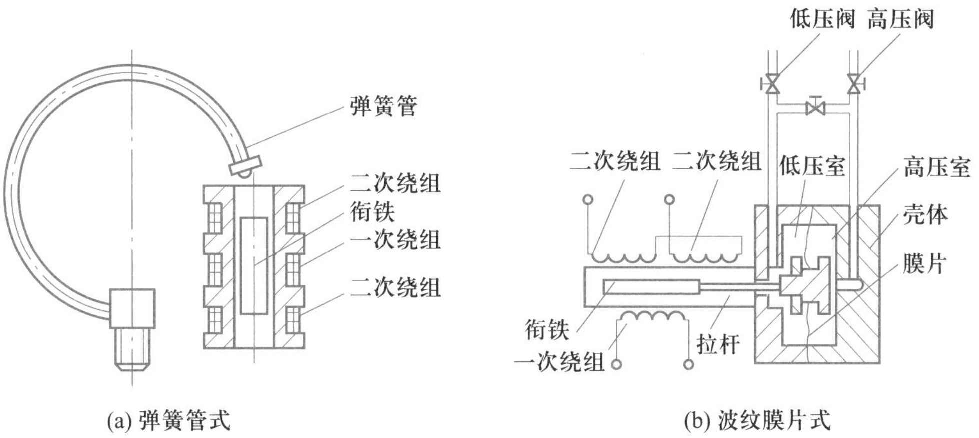

图 3-6　差动变压器式压力变送器的另外两种结构

2. 电感式位移检测在滚珠直径自动分选机的应用

（1）轴承滚珠直径自动分选的要求

某轴承厂希望对本厂车间生产的汽车用滚珠的直径进行自动测量和分选，技术指标及具体要求如下：

① 滚珠的公称直径为 10.000 mm，允许偏差为±3 μm，超出偏差范围均予以剔除（分别落入正偏差和负偏差两个废料箱中）。

② 在偏差范围内，滚珠的直径从 9.997～10.003 mm，分为 A～G 共 7 个等级，分别落入对应的 7 个料箱中。

③ 滚珠的分选速度为 60 个/min，分选结果在屏幕上显示。

（2）轴承滚珠直径自动分选的基本工作原理

图 3-7 所示是滚珠直径自动分选机的工作原理示意图。其工作原理可以从以下几方面进行分析。

① 滚珠的推动与定位。几千只滚珠放入图 3-7 上端的“振动料斗”中，在电磁振动力的作用下，自动排成队列，从给料管中下落到气缸的推杆右端。气缸的活塞在高压气体的推动下，将滚珠快速推至电感测微仪的测标下方的限位挡板位置，为了延长测端的使用寿命，保证测杆压在滚珠的最高点上，可在图 3-7 测杆的末端加装一个钨钢测头。

② 气缸的控制。气缸有后进/出气口 B 和前进/出气口 A。当 A 向大气敞开、高压气体从 B 口进入时，活塞向右推动，气缸前室的气体从 A 口排出。反之，活塞后退，气缸后室的气体从

B 口排出。气缸 A 口与 B 口的开启由电磁阀控制。

③ 轴承滚珠直径自动检测。由于被测滚珠的公差只有 6 μm,传感器所需要的行程较短,这里选择线圈骨架较短、直径较小的电感测微仪(图 3-7)进行滚珠直径的自动测量,它与钨钢测头接触后,压在滚珠的最高点。滚珠直径大小的不同使电感测微仪产生位移变动,通过相敏检波电路、电压放大电路输入到计算机,经计算机输出信号带动电磁阀驱动器、电磁铁驱动器。其中,电磁阀驱动器控制电磁阀带动气缸活塞运动,电磁铁驱动器控制限位挡板和电磁翻板使滚珠落入相应的落料箱中。

④ 落料箱翻板的控制。按设计要求,落料箱共 9 个,分别是-3 μm、-2 μm、-1 μm、0 μm、+1 μm、+2 μm、+3 μm 以及“偏大”“偏小”废品箱(图中未画出)。它们的翻板分别由 9 个交流电磁铁控制。当计算机计算出测量结果的误差值后,对应的翻板继电器驱动电路导通,翻板打开(见图 3-7 中的 0 μm 翻板)。

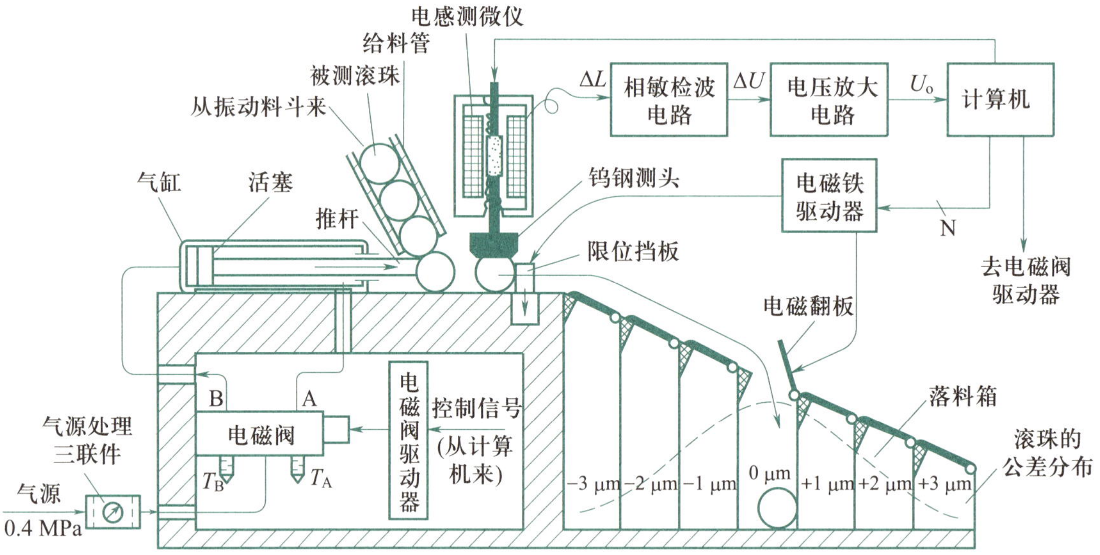

图 3-7　滚珠直径自动分选机的工作原理示意图

小制作

用感应式传感器制作的感应式讯响器等

感应式传感器是由 555 时基集成电路、感应探测线圈制成的,电路简单,可靠实用,可广泛应用于照明灯、玩具、门铃、防盗、报警、检测等方面。

感应式传感器的原理如图 3-8 所示。该传感器电路极其简单,仅用一只 555 时基集成电路并外加一段导线组成,它利用 2、6 脚输入阻抗很高的特点,组成感应式振荡器,当人体、金属靠近感应探测线圈 L 时,电路立即从 3 脚输出较强的音频信号(手指捏住 L 时振荡最强)。当人体等离开 L 后,电路并不立即停振,而是延时振荡 1~3 s 时间才停振。振荡器的起振强弱灵敏度由线圈 L 的长短决定,与其直径关系不太大,但考虑到强度,线径还是粗一点为宜。L

用 ϕ1 mm 左右、长 60~120 mm 的任何导线做成圆形或任意形状均可。但 L 不能太长，过长会形成自激振荡。电源电压为 6~12 V。555 时基集成电路选用 CMOS 型的 5G7555 为好，因这种电路输入电阻高、静态电流小。

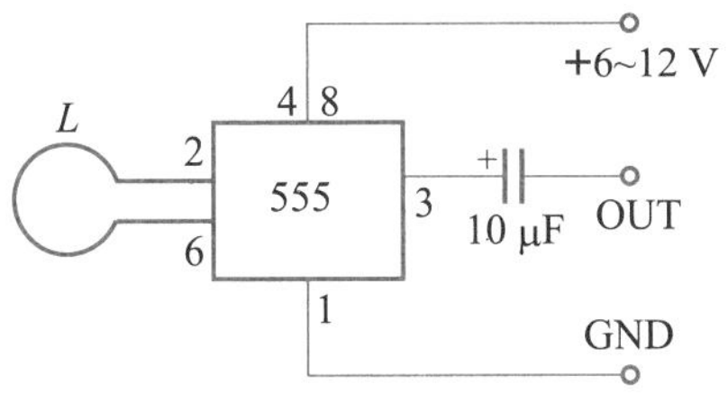

图 3-8　感应式传感器原理

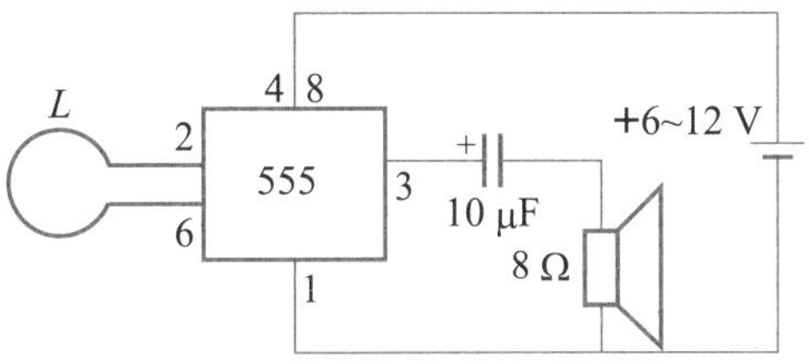

图 3-9　感应式讯响器电路

下面介绍该传感器的几个实际应用电路，供读者制作参考。

1. 感应式讯响器

感应式讯响器电路如图 3-9 所示，当用手摸或捏感应探测线圈 L 时，555 时基集成电路立即起振，扬声器发出响亮的音频叫声。当手指离开 L 后，扬声器延时 1 s 左右，电路再停振。本电路可用作触摸式报警器，如门把手、箱、包、柜等的防盗报警，也可作玩具等用。

2. 接近触摸延时灯

接近触摸延时灯电路如图 3-10 所示。当手指触及感应探测线圈 L 时，振荡音频信号经 555 时基集成电路 3 脚输出，再经电容器 C_1 耦合，VD_1、VD_2、C_2 倍压整流，将音频信号变成直流控制电压。该电压经电阻 R_1 使三极管 VT_1 导通，12 V 电压经 VT_1 的 c、e 极，向电容 C_3 充电，之后电流经 R_2 使 VT_2 导通，正向电流经 R_3、VT_2 的 c、e 极至 VS 控制极，触发双向晶闸管导通，灯 ZD 被点亮。手指离开 L 后，555 时基集成电路停振，由于 C_3、R_2 的延时，灯延时发光 1 min 左右后熄灭。延时长短由 R_2 阻值与 C_3 电容量的乘积决定。C_6 为消除灯发光时的抖动现象而设。制作时为安全起见，L 用单股塑胶线为宜。

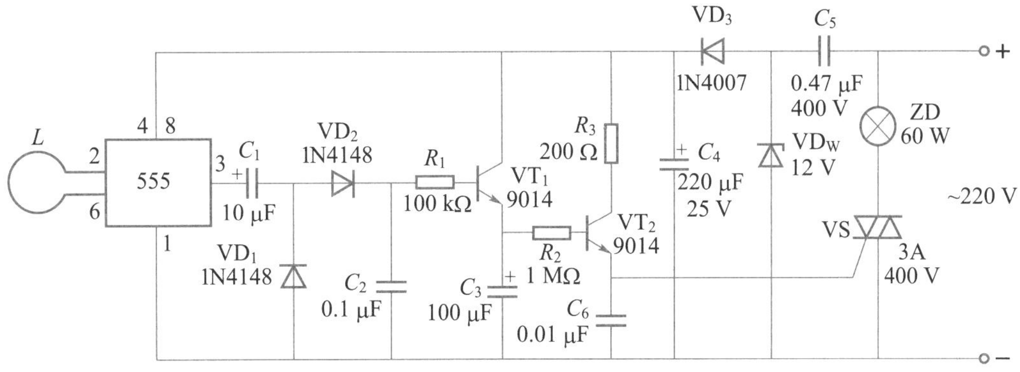

图 3-10　接近触摸延时灯电路

3. 无线报警器

无线报警器电路如图 3-11 所示。本装置可用于大于 500 m 的远距离监测，适合于物品、器具、设施等的防窃场合。当有人触及感应线圈 L_1 时，555 时基集成电路起振，3 脚输出较强的音频信号，经 C_1 调制高频振荡电路，产生 88～108 MHz 之间的调频信号，由天线发射出去，被远处的调频收音机接收。调整间距可改变工作频率，使信号落在调频收音机的空闲频段。本电路发射距离在 1 500 m 左右。

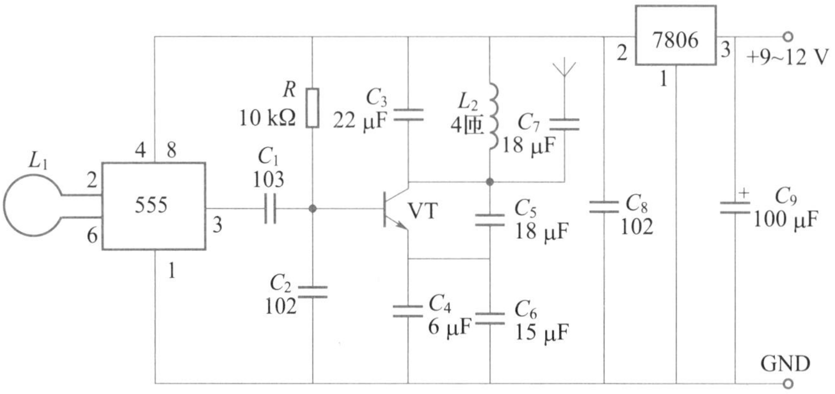

图 3-11　无线报警器电路

4. 安全感应开关

安全感应开关电路如图 3-12 所示。当按下按钮 SB 时，TWH8778 的 5 脚得电导通，继电器触点J-1 吸合，电路自保，控制电路及被控电器均工作。此时由于 555 时基集成电路停振，3 脚输出低电平，三极管 VT 截止，集电极呈高电位，经 VD_W 稳定在 3 V，使 TWH8778 的 5 脚控制极得电，内部电子开关导通，1、2、3 脚相通，电路自保。如果想关掉被控电器，只要用手指触摸一下感应探测线圈 L，则 555 时基集成电路起振，三极管 VT 获得触发信号而导通，集电极呈低电位，C_1 放电，正端也为低电位，使 TWH8778 的 5 脚失去正向触发电流而截止，内部电子开关关断，2、3 脚为低电位，继电器 J 失电而释放，切断被控电器电源。

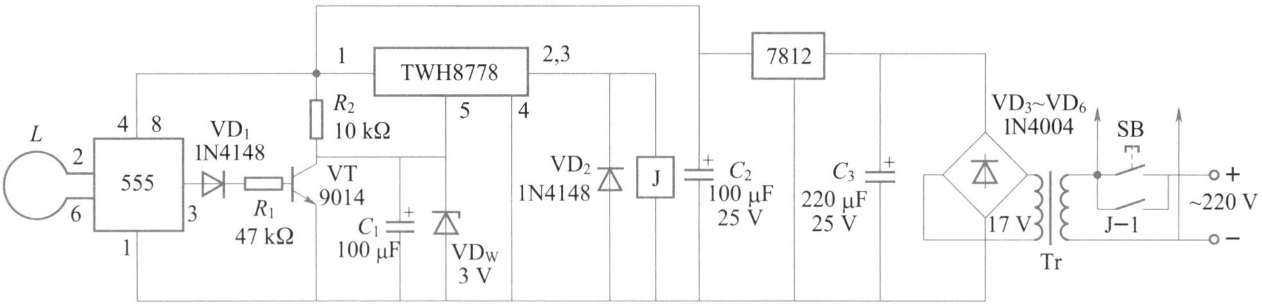

图 3-12　安全感应开关电路图

5. 感应式音乐娃娃

感应式音乐娃娃电路如图 3-13 所示。在这个电路中，用手指触摸感应探测线圈 L，555 时基集成电路立即起振，从 3 脚输出音频信号，经电容 C 耦合，使三极管 VT_1 导通，接通 KD-9300 音乐电路的触发端，使 KD-9300 工作，输出音乐信号，经 VT_2 放大，推动扬声器发出悦耳的音乐。此电路可用于玩具娃娃的改装。

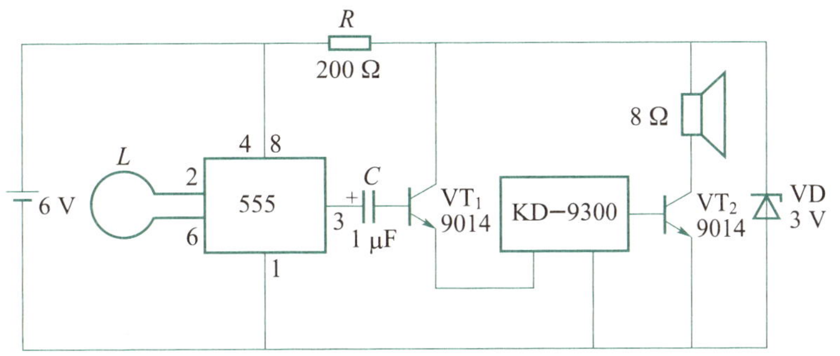

图 3-13　感应式音乐娃娃电路图

单元 2　电涡流式传感器

电涡流式传感器结构简单，其最大特点是既可以实现非接触测量，又具有灵敏度高、抗干扰能力强、频率响应宽、体积小等优点，因此在工业测量中得到了越来越广泛的应用。

一、电涡流式传感器的基本工作原理

金属导体置于变化的磁场中，导体内就会有感应电流产生，这种电流在金属体内自行闭合，通常称为电涡流。电涡流的产生必然要消耗一部分磁场能量，从而使激励线圈的阻抗发生变化。电涡流式传感器的工作原理就是这种涡流效应。

电涡流式传感器的基本原理示意图如图 3-14 所示。一个通有交变电流 $\dot{I}_1$ 的传感线圈，由于电流的周期性变化，在线圈周围就产生一个交变磁场 $\dot{H}_1$。如将被测导体置于该磁场范围之内，被测导体便产生电涡流 $\dot{I}_2$，电涡流也将产生一个新的磁场 $\dot{H}_2$。$\dot{H}_2$ 和 $\dot{H}_1$ 方向相反，磁场 $\dot{H}_2$ 的反作用使通电线圈的等效阻抗发生变化。

当金属导体靠近线圈时，金属导体产生涡流的大小与金属导体的电阻率 ρ、磁导率 μ、厚度 t、线圈与金属导体间的距离 s 以及线圈激励电流的大小和角频率 ω 等参数有关。如固定其中某些参数，就能按涡流的大小测量出另外一些参数。为了使问题简化，可把金属导体理解为一

个短路线圈，并用 R_2 表示这个短路线圈的电阻；用 L_2 表示它的电感；用 M 表示它与空心线圈之间的互感。再假设电涡流空心线圈的电阻与电感分别为 R_1 和 L_1，就可画出如图 3-15 所示的等效电路。

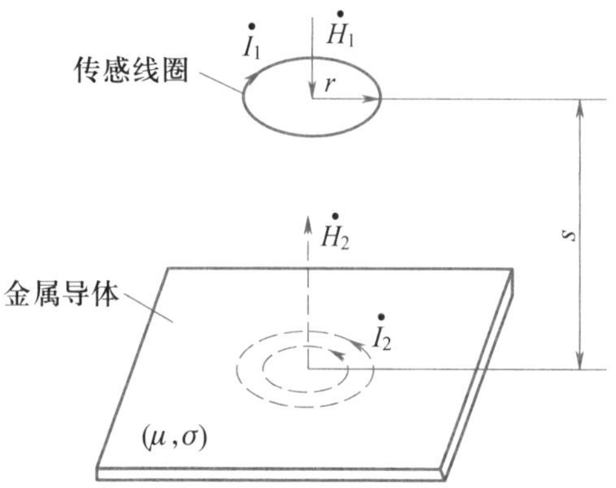

图 3-14 电涡流式传感器基本原理示意图

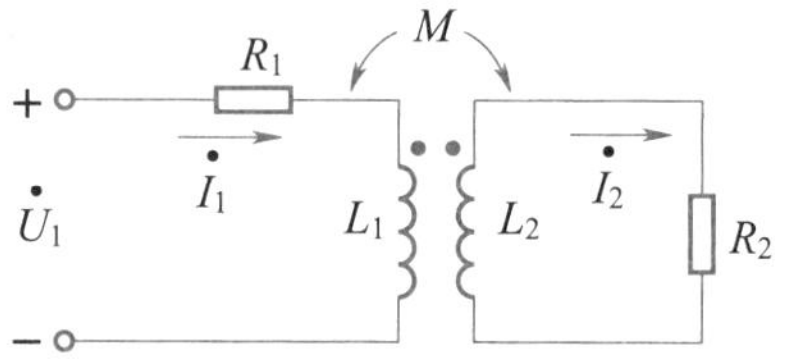

图 3-15 等效电路

经推导，电涡流线圈受被测金属导体影响后的等效阻抗为

$$Z=\frac{\dot{U}_1}{\dot{I}_1}=\left(R_1+R_2\frac{\omega^2M^2}{R_2^2+\omega^2L_2^2}\right)+\mathrm{j}\left(\omega L_1-\frac{\omega^2M^2}{R_2^2+\omega^2L_2^2}\omega L_2\right)=R+\mathrm{j}\omega L \tag{3-3}$$

式中 R——电涡流线圈工作时的等效电阻；

L——电涡流线圈工作时的等效电感。

从式(3-3)可知，等效电阻、等效电感都是此系统互感系数平方的函数。因此，只有当测距范围较小时才能保证一定的线性度。凡是能引起涡流变化的非电量，例如金属的电导率、磁导率、几何形状、线圈与导体间的距离等，均可通过测量线圈的等效电阻、等效电感、等效阻抗来获得，这就是电涡流式传感器的工作原理，电磁炉就是利用该原理发明的一种家用电器。

二、电涡流式传感器的结构与测量转换电路

1. 电涡流式传感器的结构

电涡流式传感器的结构比较简单，图 3-16 所示是 CZF-1 型电涡流式传感器的结构。它主要是一个固定在框架上的扁平圆线圈，线圈的导线要求选用电阻率小的材料，一般采用多股漆包铜线或银线绕制而成，放在传感器的端部。框架要求用损耗小、电性能好、热膨胀系数小的材料，一般可选用聚四氟乙烯、高频陶瓷等。

电涡流式传感器的线圈外径越大，线性范围也越大，但分辨率差（灵敏度低）。线圈阻抗变化与金属导体的电导率、磁导率等有关。对于非磁性材料，被测体的电导率越高，则灵敏度

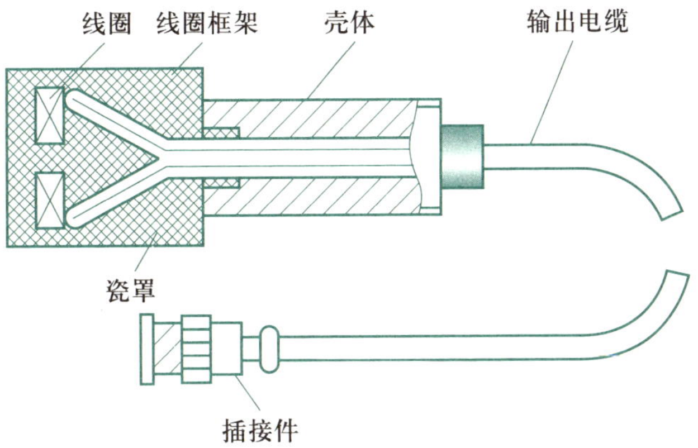

图 3-16 CZF-1 型电涡流式传感器结构

越高。被测体为磁性材料时，其效果则相反。因此，与非磁性材料相比，磁性材料的灵敏度低。为了充分利用电涡流效应，被测体环的半径应大于线圈半径的 1.8 倍，否则将导致灵敏度降低。被测体为圆柱体时，它的直径必须为线圈直径的 3.5 倍以上才不影响测量结果。而且被测体的厚度也不能太薄，一般情况下，只要厚度在 0.2 mm 以上测量就不受影响。另外，在测量时，传感器线圈周围除被测导体外，应尽量避开其他导体，以免干扰磁场，引起线圈的附加损失。

2. 测量转换电路

电涡流式传感器的测量转换电路有电桥法、调幅法和调频法。下面简要介绍调频法的工作原理，其转换电路原理框图如图 3-17 所示。

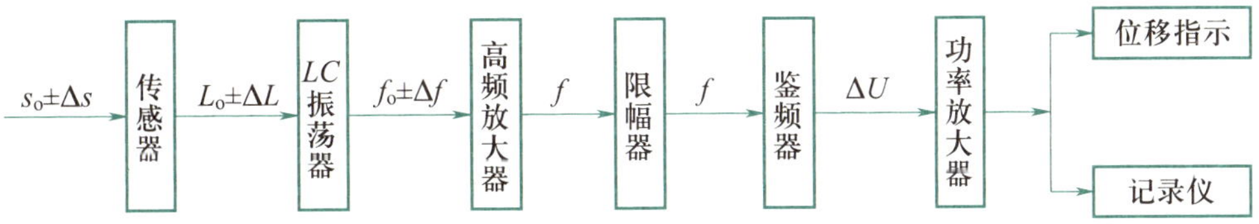

图 3-17 调频法转换电路原理框图

并联谐振回路的谐振频率为

$$f=\frac{1}{2\pi\sqrt{LC}} \tag{3-4}$$

当电涡流线圈与被测体的距离 s 改变时，电涡流线圈的等效电感量 L 也随之改变，引起 LC 振荡器的输出频率改变。此频率可直接用频率计测量，但多数情况下是通过鉴频器将频率的变化转换为输出电压的变化。调频法转换电路的特点是受温度、电源电压等外界因素的影响较小。

三、电涡流式传感器的应用

电涡流式传感器能实现非接触式测量,而且是根据与被测导体的耦合程度来测量的,因此可以通过灵活设计传感器的外形和巧妙安排它与被测导体的布局来达到各种应用的目的。另外,电涡流测温是非接触式测量,适用于测低温到常温的范围,且有不受金属表面污物影响和测量快速等优点。

1. 位移测量

图 3-18 所示为位移计的几种实例,电涡流式传感器可用来测量各种形状的金属导体试件的位移量,如汽轮机主轴的轴向位移、磨床换向阀及先导阀的轴位移和金属试件的热膨胀系数等。测量位移范围可以是 0~30 mm。分辨率为满量程的 0.1%。

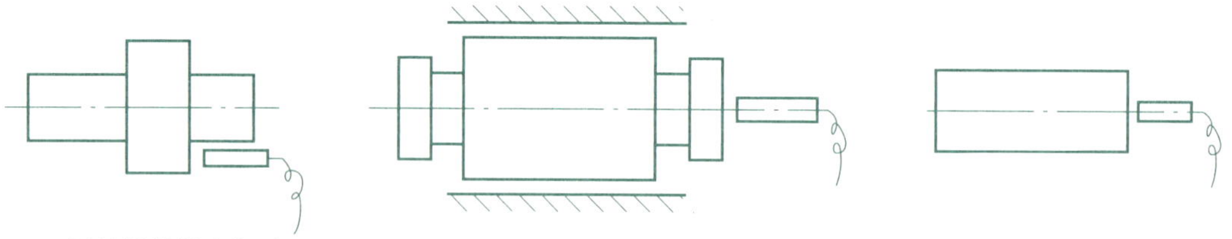

(a) 测量轴的轴向振动 (b) 测量磨床换向阀、先导阀的轴位移 (c) 测量金属试件的热膨胀系数

图 3-18 位移计的几种实例

2. 振幅测量

如图 3-19a 所示,电涡流式传感器可以无接触地测量旋转轴的径向振动;也可以测量汽轮机涡轮叶片的振幅,如图 3-19b 所示。有时为了解轴的振动形状,可用数个电涡流式传感器并排地安置在轴的附近测量,如图 3-19c 所示。

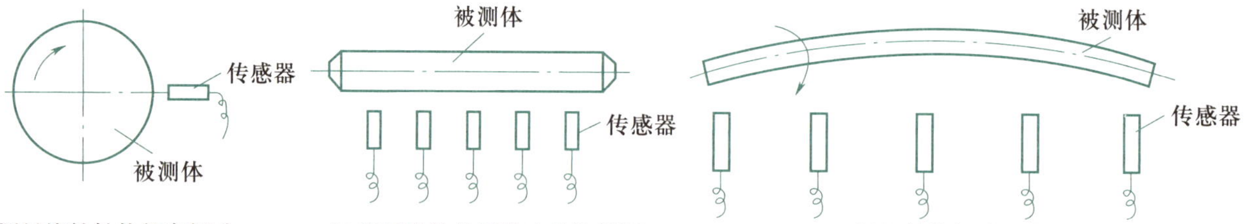

(a) 测量旋转轴的径向振动 (b) 测量汽轮机涡轮叶片的振幅 (c) 测量轴的振动形状

图 3-19 振幅测量

3. 转速测量

在旋转体(转轴)上开一条或数条槽或做成齿状,旁边安装一个电涡流式传感器进行转速测量,如图 3-20 所示。当转轴转动时,传感器周期性地改变着与转轴之间的距离,于是它的输出也周期性地发生变化。此输出信号经放大、变换后,可以用频率计测出其变化频率,从而

测出转轴的转速。若转轴上开 z 个槽，频率计读数为 f(单位为 Hz)，则转轴的转速 n(单位为 r/min)的数值为

$$n=\frac{60f}{z} \tag{3-5}$$

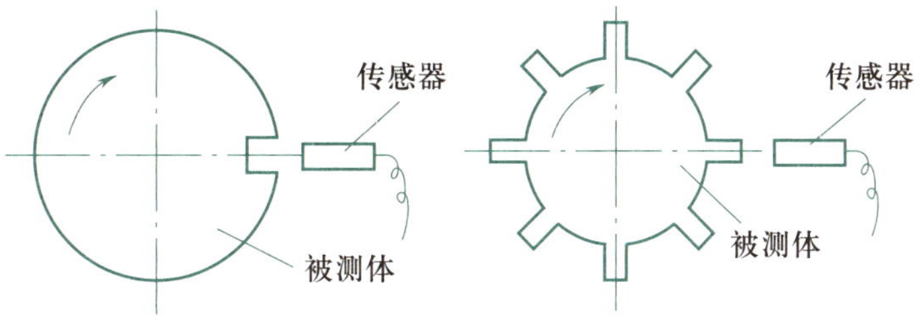

(a) 带有凹槽的转轴　(b) 带有凸槽的转轴

图 3-20　转速测量

4. 电涡流探伤

利用电涡流式传感器可以检查金属表面裂纹、热处理裂纹以及焊接处的缺陷等。在探伤时，传感器应与被测导体保持距离不变。检测时，由于裂纹或缺陷出现，将引起导体的电导率、磁导率的变化，即涡流损耗改变，从而引起输出电压的突变，达到探伤的目的。

此外，电涡流式传感器还可以探测金属的表面温度、表面粗糙度、硬度，进行尺寸检测等，同时也可以制成开关量输出的检测元件，其中应用较广的有接近开关及用于金属零件的计数等。

单元 3　电容式传感器

电容式传感器是以各种类型的电容器作为传感元件，通过电容传感元件将被测物理量的变化转换为电容量的变化，再经测量转换电路转换为电压、电流或频率。电容式传感器有一系列优点，如结构简单，需要的作用能量小，灵敏度高，动态特性好，能在恶劣环境条件下工作等。随着微电子技术的发展，特别是集成电路的出现，电容式传感器的优点得到了进一步发挥，目前已成熟地运用到测厚、测角、测液位、测压力等方面。

一、电容式传感器的基本工作原理及结构形式

电容式传感器的基本工作原理可以用图 3-21 所示的平板电容器来说明。当忽略边缘效应时，平板电容器的电容为

$$C=\frac{\varepsilon A}{d} \tag{3-6}$$

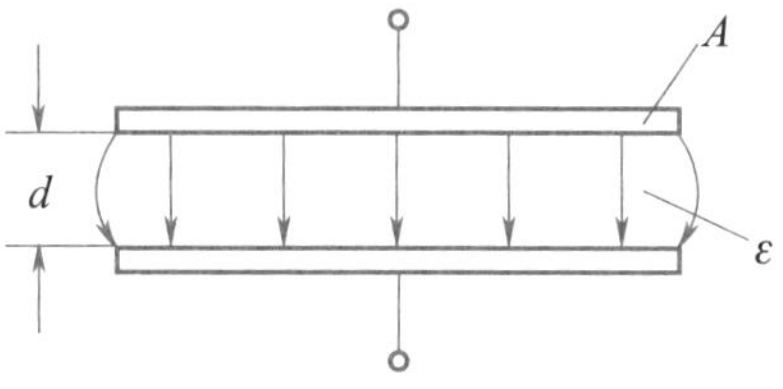

图 3-21　平板电容器

式中　A——极板面积；

d——极板间距离；

ε——极板间介质的介电常数。

由式(3-6)可知,当 d、A 和 ε 中的某一项或某几项有变化时,就改变了电容 C,在交流工作时就改变了容抗 X_C,从而使输出电压或电流变化。d 和 A 的变化可以反映线位移或角位移的变化,也可以间接反映弹力、压力等的变化;ε 的变化,则可反映液面的高度、材料的温度等的变化。

实际应用时常使 d、A、ε 三个参数中的两个保持不变,而改变其中一个参数来使电容发生变化。所以电容式传感器可以分为三种类型:改变极板距离 d 的变间隙式、改变极板面积 A 的变面积式、改变介电常数 ε 的变介电常数式。

图 3-22 所示为几种不同的电容式传感器的原理结构形式,其中,图 a、b 为变间隙式;图 c、d、e 和 f 为变面积式;图 g、h 为变介电常数式。图 3-22a、b 是线位移传感器;图 d 为角位移传感器;图 b、d 和 f 是差动式电容传感器。

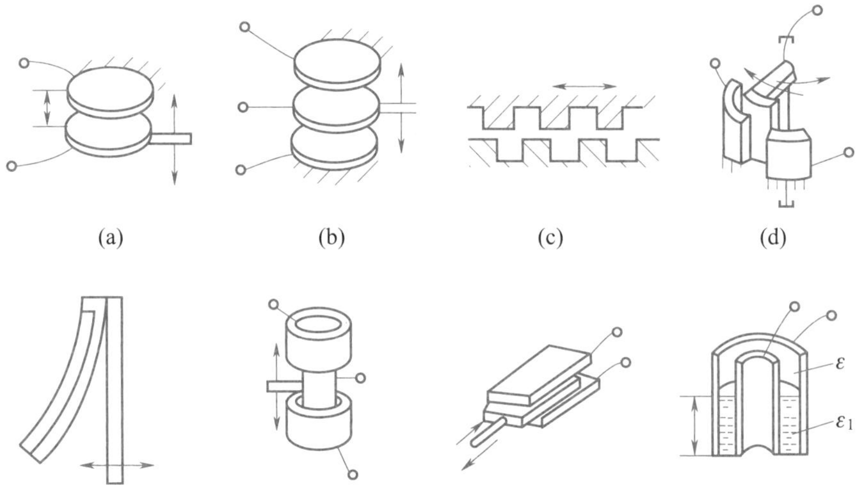

图 3-22　几种不同的电容式传感器的原理结构形式图

变间隙式电容传感器一般用来测量微小的线位移(0.1 μm 至零点几毫米);变面积式电容传感器一般用于测角位移(1′至几十度)或较大的线位移;变介电常数式电容传感器常用于固体或液体的物位测量以及各种介质的湿度、密度的测定。

二、电容式传感器的测量转换电路

电容式传感器将被测物理量转换为电容变化后，必须采用测量转换电路将其转换为电压、电流或频率信号。电容式传感器的测量转换电路种类很多，下面介绍一些常用的测量转换电路。

1. 桥式电路

图 3-23 所示为电容式传感器的桥式转换电路。图 3-23a 为单臂接法的桥式转换电路，高频电源经变压器接到电桥的一条对角线上，电容 C_1、C_2、C_3、C_x 构成电桥的四臂，C_x 为电容式传感器，交流电桥平衡时：

$$\frac{C_1}{C_2}=\frac{C_x}{C_3},\quad \dot{U}_o=0 \tag{3-7}$$

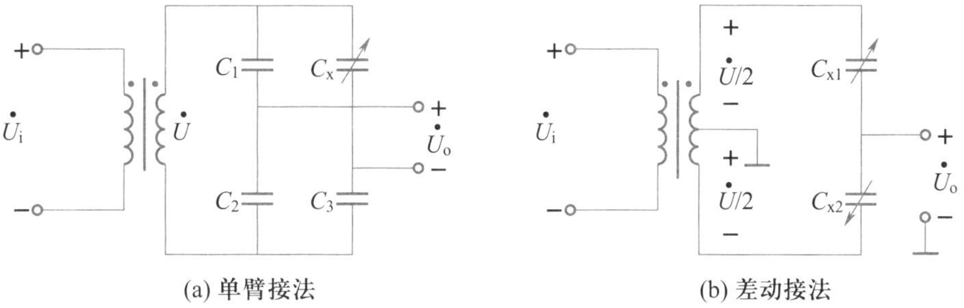

图 3-23　电容式传感器的桥式转换电路

当 C_x 改变时，$U_o \neq 0$，有输出电压。在图 3-23b 中，接有差动电容式传感器 $C_{x1}=C_0+\Delta C$ 和 $C_{x2}=C_0-\Delta C$，经推导其空载输出电压可用下式表示：

$$\dot{U}_o=\pm\frac{\Delta C}{C_0}\times\frac{\dot{U}}{2} \tag{3-8}$$

式中　C_0——传感器初始电容值；

ΔC——传感器电容的变化值；

$\dot{U}$——变压器二次电压的有效值。

该线路的输出还应经过相敏检波才能分辨 $\dot{U}_o$ 的相位，即判别电容传感器的位移方向。

2. 调频电路

电容式传感器作为振荡器谐振回路的一部分，当输入量使电容量发生变化后，就使振荡器的振荡频率发生变化。频率的变化在鉴频器中变换为电压振幅的变化，经过放大后就可以用仪表指示或用记录仪器记录下来。

调频接收系统可以分为直放式调频和外差式调频两种类型。外差式调频线路比较复杂，但选择性好，特性稳定，抗干扰性能优于直放式调频。图 3-24a、b 分别表示这两种调频系统。

(a) 直放式调频

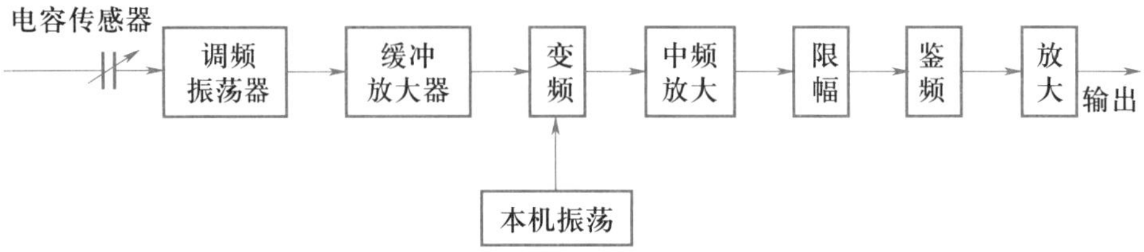

(b) 外差式调频

图 3-24 调频电路方框图

用调频系统作为电容式传感器的测量电路主要具有抗外来干扰能力强、特性稳定、能取得高电平的直流信号（伏特数量级）等特点。

3. 脉冲宽度调制电路

脉冲宽度调制电路利用对传感器电容的充放电，电路输出脉冲的宽度随电容式传感器的电容量变化而改变，通过低通滤波器得到对应于被测量变化的直流信号。脉冲宽度调制电路如图 3-25 所示。它由比较器 A_1、A_2、双稳态触发器及电容充放电回路组成。$C_1(C_0+\Delta C)$、$C_2(C_0-\Delta C)$ 为差动电容传感器。经分析推导得

$$U_o=\frac{C_1-C_2}{C_1+C_2}U_1=\frac{\Delta C}{C_0}U_1 \tag{3-9}$$

式中 U_o——输出直流电压值；

U_1——触发器输出高电平值。

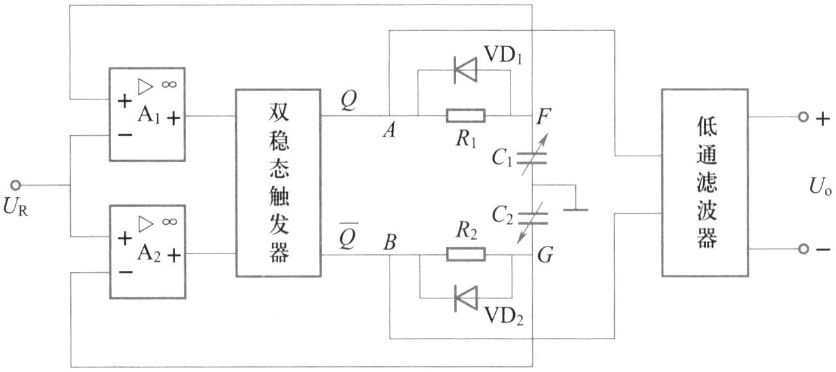

图 3-25 脉冲宽度调制电路

由式(3-9)可知,输出电压 U_o 与 ΔC 呈线性关系。脉冲宽度调制电路具有如下特点:不论是对于变面积式或变间隙式电容传感器均能获得线性输出;双稳态输出信号一般为 100 Hz~1 MHz 的矩形波,所以只需经滤波器简单地引出,不需要相敏检波即能获得直流输出;电路只采用直流电源,虽然要求直流电源的电压稳定度较高,但这比其他转换电路中要求高稳定度的稳频、稳幅的交流电更易于做到;频率对输出无影响;对输出矩形波的纯度要求不高。

三、电容式传感器的应用

电容式传感器不但应用于位移、角度、振动、加速度、荷重等机械量的精密测量,还广泛应用于压力(差压)、料位、成分含量及热工参数的测量。现举例如下。

1. 压力测量

电容式压力传感器的结构示意图如图 3-26 所示,其中膜片电极为电容器的动极板。当被测压力(差压)作用于膜片电极上,并使它产生位移时,两极板间距离将发生改变,从而导致电容器的电容量改变。当两极板间距离 d 很小时,被测压力 p 和电容量之间为线性关系。

2. 加速度测量

图 3-27 所示为一种空气阻尼电容式加速度传感器。该传感器采用差动式结构,有两个固定电极,两极板间有一用弹簧片支承的质量块。此质量块的两个端平面经磨平抛光后作为可动极板。当传感器测量垂直方向的振动时,由于质量块的惯性作用,两固定电极相对质量块产生位移,此时上下两个固定电极与质量块端平面之间的电容量产生变化而使传感器有一个差动的电容变化量输出。

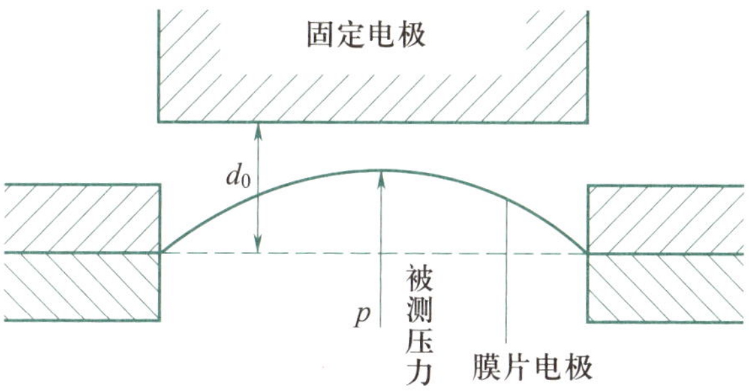

图 3-26　电容式压力传感器结构示意图

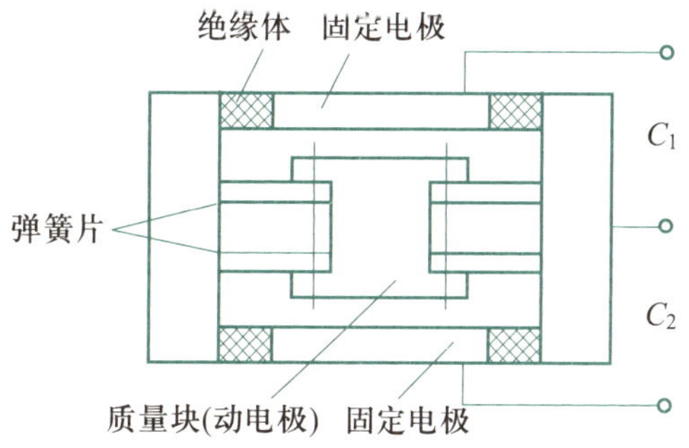

图 3-27　一种空气阻尼电容式加速度传感器

3. 固体料位测量

测量固体块状、颗粒体及粉料的料位时,由于固体摩擦较大,容易产生滞留现象,所以一般可用极棒和容器壁组成电容器的两个电极来测量非导电固体物料的料位。电容式固体料位传感器如图 3-28 所示。当固体物料的料位发生变化时,会引起极间不同介电常数介质的高度发生变化,因而导致电容变化。如果要测量导电固体料位,可以在电极外套以绝缘套管。

4. 转速测量

电容式转速传感器的结构原理如图 3-29 所示。当电容式传感器的极板与齿顶相对时电容量最大,而电容极板与齿隙相对时电容量最小。当齿轮旋转时,电容量发生周期性变化,通过转换电路即可得到脉冲信号。频率计显示的频率 f 与转速 n 成正比关系。设齿数为 z,由计数器得到频率 f,则转速 n(单位:r/min)为

$$n=\frac{60f}{z} \tag{3-10}$$

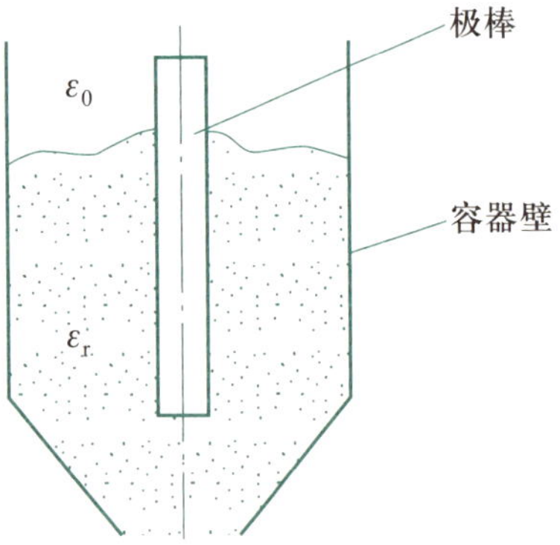

图 3-28 电容式固体料位传感器

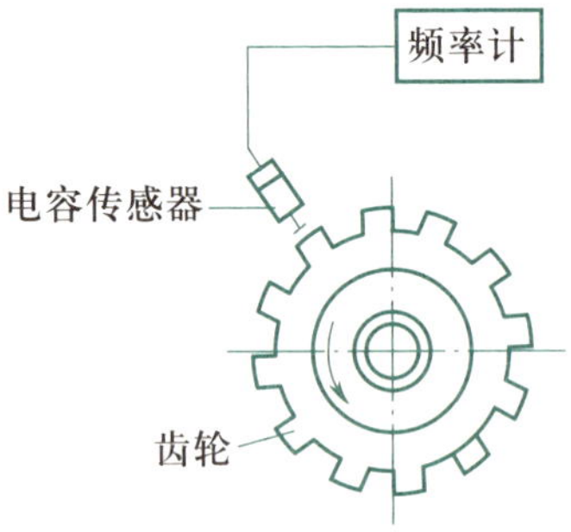

图 3-29 电容式转速传感器

在应用或制造电容式传感器时,应注意当电容器极板间距离 d 过小时,虽能使灵敏度提高,但这样在两极板间介质就有被击穿的危险,一般可在极板间放置云母片来改善。变间隙式电容传感器可用来测量微米级的位移,一般极板间距离不超过 1 mm,而最大位移量应限制在间距的十分之一范围内;在变面积电容传感器中,可以测量厘米数量级的位移。

四、1151 电容式智能压力变送器

图 3-30 所示是 1151 电容式智能压力变送器外形图。它利用差压电容原理,对压力参数进行测量,测量精度一般为±0.2%~±0.25%,最高可达±0.1%。敏感部件设计为微位移形式,采用熔焊形成的全密封球形电极差动电容感压结构,直接测量各种压力变化;而工作位移量小于 10 μm,可以有效地克服由机械内部传递冲击振动带来的影响,具有良好的稳定性。由于采用独特的球形电极设计,变送器具有极优良的抗单向过载能力(一般可达 14 MPa),恢复单向变压后仍能正常工作。

图 3-30 1151 电容式智能压力变送器外形图

1. 主要技术性能

(1) 测量范围:0~0.12 kPa,0~41.37 kPa;量程比为 1∶15(智能

型)，1∶6(普通型)；

(2) 测量精度：±0.1%(智能型)，±0.2%～±0.25%(普通型)，±0.5%(微差压)；

(3) 输出信号：直流电流 4～20 mA；供电电源：直流电流 12～45 V。

2. 压力(差压)变送器的耐腐蚀和防爆

(1) 耐腐蚀　由于压力(差压)变送器在使用中要接触不同的化工介质，必然会遇到防腐蚀问题。但现实中还没有找到一种材料既能够抵御所有介质的腐蚀，又能制成弹性材料，故在 1151 型、ST3000 型、PM10 型压力(差压)变送器中，有供用户选择的不同接触介质的材料，以满足用户需要。

(2) 防爆　国家制定的 GB/T 3836.1—2021 标准，规定了爆炸性环境用设备的相关要求。其中规定了我国爆炸性环境用防爆设备的种类。在工业自动化仪表中，一般选择两种来满足用户要求：一种是隔爆外壳；一种是本质安全型。

实践任务

压力变送器的认识与校验

1. 任务要求

认识各种压力变送器的外形、结构和信号输入、输出的位置，并且掌握压力变送器校验的方法。

2. 设备与工具

压力发生装置一套；0～30 V 直流稳压电源一台；智能型压力变送器一台(若有其他压力、差压变送器也可展示)；数字电压表一台；标准电阻箱一台；钳子、螺丝刀各一把；导线若干。

3. 任务内容

认识压力变送器结构，熟悉各调节螺钉的位置和用途；调整仪表的零点和量程；仪表的精度校验；进行零点迁移；量程调整。

4. 操作步骤

(1) 认识压力(差压)变送器

仔细观察各种压力(差压)变送器的外表、铭牌，学会从外部辨认仪表的类型。查找各变送器输入、输出信号的位置。打开仪表外壳，大体认识内部结构，找到零点、量程的挡位和调整螺钉。

(2) 接线

电容式差压变送器校验接线图如图 3-31 所示。

(3) 调校

接线后，通电，打开气源，进行零点和量程的调整。

① 关闭高压阀，打开平衡阀和低压阀，使正负压室都通大气，差压信号为零时，转动零点

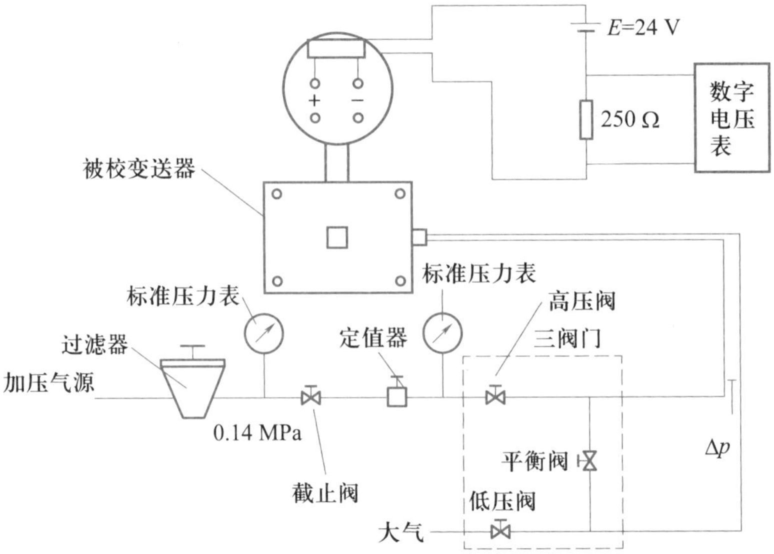

图 3-31　电容式差压变送器校验接线图

调整螺钉,使电压表读数为 DC(1.000±0.004)V。

② 关闭平衡阀,打开高压阀,用定值器加压至仪表测量上限,转动量程调整螺钉,使电压表读数为 DC(5.000±0.004)V。

注意:在差压不变的情况下,零点和量程螺钉都是顺时针输出增加,逆时针输出减少。反复调整零点和量程,直到合格为止。

③ 精度校验　将差压测量范围平分为 5 份,进行刻度校验。先做正行程,后做反行程,将检验结果填入数据表。

④ 迁移调整　加输入下限差压(迁移量),转动零点调整螺钉使电压表读数为 DC(1.000±0.004)V;加输入上限差压,转动量程调整螺钉使电压表读数为 DC(5.000±0.004)V。逐点校验,将检验结果填入数据表。

⑤ 改变量程　调整零点,取消原有正、负迁移量,输入差压为零,转动零点调整螺钉,使输出电压为 DC(1.000±0.004)V。

调整量程到需要值,若量程缩小,则当输入差压 ΔP 为零时,顺时针转动量程调整螺钉,使输出电压为:(原有量程/现有量程)×1 V;若量程增大,则当输入差压为原有量程时,逆时针转动量程调整螺钉,使输出电压为:(原有量程/现有量程)×5 V。

复校零点和量程,最后进行零点迁移调整。

5. 数据处理及思考

(1) 将校验数据填入表 3-1;根据校验数据,计算基本误差和变差。

(2) 思考问题:几种压力变送器有何特征?三阀组有什么作用?

表 3-1　精度校验数据记录表

输入差压	0%	25%	50%	75%	100%
标准输出电压(U)/V	1	2	3	4	5
上行输出电压(U_u)/V					
上行误差(ΔU_u)/V					
下行输出电压(U_d)/V					
下行误差(ΔU_d)/V					
绝对误差[$\Delta U=(\Delta U_u+\Delta U_d)/2$]/V					
变差($\Delta U_u-\Delta U_d$)/V					
精度(满度相对误差)($\Delta U/5$)×100/%					

综合训练三

【认知训练】

3-1　差动电感传感器产生零点残余电压的主要原因有哪些？减小或消除零点残余电压的方法有哪些？

3-2　差动变压器式压力变送器如图 3-5 所示，其膜盒差压与位移的关系曲线和差动变压器衔铁的位移与输出电压的关系曲线如图 3-32 所示。求当输出电压为 50 mV 时，差压 Δp 为多少帕斯卡(Pa)？作图表示(提示：注意信号传输的顺序)。

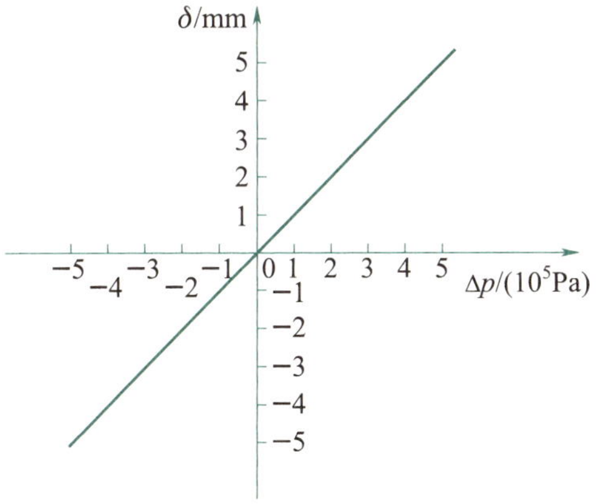

(a) 膜盒差压与位移的关系曲线

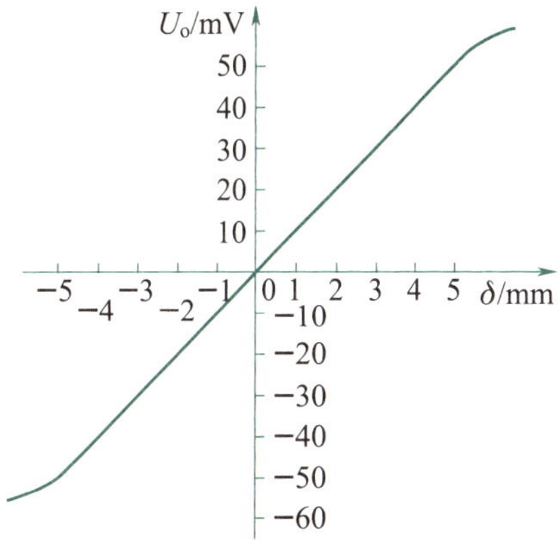

(b) 差分变压器衔铁位移与输出电压的关系曲线

图 3-32　认知训练 3-2 题图

3-3 用一电涡流式测振仪测量某种机器主轴的轴向振动，已知传感器的灵敏度为 20 mV/mm，最大线性范围为 5 mm。现将传感器安装在主轴的右侧，如图 3-33a 所示，使用高速记录仪记录下来的振动波形如图 3-33b 所示。问：

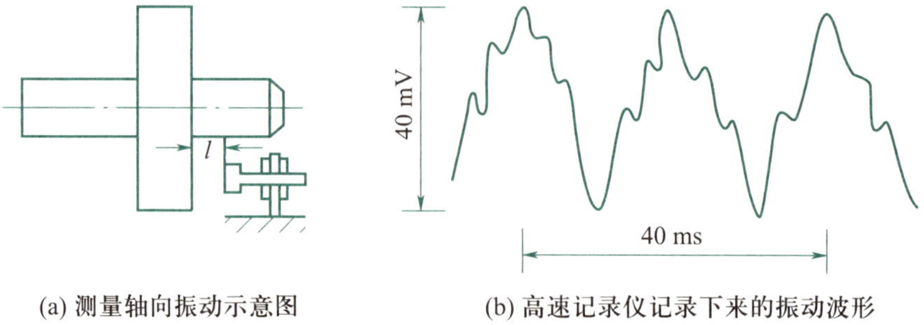

图 3-33 电涡流式测振仪测量示意图

① 传感器与被测金属的安装距离 l 为多少毫米时可得到较好的测量效果？为什么？

② 轴向振幅的最大值 A 为多少？

③ 主轴振动的基频 f 是多少？

3-4 电容式传感器有什么主要特点？一般可做成哪几种类型的电容式传感器？

3-5 脉冲宽度调制电路用于电容式传感器有何特点？

3-6 试解释为什么电容式传感器不能测量黏度较大的导电液体的液位。

【能力训练】

3-1 图 3-34 所示装置是某种带材厚度检测系统示意图。请简要说明该系统中传感器装置的基本工作原理。

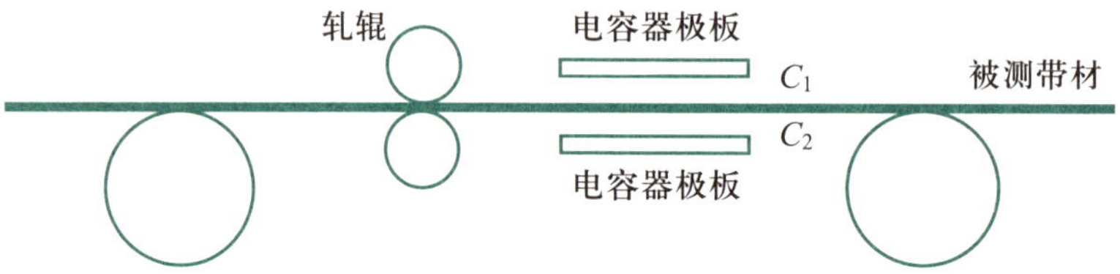

图 3-34 某种带材厚度检测系统示意图

模块四 发电传感器

发电传感器就是把被测量的变化直接转换为电压量或电流量的变化，然后通过对此信号的放大处理并把此信号检测出来，从而达到测量被测量的目的。发电传感器种类很多，包括热电偶传感器、磁电式传感器、霍尔式传感器、压电式传感器、光电池等。由于光电池属于光电式传感器中的一种光电元件，而光电式传感器含有属于电阻式传感器和发电传感器中的多种光电元件，其应用也很广泛，所以光电式传感器将在下一模块介绍。超声波传感器主要采用压电陶瓷作为检测元件，所以将此传感器放在本模块介绍。本模块将从应用角度出发，介绍几种常用发电传感器的工作原理、测量转换电路及一些应用案例。

单元1 热电偶传感器

热电偶传感器是将温度转换成电动势的一种测温传感器。与其他测温装置比较，热电偶传感器具有精度高、测温范围宽、结构简单、使用方便、可远距离测量等优点，在轻工、冶金、机械及化工等领域被广泛用于温度的测量、调节和自动控制等方面。

一、热电偶传感器的工作原理

1. 热电势效应

将两种不同材料的导体构成一闭合回路，若两个接点处温度不同，则回路中会产生电动势，从而形成电流，这个物理现象称为热电势效应，简称热电效应。图4-1所示为热电偶回路及图形符号。回路中，把A、B两导体的组合称为热电偶；A、B两种导体称为热电极；两个接点中的1端（测温端）称为工作端或热端，其温度为t，2端称为自由端或冷端，其温度为t_0。

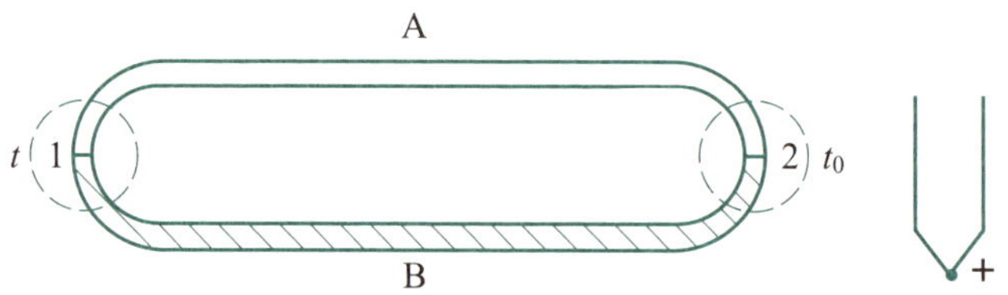

图4-1 热电偶回路及符号

热电效应的本质是热电偶本身吸收了外部的热能，在内部转换为电能的一种物理现象。热电偶的热电动势由两种导体的接触电动势和单一导体的温差电动势组成。接触电动势（又称珀耳帖电动势）是由于两种不同导体的自由电子密度不同而在接触处形成的电动势；温差电动势（又称汤姆孙电动势）是在同一导体中，由于两端温度不同而使导体内高温端的自由电子向低温端扩散形成的电动势。

2. 热电偶回路的主要性质

（1）中间导体定律 在热电偶回路中接入第三种材料的导体C，只要第三种导体的两端温度相同，则这一导体的引入将不会改变原来热电偶的热电动势大小，即

$$E_{ABC}(t,t_0)=E_{AB}(t,t_0) \tag{4-1}$$

其中C导体两端温度相同。

从实用观点看，这个性质很重要，正是由于这个性质，才可以在回路中引入各种仪表、连接

导线等，而不必担心会对热电动势有影响，而且也允许采用任意的焊接方法来焊制热电偶。同时，应用这一性质可以采用开路热电偶对液态金属和金属壁表面进行温度测量，开路热电偶的使用如图 4-2 所示，只要保证两热电极 A、B 插入地方的温度一致，对整个回路的总热电动势就不产生影响。

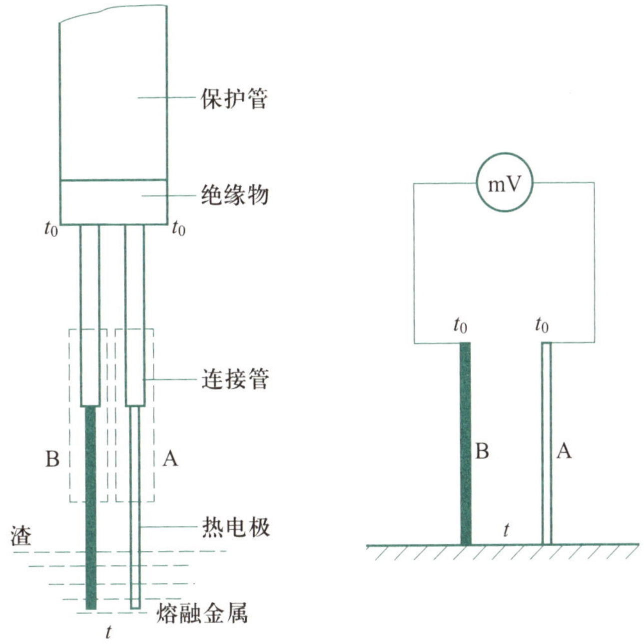

(a) 液态金属温度测量　　(b) 金属壁面温度测量

图 4-2　开路热电偶的使用

(2) 中间温度定律　热电偶 AB 在接点温度为 t_1、t_3 时的热电动势，等于热电偶在接点温度为 t_1、t_2 和 t_2、t_3 时的热电动势的总和，即

$$E_{AB}(t_1,t_3)-E_{AB}(t_1,t_2)+E_{AB}(t_2,t_3) \tag{4-2}$$

(3) 标准电极定律　当工作端和自由端温度分别为 t 和 t_0 时，用导体 A、B 组成热电偶的热电动势等于 AC 热电偶和 CB 热电偶的热电动势之代数和，即

$$E_{AB}(t,t_0)=E_{AC}(t,t_0)+E_{CB}(t,t_0) \tag{4-3}$$

或

$$E_{AB}(t,t_0)=E_{AC}(t,t_0)-E_{BC}(t,t_0) \tag{4-4}$$

利用标准电极定律可以方便地从几个热电极与标准电极组成热电偶时所产生的热电动势，求出这些热电极彼此任意组合时的热电动势，而不需要逐个进行测定。由于纯铂丝的物理化学性能稳定，熔点较高，易提纯，所以目前常用纯铂丝作为标准电极。

二、热电偶的结构

普通型热电偶是工程实际中最常用的，其结构大多由热电极、绝缘套管、保护套管和接线盒四部分组成，如图 4-3 所示。

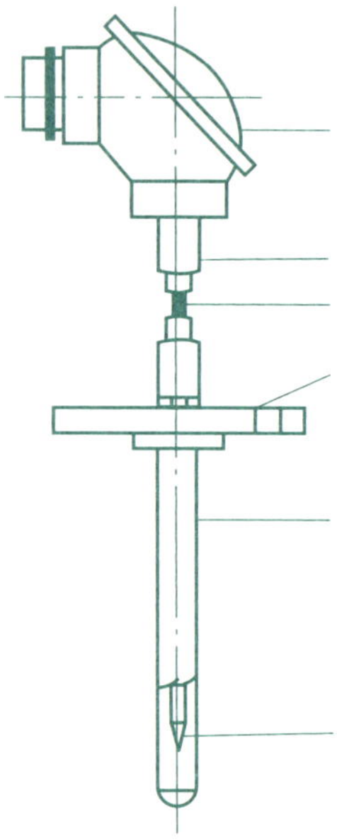

图 4-3 普通热电偶的结构

1. 热电极

热电偶常以热电极材料种类来命名，例如铂铑-铂热电偶、镍铬-镍硅热电偶等。其直径大小由材料价格、强度、电导率以及热电偶的用途和测量范围等因素决定。热电偶长度由使用情况、安装条件，特别是工作端在被测介质中的插入深度来决定。

2. 绝缘套管

绝缘套管又称绝缘子，用来防止两根热电极短路，其材料的选用视使用的温度范围和对绝缘性能的要求而定。绝缘套管一般制成圆形，中间有孔，长度为 20 mm，使用时根据热电偶长度可多个串起来使用，常用的材料是氧化铝、耐火陶瓷等。

3. 保护套管

保护套管的作用是使热电极与测温介质隔离，使之免受化学侵蚀或机械损伤。热电极在套上绝缘套管后再装入保护套管内。对保护套管的基本要求是经久耐用及传热良好。常用的保护套管材料有金属和非金属两类，应根据热电偶类型、测温范围和使用条件等因素来选择保护套管的材料。

4. 接线盒

接线盒供连接热电偶和测量仪表之用。接线盒固定在热电偶的保护套管上，一般用铝合金制成，分普通式和密封式两类，为防止灰尘、水分及有害气体侵入保护套管内，接线盒出线孔和盖子均用垫片及垫圈加以密封，接线端子上注明热电极的正、负极性。

三、热电偶自由端温度的补偿

热电偶在测温过程中，为了保证输出热电动势仅与被测温度有关，必须保持自由端（冷端）的温度恒定。温度与热电动势关系的对应数据表格称为热电偶分度表，本书附录五为镍铬-镍硅（镍铝）热电偶分度表，一般热电偶的分度表和根据分度表刻度的显示仪表都是以热电偶的自由端温度等于 0 ℃为条件的，使用时必须遵守这一条件。如果自由端温度不是 0 ℃（实际使用中确实如此），尽管被测温度不变，热电动势 $E_{AB}(t,t_0)$ 也将随自由端温度 t_0 而变化。为了消除或补偿由这一因素引入的测量误差，常用以下几种方法。

1. 仪表调零修正法

当热电偶与动圈式仪表配套使用时，若热电偶的自由端温度 t_0 基本恒定，对测量精度要求又不高时，可将仪表的机械零点调至热电偶自由端温度 t_0 的位置上，这相当于在输入热电偶的热电动势 $E_{AB}(t,t_0)$ 前先给仪表输入一个热电动势 $E_{AB}(t,0\ ℃)$。这样，仪表在使用时所

指示的值即为 $E_{AB}(t,t_0)+E_{AB}(t,0\ ℃)$。进行仪表机械零点调整时，首先应将仪表的电源和输入信号切断，然后用螺丝刀调节仪表面板上的螺钉使指针指向 t_0 的刻度上。此法虽有一些误差，但非常简便，在工业上经常采用。

【例 1】　用镍铬-镍硅（K）热电偶测温度，已知冷端温度为 40 ℃，用高精度毫伏表直接测得热电动势为 29.188 mV，求被测点温度。

解：根据题意，$t_0=40$ ℃，$E_{AB}(t,t_0)=29.188$ mV

查镍铬-镍硅热电偶分度表可得，$E_{AB}(t_0,0\ ℃)=1.611$ mV

$$E_{AB}(t,0\ ℃)=E_{AB}(t,t_0)+E_{AB}(t_0,0\ ℃)=29.188\ \text{mV}+1.611\ \text{mV}=30.799\ \text{mV}$$

反查镍铬-镍硅热电偶分度表可得，被测点温度 $t=740$ ℃。

2. 自由端温度自动补偿法

上述方法是要求在恒定自由端温度 t_0 的条件下得以实现的。若此条件不能满足，或要求被测温度的信号立即传入控制装置，以便进行实时控制时，这一方法就难以实现。如果在热电偶与仪表之间接入一个补偿装置，这个补偿装置在热电偶自由端温度为 t_0 时，产生一个电动势 $E_{AB}(t_0,0\ ℃)$，并随 t_0 变化而相应改变，这样就可实现热电偶自由端温度的自动补偿。

电桥补偿法是最常用的自由端温度自动补偿的方法。它利用直流电桥的不平衡电压来补偿热电偶因自由端温度变化而引起的热电动势变化值。热电偶自由端温度电桥补偿法如图4-4 所示，图中 R_{Cu} 用铜丝绕制，R_1、R_2、R_3 用锰铜丝绕制。当自由端温度增大时，由于 R_{Cu} 的增加，电桥输出的不平衡电压增加，以补偿热电偶热电动势的减小。电桥平衡点一般设在温度为 20 ℃时，当自由端温度偏离 20 ℃时电桥将产生不平衡电压。所以，采用这种电桥需把仪表的机械零位调整到 20 ℃处。若电桥是按 0 ℃时设计平衡的，则仪表零位应调在 0 ℃处。

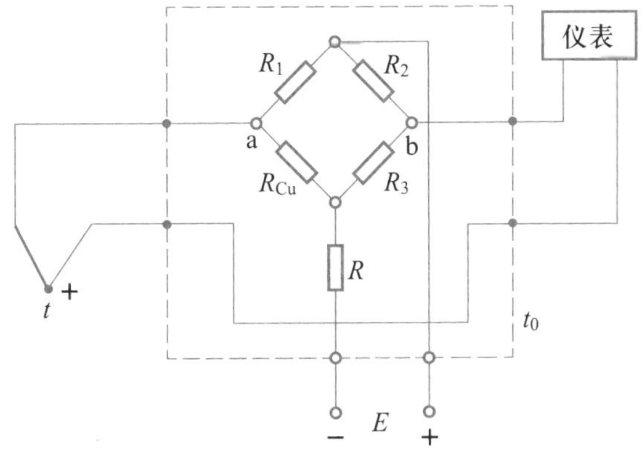

图 4-4　热电偶自由端温度电桥补偿法

用于电桥补偿法的装置称为热电偶冷端补偿器。表 4-1 列出了常用的国产冷端补偿器性能。冷端补偿器通常使用在热电偶与动圈式显示仪表配套的测温系统中。而自动电子电位差计或温度变送器以及数字式仪表等的测量线路里已设置了冷端温度补偿电路，故热电偶与它们相配套使用时不必再另行配置冷端补偿器。在使用冷端补偿器时应注意两点：① 各种冷端补偿器只能与相应型号热电偶配套，并且应在规定的温度范围内使用；② 冷端补偿器与热电偶连接时，极性不能接反。

表 4-1 常用的国产冷端补偿器性能

型号	配用热电偶	温度补偿范围 /℃	电桥平衡时温度 /℃	电源 /V	内阻 /Ω	功率 /W	补偿误差 /mV
WBC-01	铂铑$_{10}$-铂	0~50	20	~220	1	<8	±0.045
WBC-02	镍铬-镍硅(镍铝)						±0.16
WBC-03	镍铬-考铜						±0.18
WBC-57-LB	铂铑$_{10}$-铂	0~40	20	4	1	<0.25	±(0.015+0.001 5Δt)①
WBC-57-EU	镍铬-镍硅(镍铝)						±(0.04+0.004Δt)
WBC-57-EA	镍铬-考铜						±(0.065+0.006 5Δt)

① Δt 为与 20 ℃之差的温度数值(下同)。

3. 补偿导线延引电极法

为了使热电偶自由端不受高温热源的影响，自由端温度基本保持恒定或波动较小，可把热电偶做得很长，这样势必增加使用贵重金属热电偶的成本。所以人们往往采用在一定温度范围内(0~100 ℃)与工作热电偶的热电特性相近的材料制成导线，用它将热电偶的自由端延长至所需要的地方，这种方法称为延引电极法，或称为补偿导线法，这样的导线称为补偿导线。用补偿导线制成的热电偶与工作热电偶相连，它既可把工作热电偶的原自由端延长到新的自由端，节省了贵重金属，又不会由于引入该导线而给工作热电偶带来测量误差。可见，使用补偿导线仅起延长热电偶的作用，不起任何温度补偿作用，将其称为“补偿导线”是名不副实的习惯用语。常用热电偶补偿导线的特性见表 4-2。

表 4-2 常用热电偶补偿导线的特性

配用热电偶(正-负)	补偿导线(正-负)	导线外皮颜色		100 ℃热电动势 /mV	150 ℃热电动势 /mV	20 ℃时的电阻率 /(Ω·m)
		正	负			
铂铑$_{10}$-铂	铜-铜镍①	红	绿	0.645±0.023	$1.029^{+0.024}_{-0.055}$	<0.0484×10^{-6}
镍铬-镍硅	铜-康铜	红	蓝	4.095±0.15	6.137±0.20	<0.634×10^{-6}
镍铬-考铜	镍铬-考铜	红	黄	6.95±0.30	10.69±0.38	<1.25×10^{-6}
钨铼$_5$-钨铼$_{20}$	铜-铜镍②	红	蓝	1.337±0.045	—	—

① 99.4%Cu，0.6%Ni；② 98.2%~98.3%Cu，1.7%~1.8%Ni。

使用补偿导线必须注意三个问题:一是两根补偿导线与热电偶两个热电极的接点必须具有相同的温度;二是各种补偿导线只能与相应型号的热电偶配用,而且必须在规定的温度范围内使用;三是补偿导线与热电偶的极性切勿接反。

四、热电偶的测温线路及热电势的测量

热电偶是工业生产中应用非常广泛的一种测温传感器,几乎用于工业生产的各个领域。下面简要介绍热电偶应用中的一些基本知识。

1. 热电偶的测温线路

热电偶的测温电路图如图 4-5 所示,热电偶可用于测量两点温度之和及两点温度之差,图 4-5a 所示是两支同型号的热电偶正向串联,用来测量两点温度之和。若 $t_1=t_2=\cdots=t_n$,则当使用多支热电偶串联测温时,就能成倍地提高总的热电动势的输出,大大提高测量的灵敏度,称为热电堆。图 4-5b 为两支同型号的热电偶反向串联,用来测量两点间的温度之差。应注意两个同型号热电偶的冷端温度必须相同,并且它们的热电动势都与温度呈线性关系,否则将产生测量误差。

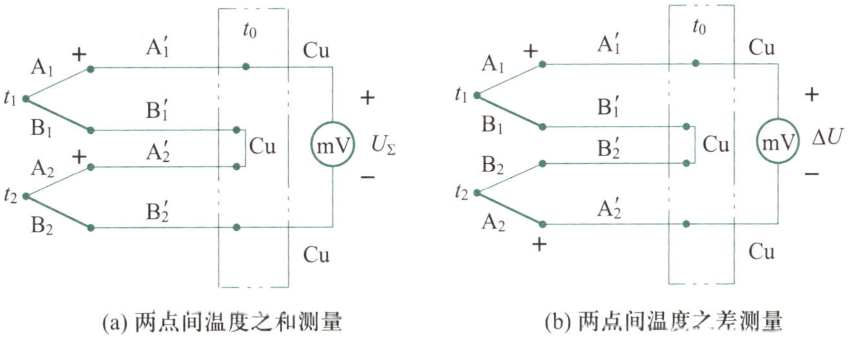

图 4-5　热电偶的测温电路图

2. 热电偶热电动势的测量

热电偶输出的热电动势与被测温度有对应关系,热电动势的测量可用动圈式仪表、电位差计、电子电位差计,或通过计算机识别后输出,显示温度值。采用动圈式仪表测量热电动势时,由于线路中电阻的影响,将导致仪表指示值与实际热电动势不一致,特别是外接电阻较大时测量误差不容忽视。

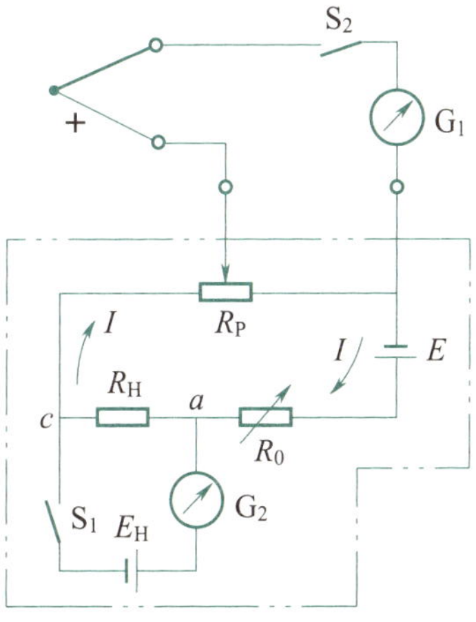

图 4-6　电位差计热电偶测温电路

用电位差计测量时,是采用标准电压来平衡热电动势的。标准电压与热电动势方向相反,回路中没有电流,因此,线路电阻对测量结果没有影响。图 4-6 所示是电位差计热电偶测

温电路的工作原理图。当开关 S_1 接通，调整 R_0 使检流计 G_2 指零。此时获得工作电流 $I=E_H/R_H$（即 a、c 两点间电压 IR_H 与标准电压 E_H 平衡）。断开 S_1，接通 S_2，调节电位器 R_P，使检流计 G_1 指零，此时测量电路中电流为零。当温度变化时，将有电流通过 G_1，指针偏转，调节 R_P 使 G_1 重新指零，由电位器 R_P 的刻度读出所测热电动势。考虑热电偶自由端温度补偿后，再查所用热电偶的分度表，即可得到所测温度值。

电子电位差计的工作原理与电位差计相同并已考虑自由端温度补偿，它是通过自动平衡系统始终保持平衡状态的。

五、热电偶温度变送器

将热电偶的有关冷端补偿、信号放大、线性化处理、电压/电流转换、断偶处理、反接保护、限流保护等电路经过集成化处理后直接产生工业标准电流信号，并且与被检测的温度量呈线性关系的装置称为热电偶温度变送器。它将热电偶产生的热电势经冷端补偿后，再由线性电路消除热电势与温度的非线性误差，最后放大转换为 4~20 mA 电流输出信号。为防止热电偶测量中由于热电偶断丝而使控温失效造成事故，变送器中还设有断电保护电路。当热电偶断丝或接触不良时，变送器会输出最大值（28 mA）以使仪表切断电源。变送器可以安装于热电偶的接线盒内与之形成一体化结构。它作为新一代测温仪表可广泛应用于冶金、石油、化工、电力、轻工、纺织、食品以及科研等领域。

热电偶温度变送器有电动单元组合仪表系列（DDZ-Ⅱ型、DDZ-Ⅲ型和 DDZ-S 型）和小型化模块式、多功能智能式。前者均不带传感器，后两类变送器可以方便地与热电偶或热电阻组成带传感器的变送器。图 4-7 所示是一种 K 型分度号热电偶温度变送器，其测温范围有 0~400 ℃、0~600 ℃、0~800 ℃、0~1 100 ℃和 0~1 300 ℃几种；输出信号为 4~20 mA；电源为 24 V 直流电；精度为 0.5% FS。

图 4-7 K 型分度号热电偶温度变送器

六、热电偶传感器的应用案例——燃气热水器火焰温度测量

燃气热水器的使用安全性至关重要。在燃气热水器中设置有防熄火装置、防缺氧不完全燃烧装置、防缺水空烧安全装置及过热安全装置等，涉及多种传感器。防熄火、防缺氧不完全燃烧装置中使用了热电偶，燃气热水器防熄火、防缺氧示意图如图 4-8 所示。

当使用者打开热水龙头时，自来水压力使燃气分配器中的引火管输气孔在较短的一段时

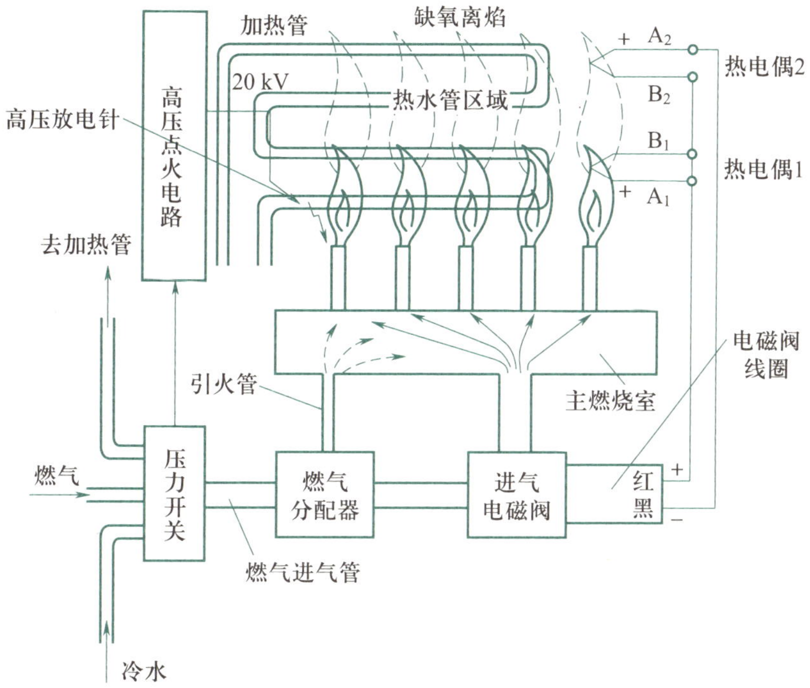

图 4-8　燃气热水器防熄火、防缺氧示意图

间里与燃气管道接通，喷射出燃气。与此同时高压点火电路发出 10～20 kV 的高电压，通过放电针点燃主燃烧室火焰。热电偶 1 被烧红，产生正的热电势，使电磁阀线圈（该电磁阀的电动力由极性电磁铁产生，对正向电压有很高的灵敏度）得电，燃气改由电磁阀进入主燃烧室。

当外界氧气不足时，主燃烧室不能充分燃烧（此时将产生大量有毒的一氧化碳），火焰变红且上升，在远离火孔的地方燃烧（称为离焰）。热电偶 1 的温度必然降低，热电势减小，而热电偶 2 被上升的火焰加热，产生的热电势与热电偶 1 产生的热电势反向串联，相互抵消，流过电磁阀线圈的电流小于额定电流，甚至产生反向电流，使电磁阀关闭，起到缺氧保护作用。

当启动燃气热水器时，若某种原因导致无法点燃主燃烧室火焰，由于电磁阀线圈得不到热电偶 1 提供的电流，处于关闭状态，能够避免煤气的大量溢出。煤气灶熄火保护装置也采用相似的原理。

实践任务

热电偶温度数字显示仪表的调试

1. 任务要求

熟悉温度测量仪表回路的构成，完成热电偶数字显示仪表的调试工作，掌握万用表在热电偶温度数字显示仪表中的使用。

2. 设备与工具

DY 系列数字显示仪表一台；镍铬-镍硅（镍铝）分度号为 K 的热电偶一支；水银温度计一

只;万用表一个;K 型热电偶补偿导线若干。

3. 任务内容

（1）外观技术要求:热电偶外观应良好,标志清晰;接线盒接线无松动、套管无漏点;数字显示仪表外观应良好,标志清晰,无松动、破损,无读数缺陷,仪表示值清晰等。

（2）热电偶与数字显示仪表连接原理如图 4-9 所示。

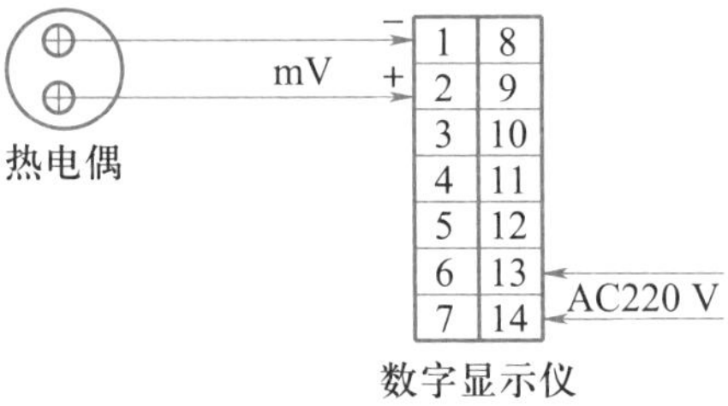

图 4-9　热电偶与数字显示仪表连接原理

4. 操作步骤

（1）仪表外观检查

按外观技术要求用目力观察仪表。

（2）热电偶的测试

① 查看水银温度计温度,对照附录五镍铬-镍硅(镍铝)热电偶分度表,得到室温对应的分度号 K 的电势值。

② 拆开热电偶接线盒,用万用表电阻挡测量接线端,若电阻等于 0,用万用表直流 mV 挡测量接线端,这时热电偶电势值约等于室温电势值,则热电偶合格,可用;若用万用表电阻挡测得热电偶的电阻等于∞,则热电偶已断,不能用。

（3）热电偶与数字显示仪表连接测试

① 按图 4-9 和数字显示仪表说明书检查接线线路是否正确,热电偶与数字显示仪表之间用 K 型热电偶补偿导线进行连接,注意正负极不能接错。

② 接线无误,数字显示仪表接通电源,按厂家规定时间预热。

③ 数字显示仪表按说明书设定输入信号为热电偶,量程范围为 0~500 ℃。

④ 将热电偶放置于装有少许冷水的容器内,慢慢加入热水,观察数字显示仪表的变化。

⑤ 当数字显示仪表温度显示 50 ℃时,停止加入热水,将水银温度计插入容器,温度稳定后观察水银温度计的温度是否与数字显示仪表一致;记下数字显示仪表温度,给数字显示仪表断电,用万用表 mV 挡测量此时热电偶的电势值,与附录五镍铬-镍硅(镍铝)热电偶分度表对照,观察所测得电势值对应的温度是否与数字显示仪表温度一致。

⑥ 给数字显示仪表接通电源,拆开热电偶接线盒,拆掉一根导线,观察此时数字显示仪表显示数值。

⑦ 拆开热电偶接线盒,补偿导线正负极对换,观察此时数字显示仪表显示的数值。

5. 数据处理及思考

（1）对实践操作的数据进行记录和处理,对操作中出现的现象进行分析,得出结论。

（2）思考:分别用一般电缆和补偿导线作为热电偶与数字显示仪表的连接导线,结果会有什么不同。

单元 2　霍尔式传感器

早在 1879 年，人们就在金属中发现了霍尔效应，但由于这种效应在金属中非常微弱，当时并没有引起重视。直到 1948 年，由于半导体提纯工艺的不断改进，人们发现霍尔效应在高纯度半导体中表现较为显著，由此人们对霍尔效应的机理、材料、制造工艺和应用等方面的研究空前地活跃起来。现在霍尔元件已广泛应用于非电量检测、自动控制、电磁测量、计算装置以及现代军事技术等各个领域中。

一、霍尔元件的工作原理及结构

1. 霍尔效应

图 4-10 所示为霍尔效应原理图，一块长 l、宽 b、厚 d 的半导体，在外加磁场 B 作用下，当有电流 I 流过时，运动电子受洛伦兹力的作用而偏向一侧（图中“-”侧），使该侧形成电子的积累，与它对立的侧面由于减少了电子浓度，出现了正电荷。这样，在两侧面间就形成了一个电场。运动电子在受洛伦兹力的同时，又受电场力的作用，最后当这两作用力相等时，电子的积累达到动态平衡，这时两侧之间建立的电场，称为霍尔电场 E_H，相应的电压称为霍尔电压 U_H，上述这种现象称为霍尔效应。经分析推导，霍尔电压 U_H 为

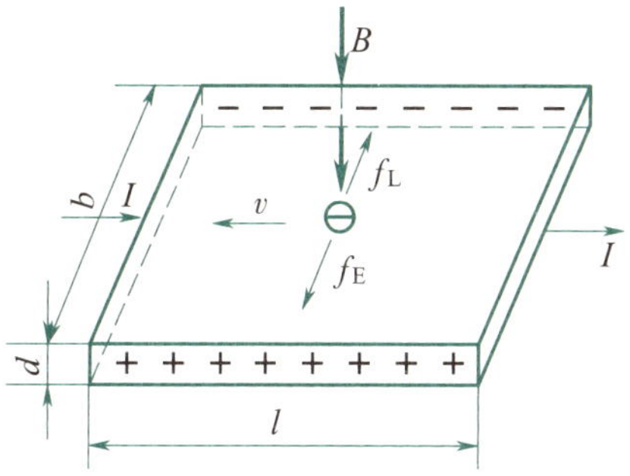

图 4-10　霍尔效应原理图

$$U_H = \frac{IB}{ned} = K_H IB \tag{4-5}$$

式中　n——半导体单位体积中的载流子数；

e——电子电量；

K_H——霍尔元件灵敏度，$K_H = 1/(ned)$。

2. 材料及结构特点

根据霍尔效应原理做成的元件称为霍尔元件。霍尔元件一般采用具有 N 型的锗、锑化铟和砷化铟等半导体单晶材料制成。锑化铟元件的输出较大，但受温度的影响也较大。锗元件的输出虽小，但它的温度性能和线性度比较好。砷化铟元件的输出信号没有锑化铟元件大，但是受温度的影响却比锑化铟的要小，而且线性度也较好。因此，采用砷化铟为霍尔元件的材料得到普遍应用。

霍尔元件结构很简单，是一种半导体四端薄片，它由霍尔片、引线和壳体组成。霍尔片的相对两侧对称地焊上两对电极引出线，其结构示意图如图 4-11a 所示。其中一对（即 a、b 端）称为激励电流端，另外一对（即 c、d 端）称为霍尔电势输出端，引线焊接处要求接触电阻小，而且呈现纯电阻性质（欧姆接触）。霍尔片一般用非磁性金属、陶瓷或环氧树脂封装。

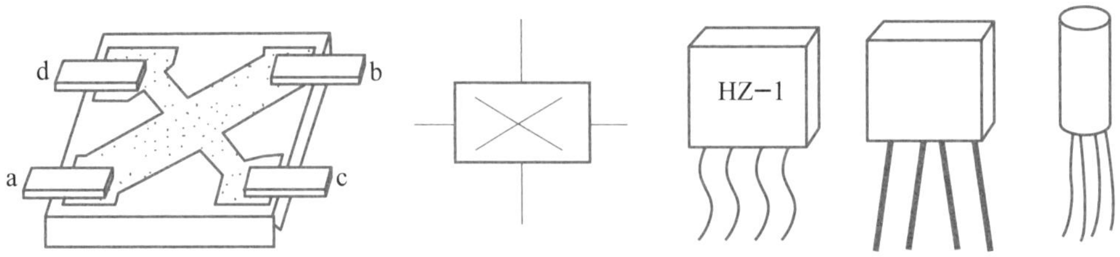

(a) 霍尔元件结构示意图 (b) 图形符号 (c) 外形

图 4-11 霍尔元件

3. 基本电路

霍尔元件的基本电路如图 4-12 所示。控制电流由电源 E 供给，R_P 为调节电阻，调节控制电流的大小。霍尔输出端接负载 R_f，R_f 可以是一般电阻，也可以是放大器的输入电阻或指示器内阻。在磁场与控制电流的作用下，负载上就有电压输出。在实际使用时，I、B 或两者同时作为信号输入，而输出信号则正比于 I、B 或两者乘积。

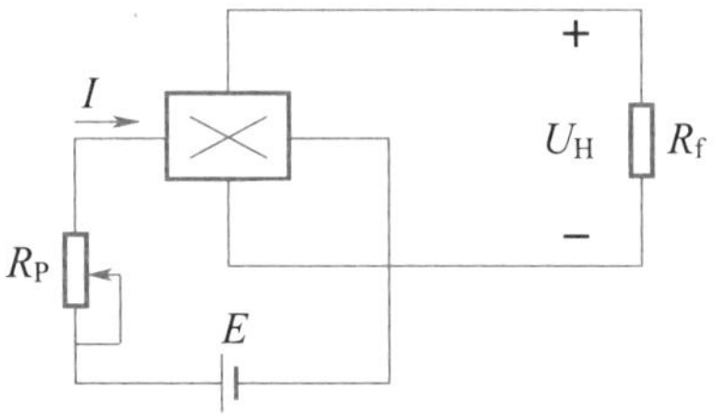

图 4-12 霍尔元件的基本电路

由于建立霍尔效应所需的时间很短（$10^{-14}\sim10^{-12}$ s），因此控制电流为交流电时，频率可以很高（几千兆赫）。

二、霍尔式传感器的分类和应用

1. 霍尔式传感器的分类

霍尔式传感器可分为开关型和线性型两种。

（1）开关型 开关型霍尔式传感器由稳压器、霍尔元件、差分放大器，施密特触发器和输出级组成，它输出数字量。开关型霍尔式传感器还有一种特殊的形式，称为锁键型霍尔式传感器。

（2）线性型 线性型霍尔式传感器由霍尔元件、线性放大器和射极跟随器组成，它输出模拟量。

线性型霍尔式传感器又可分为开环式和闭环式。闭环式霍尔式传感器又称为零磁通霍尔式传感器。线性型霍尔式传感器主要用于交直流电流和电压测量。

2. 霍尔式传感器的应用

霍尔式传感器是由霍尔元件与弹性敏感元件或永磁体结合而形成的，具有灵敏度高、体积小、重量轻、无触点、频响宽（由直流到微波）、动态特性好、可靠性高、寿命长、价格低等优点，因此在磁场、电流及各种非电量测量、信息处理、自动化技术等方面得到广泛的应用。归纳起来，霍尔式传感器主要有下列三个方面的应用类型：

（1）利用霍尔电势正比于磁感应强度的特性来测量磁场及与之有关的电量和非电量。如磁场计、方位计、电流计、微小位移计、角度计、转速计、加速度计、磁读头、函数发生器、同步传动装置、无刷直流电动机、非接触开关等。

（2）利用霍尔电势正比于激励电流的特性可制作回转器、隔离器、电流控制装置等。

（3）利用霍尔电势正比于激励电流与磁感应强度乘积的规律制成乘法器、除法器、乘方器、开方器、功率计等，也可以作混频、调制、斩波、解调等用途。

三、霍尔式传感器的应用案例

1. 霍尔式传感器转速测量

图 4-13 所示是几种霍尔式传感器转速测量示意图。在被测转速的转轴上安装一个转盘，也可选取机械系统中的一个齿轮，将开关型霍尔元件及磁路系统靠近齿盘，随着转盘的转动，磁路的磁阻也周期性地变化，测量霍尔元件输出的脉冲频率就可以确定被测体的转速。转速 n 与脉冲频率 f 关系满足：

$$n=\frac{60f}{z} \tag{4-6}$$

式中　z——齿盘每圈齿数；

n——转速（r/min）。

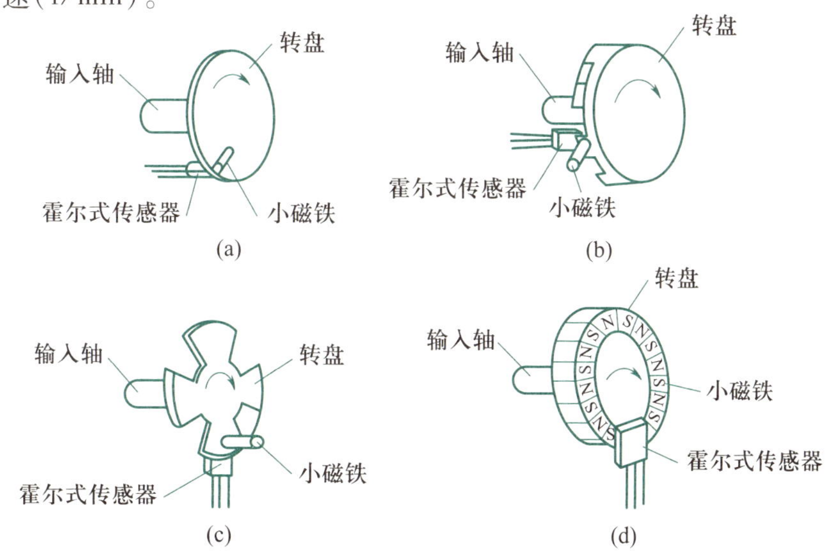

图 4-13　霍尔式传感器转速测量示意图

利用霍尔式传感器组成的霍尔式转速传感器转速测量系统如图 4-14 所示，由霍尔式转速传感器及转速显示仪表（也称转速二次仪表）构成，其中转速二次仪表包括电源电路、计频电路、运算电路、显示电路、显示屏等。

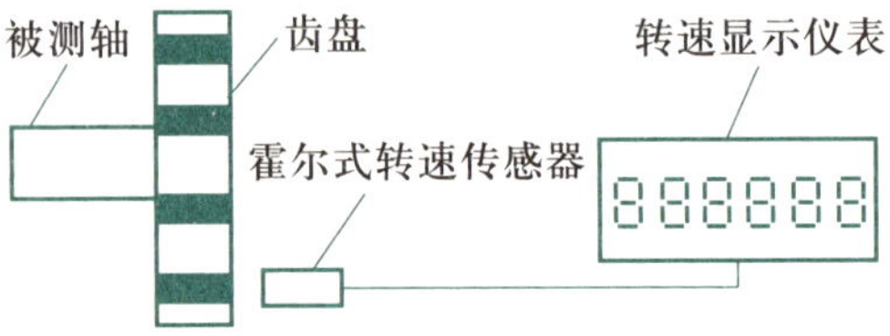

图 4-14 霍尔式转速传感器转速测量系统

2. 霍尔式微压力传感器

霍尔式微压力传感器的原理如图 4-15 所示。被测压力 p 使波纹膜盒膨胀，带动杠杆向上移动，从而使霍尔元件在磁路系统中运动，改变了霍尔元件所感受的磁场强度大小及方向，引起霍尔电势的大小和极性的变化。由于波纹膜盒及霍尔元件的灵敏度很高，所以可用于测量微小压力的变化。

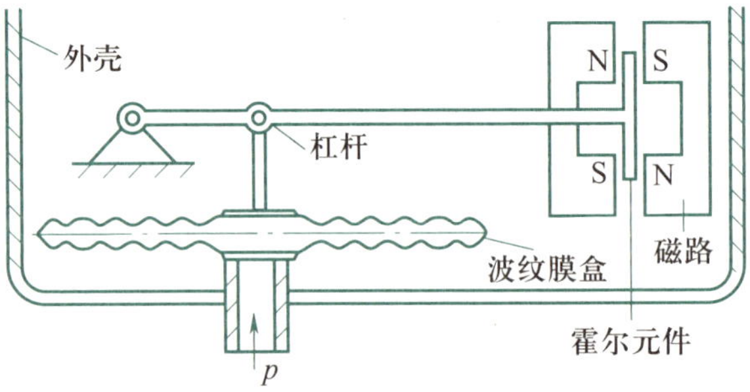

图 4-15 霍尔式微压力传感器原理示意图

实践任务

自行车码表的安装与调试

1. 任务要求

熟悉霍尔式传感器工作原理，认知集成霍尔元件及其类型，能够正确进行霍尔式自行车码表的安装与调试。

2. 设备与工具

示波器一台；自行车码表一套、1.5 V 电池 2 节；自行车、皮尺、秒表（或电动机、光电手持转速表、磁力表座）；常用电工组装工具一套。

3. 任务内容

自行车码表的工作原理是在车圈旋转时感应器捕捉到磁铁带来的信息，通过霍尔式传感器传输至码表，主机码表对此进行处理后计算出时速、里程等信息。根据任务要求及提供的设备工具，将码表各部件安装固定到自行车合适的位置，然后通过骑行试验测量骑行距离和骑行时间，计算骑行平均速度，与码表比较并分析误差的原因。

4. 操作步骤

(1) 参照图 4-16 将感应器和磁铁等码表各配件分别安装并固定在自行车龙头、前叉和轮圈钢丝辐条的合适位置，安装时注意磁铁与感应器距离应不超过 4 mm。注意磁铁应尽量正对感应器。

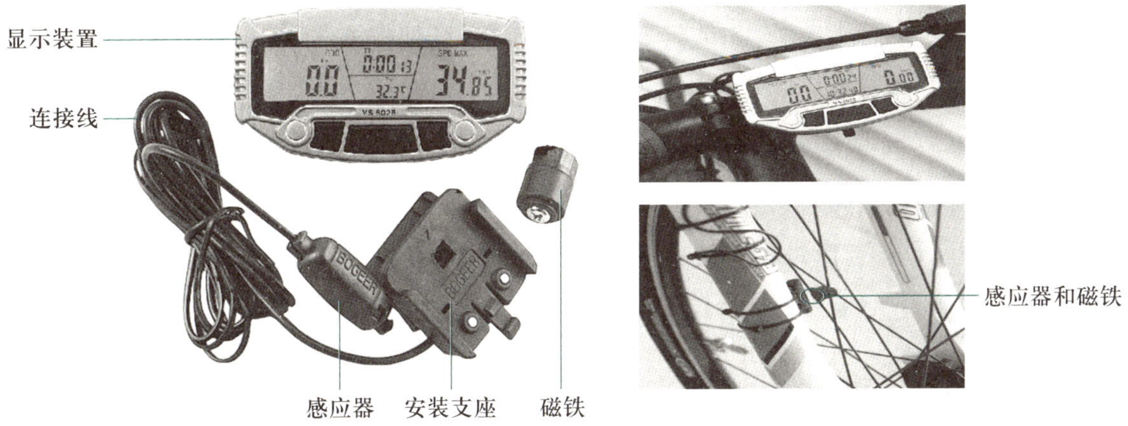

图 4-16　自行车码表及安装

(2) 将感应器的接线头与码表底座相连，装入电池，参阅说明书开机初始化后进行相应设置。

(3) 在室外场地选择一处，用皮尺丈量 10 m，做标记，匀速骑行自行车并用秒表计时，将码表显示的车速与计算的车速比较，判断测速结果并分析。如进行电动机转速测试，则同时利用光电手持转速表进行分析校准。

(4) 如存在较大偏差，可将感应器信号线引出并连接至示波器，摇动自行车踏板，观察输出波形。

单元 3　压电式传感器

压电式传感器是一种典型的自发电式传感器，由传力机构、压电元件和测量转换电路组成。压电元件以某些电介质的压电效应为基础，在外力作用下电介质表面产生电荷，从而实现非电物理量电测的目的。压电元件是一种力敏感元件，也可以测量最终能变换为力的那些非电物理量，如压力、加速度等。

一、压电元件的基本工作原理

1. 压电效应

某些电介质在沿一定方向上受到外力的作用产生变形时，内部会产生极化现象，同时在其表面产生电荷；当外力去掉后，又重新回到不带电状态，这种现象称为压电效应。反之，在电介质的极化方向上施加交变电场，电介质会产生机械变形，当去掉外加电场时变形随之消失，这种现象称为逆压电效应或电致伸缩效应。压电式传感器利用压电材料的正压电效应工作。在水声和超声技术中，则利用逆压电效应制作声波和超声波的发射换能器。

2. 压电材料的主要特性指标

(1) *压电系数 d* 它表示压电材料产生电荷与作用力的关系，一般为单位作用力下产生的电荷量，单位为 C/N。

(2) *刚度 H* 压电材料的刚度是决定其固有频率的重要参数。

(3) *介电常数 ε* 这是决定压电晶体固有电容的主要参数，而固有电容影响传感器工作频率的下限值。

(4) *电阻 R* 它是压电晶体的内阻，其大小决定泄漏电流的大小。

(5) *居里温度* 压电效应消失的转变温度，也称居里点。

二、压电式传感器的测量转换电路

1. 压电元件的等效电路

压电元件在承受沿其敏感轴方向的外力作用时产生电荷，它相当于一个电荷发生器；当压电元件表面聚集电荷时，它又相当于一个以压电材料为介质的电容器。因此，可以把压电元件等效为一个电荷源与一个电容并联的电荷等效电路，电荷源等效电路如图 4-17a 所示。电容器上的电压 U_a、电荷量 Q 和电容 C_a 三者关系为

$$U_a=\frac{Q}{C_a} \tag{4-7}$$

压电元件也可以等效为一个电压源和一个串联电容表示的电压等效电路，电压源等效电路如图 4-17b 所示。

压电式传感器与二次仪表配套使用时，还应考虑到连接电缆的等效电容 C_c。若放大器的输入电阻为 R_i，输入电容为 C_i，那么完整的压电式传感器的实际等效电路如图 4-18 所示。图中 R_a 是压电元件的漏电阻。

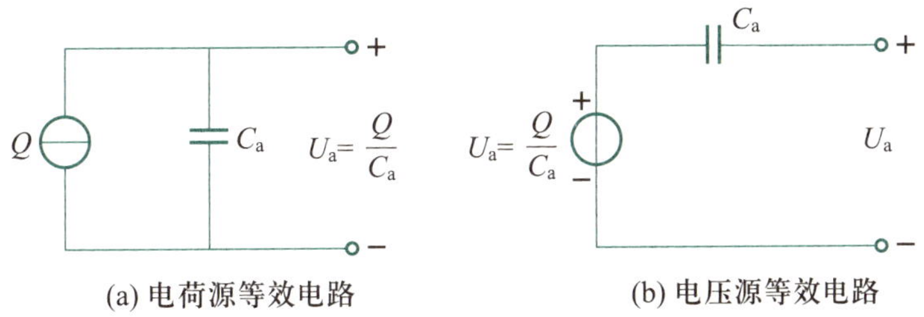

图 4-17　压电元件的等效电路

由于外力作用在压电元件上产生的电荷只有在无泄漏的情况下才能保存，即需要转换电路具有无限大的输入阻抗，这实际上是不可能的，因此压电式传感器不能用于静态测量。压电元件在交变力的作用下，电荷可以不断补充，可以供给转换电路以一定的电流，故只适用于动态测量。

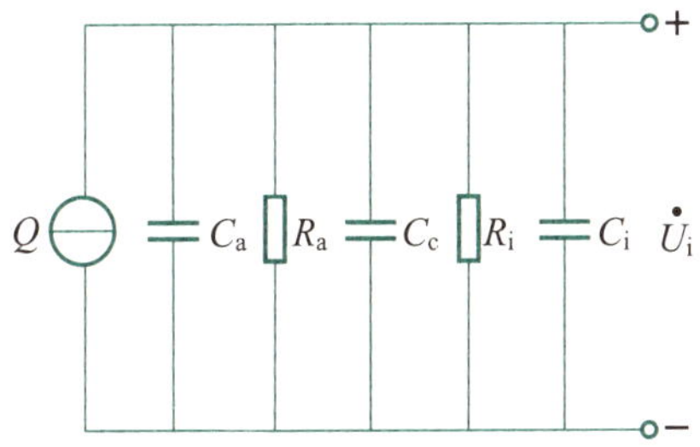

图 4-18　压电式传感器的实际等效电路

2. 测量转换电路

压电式传感器的输出信号非常微弱，一般需要将电信号放大后才能检测出来。但因传感器的内阻抗较高，因此它需要与高输入阻抗的前置放大器配合，然后再采用一般的放大、检波、显示、记录电路。根据压电式传感器的工作原理及等效电路，它的输出可以是电荷信号，也可以是电压信号，因此与之相配的前置放大器也有电荷前置放大器和电压前置放大器两种形式。由于电压前置放大器中的输出电压与电缆电容有关，故目前采用电荷前置放大器。

电荷前置放大器实际上是一个具有反馈电容 C_f 的高增益运算放大器电路，其等效电路如图 4-19 所示。当放大器的电压放大倍数 $A\gg1$ 时，经推导可得

$$\dot{U}_o \approx -\frac{Q}{C_f} \tag{4-8}$$

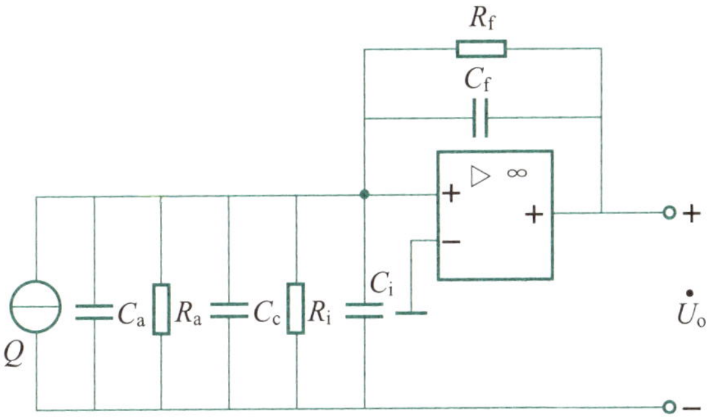

图 4-19　电荷前置放大器等效电路

由式(4-8)可见，电荷前置放大器的输出电压仅与输入电荷量和反馈电容有关，电缆电容等其他因素可忽略不计，这是电荷前置放大器的特点。

三、压电式传感器的结构和应用

1. 压电元件常用的结构形式

在压电式传感器中，为提高灵敏度，压电片通常是两片（或两片以上）黏结在一起。由于压电片上的电荷是有限的，因此有串联和并联两种接法。常用的是并联接法，压电片的并联接法如图 4-20 所示。其输出电容 C' 是单片电容 C 的两倍，但输出电压 U' 等于单片电压 U，极板上的电荷 Q' 为单片电荷量的两倍，即

$$C'=2C \qquad U'=U \qquad Q'=2Q$$

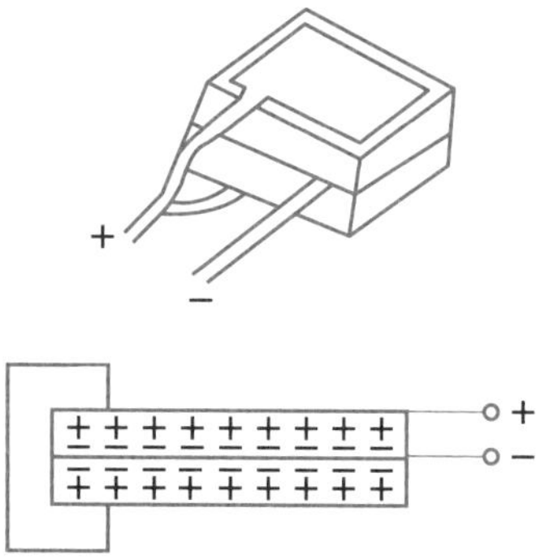

图 4-20 压电片的并联接法

压电片在传感器中必须有一定预紧力，以便保证在作用力变化时压电片始终受到压力，使整个接触面均匀接触，但这个预紧力也不能太大，否则将会影响其灵敏度。

2. 压电式传感器的应用

压电式传感器主要用于动态作用力、压力、加速度的测量，下面举例说明它的应用。

（1）*压电式力传感器* 图 4-21 所示为 YDS-78Ⅰ型压电式单向力传感器结构，它主要用于变化频率中等的动态力的测量，如车床动态切削力的测量。被测力通过传力上盖，使石英晶片（压电片）在沿电轴方向受压力作用而产生电荷，两块晶片沿电轴反方向叠起，其间是一个片形电极，它收集负电荷。两压电片的正电荷分别与传力上盖及底座相连，因此两块压电片被并联起来，提高了传感器的灵敏度。片形电极通过电极引出插头将电荷输出，其测力范围为 0~5 000 N，非线性误差小于 1%，电荷灵敏度为 3.8~4.4 μC/N，固有频率为 50~60 Hz。

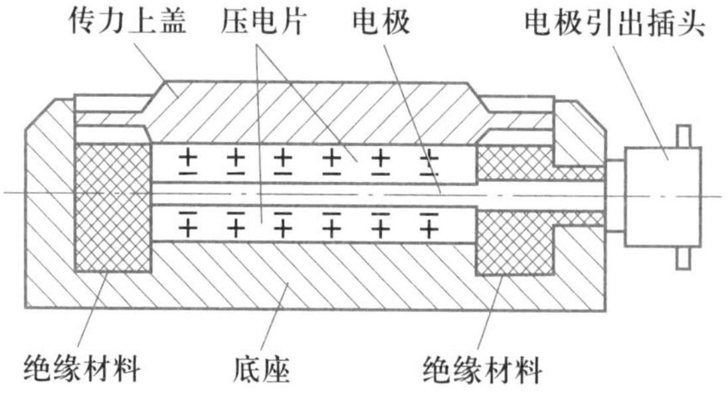

图 4-21 YDS-78Ⅰ型压电式单向力传感器结构

（2）*压电式加速度传感器* 图 4-22 所示为一种压缩型压电式加速度传感器结构示意图。图中压电片是由两片压电片并联而成的，两压电片中间的金属片焊接在一根导线上并引出，另一端与基座相连，弹簧的作用是给压电片施加预紧力。测量时，通过基座底部的螺纹孔将传感器与试件刚性地固定在一起，使传感器感受与试件相同频率的振动，质量块就有一正比于加速

度的交变力作用在压电片上。由于压电效应,在压电片两个表面上有电荷产生,经转换电路处理,即可测得加速度大小。

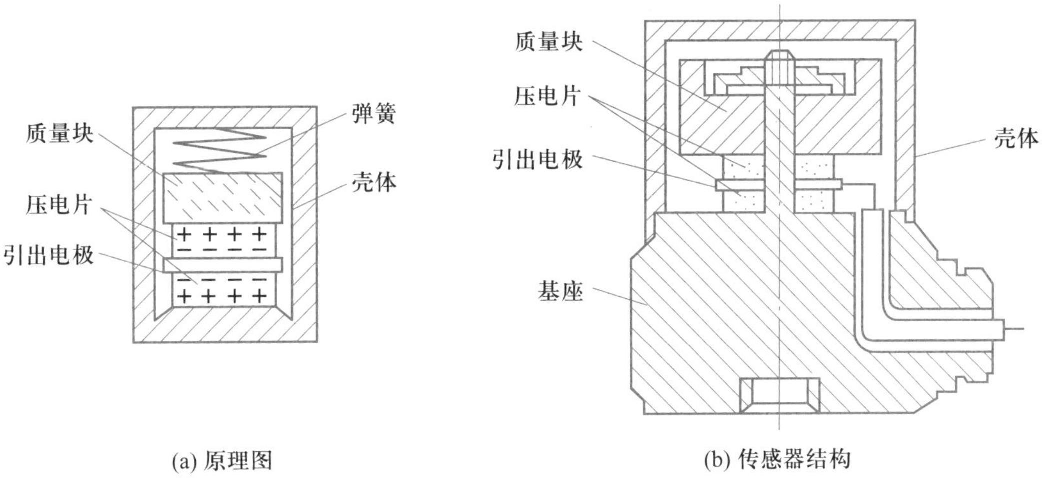

图 4-22 压缩型压电式加速度传感器结构示意图

这种结构的加速度传感器固有频率高,故高频响应好。结构中的弹簧、质量块和压电元件不与外壳直接接触,受环境影响小,目前应用较多。

图 4-23 所示为一种弯曲型压电式加速度传感器的结构示意图。它由特殊的压电悬臂梁构成。这种传感器具有很高的灵敏度和很好的低频响应,主要用在医学上和其他需低频响应好的领域,如测量地壳和建筑物的振动等。

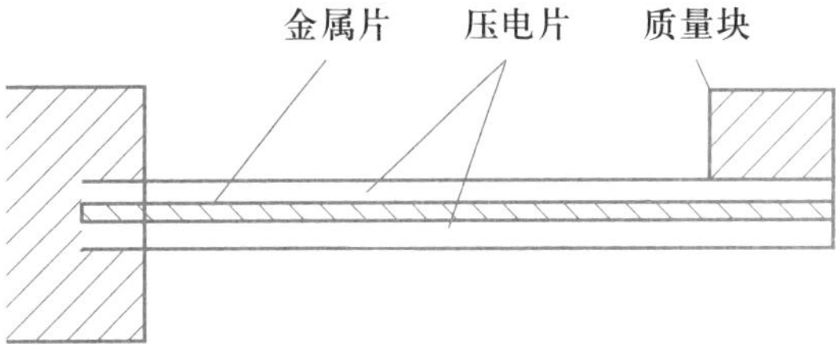

图 4-23 弯曲型压电式加速度传感器的结构示意图

四、压电式传感器的应用案例——汽车自动间歇刮水器传感器

汽车自动间歇刮水器传感器由振动板、压电元件、电路基板、间歇刮水器放大器(集成电路块和电容器)、下壳、橡胶垫、导线和密封圈等组成,如图 4-24 所示。振动板接收雨滴冲击能量,按自身固有的振动频率进行振动,并将振动能量传递给内侧紧贴振动板的压电元件上,压电元件将接收到的振动变形转换成其两侧电极上的交变电压信号输出,压电元件交变电压与压电元件上感受的雨滴能量成正比,一般为 0.5~300 mV。间歇刮水器放大器将压电元件上产生的电压信号放大后输入刮水器驱动器,带动刮水器电动机进行间歇运动,间歇刮水器的速度由雨滴密度及雨滴大小决定。间歇刮水器放大器的原理是将压电元件电压经放大后输送到充电回路中,再通过比较电路、电动机驱动电路带动电动机进行间歇运动。

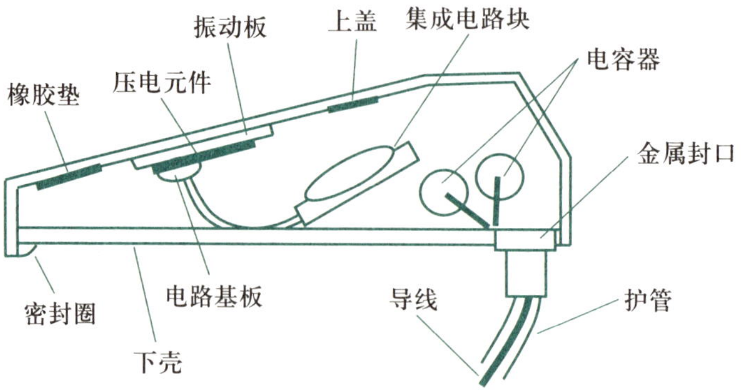

图 4-24 压电式间歇刮水器传感器结构图

小制作

用声振动传感器制作的电子狗

声振动传感器制作的电子狗，对几米远处人的走动非常敏感。一般说来，狗在休息时一只耳朵总贴着地面，监听着地面传来的信号，一有动静便发出“汪汪”的叫声，一方面报告主人有客来，另一方面警示来人不可靠近。这里采用了狗的这种特别功能，利用土层传感，将人走动时的脚与地面接触的摩擦声、振动声经高灵敏度接收放大，触发模拟狗叫声集成电路发声。不管是白天黑夜，它均能忠实地为主人看家守舍。

1. 工作原理

图 4-25 所示为用声振动传感器制作的电子狗电路图。$HTD_1 \sim HTD_n$ 置于地下组成声振动传感器，检测地面传来的声振动信号。当有人在距传感器 1 m 左右走动时，脚踏地面的振动信号经地面传到 $HTD_1 \sim HTD_n$，再经 VT_1、IC_1 接收、放大，VD_1、VD_2、C_4 倍压整流滤波，滤波后的直流电压加于 VT_2 基极，使 VT_2 导通，触发单稳态电路翻转进入暂稳态，IC_2 的 3 脚由原来的低电平变为高电平，经 R_6 限流，VD_W 稳压的 4.5 V 电压供 IC_3 工作，IC_3O/P 端输出的狗叫声经 C_7 耦合到 IC_4 做进一步的放大，扬声器 Y 发出响亮的狗叫声。暂稳时间 $t = 1.1R_5C_5 \approx$ 2 min。暂稳态过后，IC_2 的 3 脚输出低电平，IC_3 停止工作，扬声器不再有狗叫声输出。如果来人 2 min 后仍未离开监测区域，并且不断地走动，则狗叫声始终不停，直至来人离开监测范围，保持宁静2 min后，狗叫声才停止。此外，为了使用方便，设置了光控电路，以使白天不让狗叫，夜晚恢复工作。也可根据具体情况决定取舍，不用时去掉光敏电阻 R_G。

2. 元件选择

（1）IC_1、IC_4 选用 LM386 集成块；IC_2 选用 555 时基集成电路；IC_3 选用模拟狗叫声集成电路 KD5608，其集成电路封装外形有多种形式，使用时按厂家提供的标准图样连接线路。

（2）$HTD_1 \sim HTD_n$ 为压电陶瓷片，选用 ϕ27 mm 或 ϕ35 mm 均可，本电路使用 10 只 ϕ27 mm 的压电陶瓷片并联。

(3) VT_1 是结型场效应晶体管，选用放大能力大一点的；VT_2 选用 9014 三极管。

(4) 扬声器选用口径大、发声响亮，但体积较小的。

(5) 其他元件如图 4-25 所示，无特殊要求。

3. 制作与调试

制作的关键是 $HTD_1 \sim HTD_n$ 的安装，由于本电路设计主要考虑应用于农村，所以 HTD 使用了 10 只，每 5 只一组并联，每只之间隔 1 m，用屏蔽线连接，屏蔽层接地（指电路地）。每只 HTD 均用质地较好的塑料薄膜包封，密封要严，不能有丝毫的漏水现象，以免损坏 HTD，影响使用寿命。做好的 HTD 埋于大门前道路两侧 10 cm 深处，埋好后即可通电调试。一人在任一只 HTD 前 1 m 左右走动，调试 R_P 使扬声器发出狗叫声，此时灵敏度最高，固定 R_P 不动，至此调试结束。另外，R_7 的值关系到狗叫的声音，应注意调试。制作好的电子狗可固定于院内任意地方。

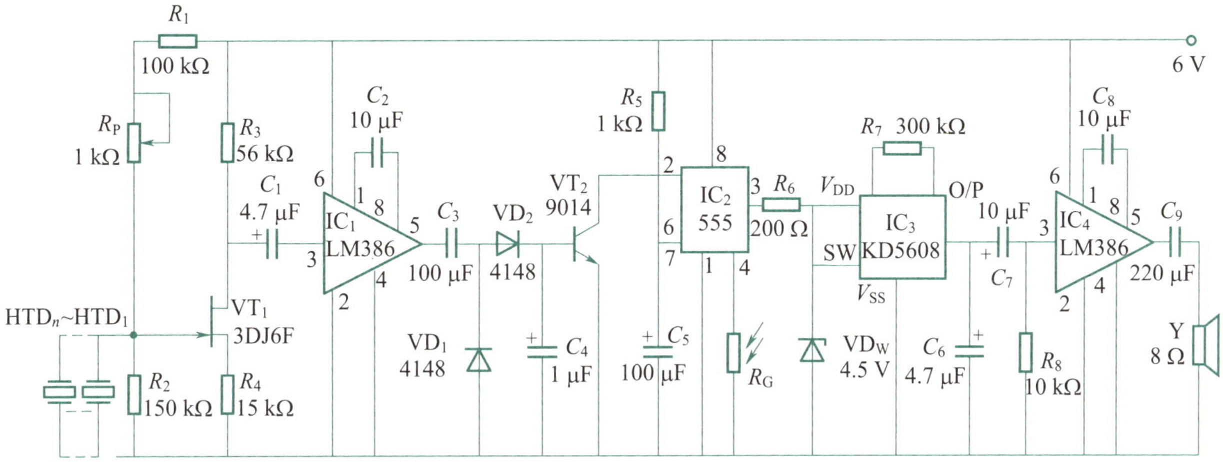

图 4-25　用声振动传感器制作的电子狗电路图

单元 4　超声波传感器

超声波具有频率高、方向性好、能量集中、穿透性强、遇到杂质或分界面产生显著的反射等特点，因此在许多领域得到广泛的应用。已实际应用的超声波传感器有超声波探伤、超声波遥控、超声波防盗窃器以及超声波医疗诊断装置等。

一、超声波传感器的基本工作原理

超声波是频率超过 20 kHz 的机械振动波。由于频率高，其能量远大于振幅相同的声波，具有很高的穿透能力，在钢材中甚至可穿透 10 m 以上。超声波在介质中传播时，也像光波一样产生反射、折射现象，经过反射、折射的超声波其能量或波形均将发生变化。利用这一性质可以实现液位、流量、温度、黏度、厚度、距离等参数的测量。

发射和接收超声波的元件称为超声波换能器，也称为超声波探头。超声波换能器根据其工作原理不同有压电式（压电晶体）及镍铁铝合金两类，实际应用中主要采用压电式。换能器根据其结构不同又分为直探头、斜探头、双探头、表面波探头、聚焦探头、水浸探头、空气传导探头以及其他专用探头等。超声波陶瓷探头的转换效率高、稳定性好，应用广泛。

超声波陶瓷探头是利用一个超声波发射器发射超声波，并用机械-电换能器转换为电信号，其主要部分包括机械-电换能的压电双晶振子、提高机械-音响转换效率的金属谐振器和外壳。压电双晶振子是将两块压电瓷板相贴构成双晶片，其中心部分装有连接器，连接金属制成的圆锥形谐振器，构成复合谐振器。壳体除保护复合谐振器外，同时使其中的驻波谐振与复合谐振器的谐振频率一致，起到提高转换效率的作用。

超声波陶瓷探头的特点是灵敏度高且寿命长、易接入电路、耐冲击、耐湿、结构牢固、小型轻量、易于安装。

二、超声波传感器的应用

超声波传感器的应用有透射型和反射型两种基本类型。当超声波发射器与接收器分别置于被测物两侧时，这种类型称为透射型。透射型可用于遥控器、防盗报警器、接近开关等。超声波发射器与接收器置于同侧的属于反射型，反射型可用于接近开关、测距、测液位或料位、金属探伤以及测厚等。下面简要介绍超声波传感器的几种应用。

1. 超声波探伤

超声波探伤是无损探伤技术中的一种主要检测手段。它主要用于检测板材、管材、锻件和焊缝等材料中的缺陷（如裂缝、气孔、夹渣等）、测定材料的厚度、检测材料的晶粒、配合断裂力学对材料使用寿命进行评价等。超声波探伤具有检测灵敏度高、速度快、成本低等优点，因而得到人们普遍的重视，并在生产实践中得到广泛的应用。

超声波探伤方法多种多样，最常用的是脉冲反射法。脉冲反射法根据波形不同又可分为纵波、横波、表面波探伤法，下面分别予以介绍。

（1）*纵波探伤法*　测试前，先将探头插入探伤仪的连接插座上。探伤仪面板（图 4-26a）上有一个显示器，通过显示器可知工件中是否存在缺陷、缺陷大小及缺陷的位置。工作时探头放于被测工件上，并在工件上来回移动进行检测。探头发出的超声波以一定速度向工件内部传播，如工件中没有缺陷，则超声波传到工件底部便产生反射，在显示器上只出现始脉冲 T 和底脉冲 B，如图 4-26b 所示。如工件中有缺陷，一部分声脉冲在缺陷处产生反射，另一部分继续传播到工件底面产生反射，在显示器上除出现始脉冲 T 和底脉冲 B 外，还出现缺陷脉冲 F，如图 4-26c 所示。显示器上的水平亮线为扫描线（时间基线），其长度与工件的厚度成正比（可调整），通过缺陷脉冲在显示器上的位置可确定缺陷在工件中的位置；亦可通过缺陷脉冲幅度的高低来判别缺陷当量的大小，如缺陷面积大，则缺陷脉冲的幅度就高。通过移动探头还可确定缺陷的大致长度。

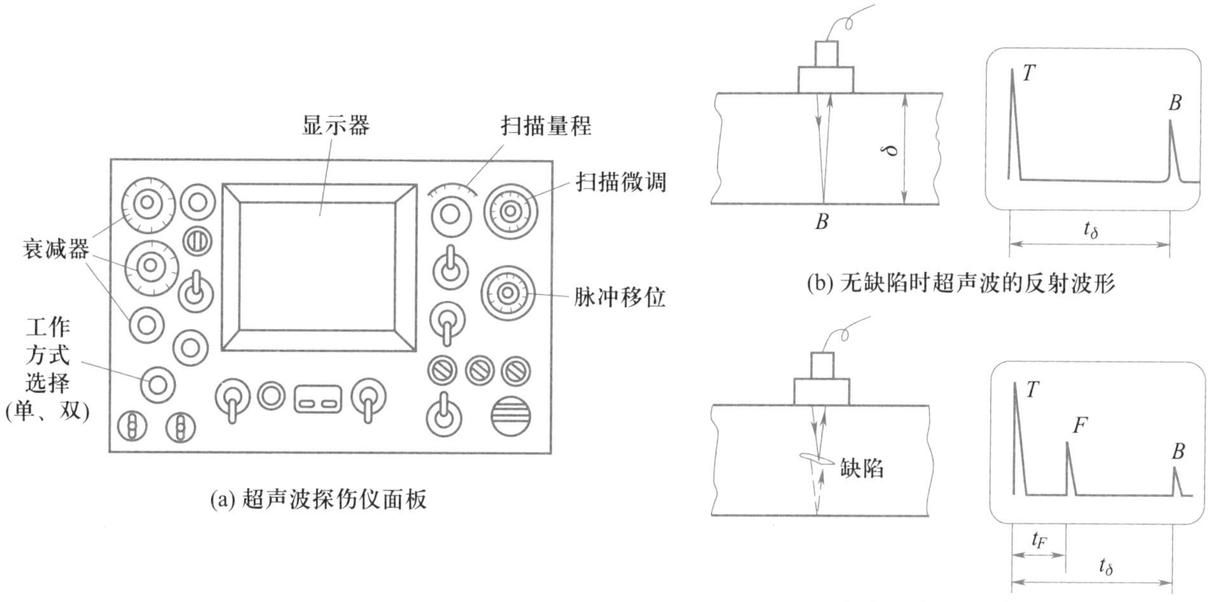

(a) 超声波探伤仪面板

(b) 无缺陷时超声波的反射波形

(c) 有缺陷时超声波的反射波形

图 4-26　超声波探伤

（2）*横波探伤法*　用斜探头进行探伤的方法称为横波探伤法。超声波的一个显著的特点是：超声波波束中心线与缺陷截面积垂直时，探测灵敏度最高，但如遇图 4-27 所示的斜向缺陷时，用直探头探测虽然可探测出缺陷存在，但并不能真实反映缺陷大小，如用斜探头探测，则探伤效果较佳。因此实际应用中，应根据不同缺陷性质、取向，采用不同的探头进行探伤。有些工件的缺陷性质、取向事先不能确定，为了保证探伤质量，则应采用几种不同探头进行多次探测。

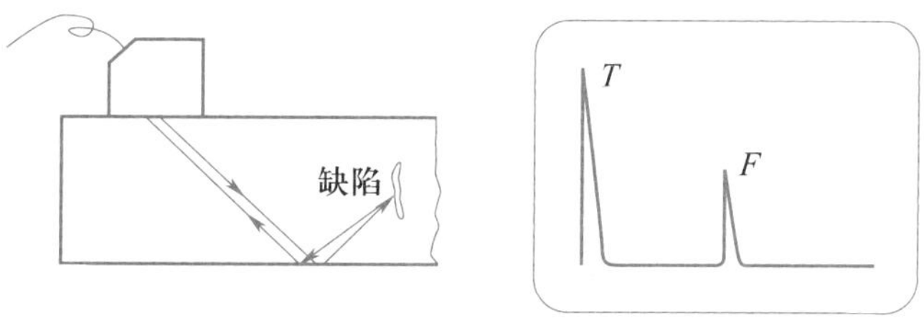

图 4-27　横波单探头法探伤

（3）*表面波探伤法*　表面波探伤法主要是检测工件表面附近的缺陷存在与否的方法，如图 4-28 所示。当超声波的入射角 α 超过一定值后，折射角 β 可能达到 90°，这时固体表面受到由超声波能量引起交替变化的表面张力作用，质点在介质表面的平衡位置附近作椭圆轨迹振动，这种振动称为表面波。当工件表面存在缺陷时，表面波被反射回探头，可以在显示器上显示出来。

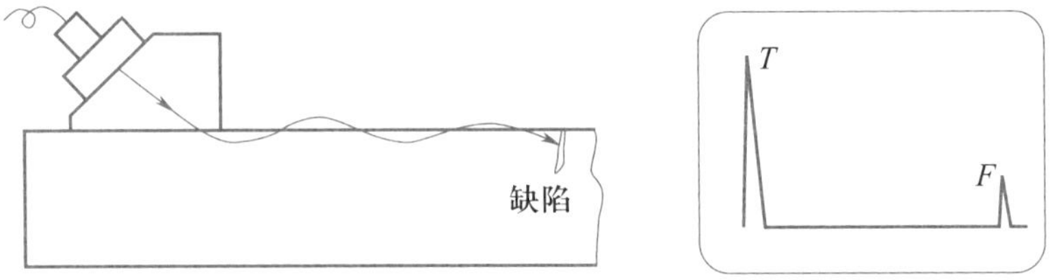

图 4-28 表面波探伤法

2. 检测障碍物

利用超声波检测汽车后面有无障碍物，并向驾驶员报警的系统已应用在各种车辆中。把约40 kHz的超声波脉冲从汽车后面发射出去，根据超声波碰到障碍物后的返回时间换算成距离，便可检测障碍物的位置，通过指示灯或蜂鸣器告知驾驶员。系统所用的超声波发送和接收元件与超声波陶瓷探头相同，判断障碍物距离的基本电路原理框图如图 4-29 所示。

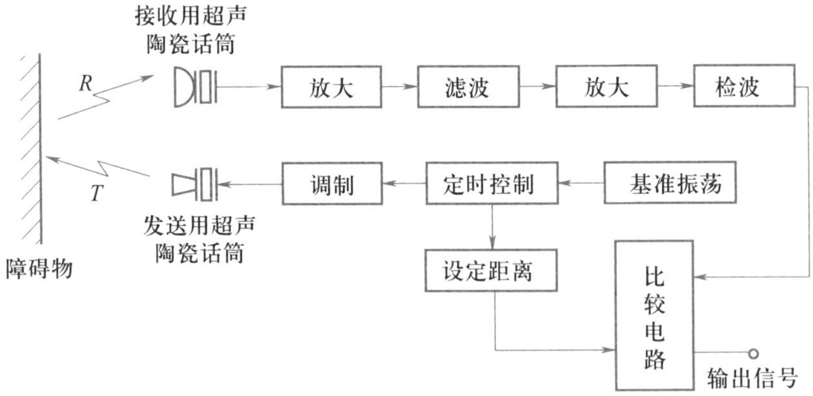

图 4-29 判断障碍物距离的基本电路原理框图

三、超声波传感器的应用案例——超声波传感器防止踩错踏板

有的汽车具有防止在要踩制动踏板时误踩成加速踏板而使车辆加速的功能，使用摄像头和超声波传感器推断出“要在停车场上停车”的情况时，如果驾驶员错误地踩成了加速踏板就会触发强制制动功能。

该技术是使用在车辆前后左右各配备的四个摄像头和前保险杠、后保险杠各配备四个共八个超声波传感器实现的。四个摄像头可使用显示车辆周围俯瞰影像的“环视显示器”的摄像头。利用摄像头识别出白线等以推断汽车位于停车场，利用超声波传感器测量出汽车与周围障碍物之间的距离来确定制动时机。

防止因踩错制动踏板和加速踏板而造成事故分两步实施。当驾驶员在停车场想停车时，如果踩了加速踏板，则首先将车速减至低速，用仪表板的图标来提示危险，并响起警报声。如果驾驶员仍继续踩加速踏板而即将撞上墙壁等物体时，则强制制动。制动时机为保证汽车在与障碍物相距 20~30 cm 时可以停下来。

综合训练四

【认知训练】

4-1 什么是热电动势效应？试说明热电偶的测温原理。

4-2 试简述热电偶回路的主要性质，说明它们的实用价值。

4-3 图 4-30 所示为采用补偿导线的镍铬-镍硅（K）热电偶测温示意图，A′、B′为补偿导线，Cu 为铜导线，已知接线盒 1 的温度 $t_1=40.0$ ℃，冰瓶温度 $t_2=0.0$ ℃，接线盒 2 的温度 $t_3=20.0$ ℃。

（1）当 $U_3=39.310$ mV 时，计算被测点温度 t。

（2）如果 A′、B′换成铜导线，此时 $U_3=37.699$ mV，求温度 t。

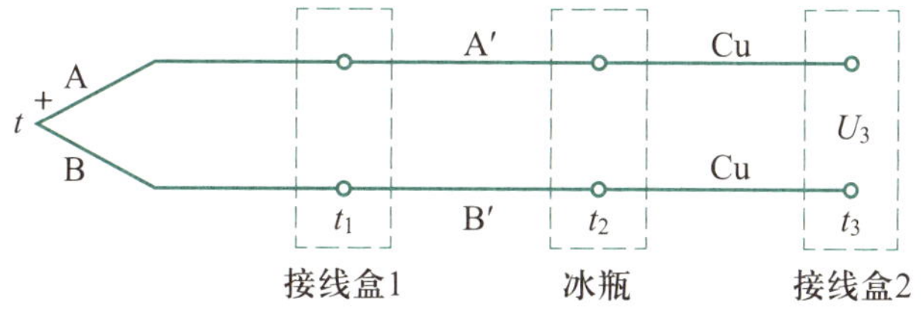

图 4-30 采用补偿导线的镍铬-镍硅（K）热电偶测温示意图

4-4 补偿导线的作用是什么？使用补偿导线的原则是什么？

4-5 试说明霍尔式传感器的应用类型，并分别指出其应用场合。

4-6 请写出你认为可以用霍尔式传感器来检测的物理量。

4-7 什么是压电效应？以石英晶体为例说明压电晶体是怎样产生压电效应的。

4-8 压电式传感器能否用于静态测量，为什么？

4-9 用压电式加速度计及电荷放大器测量振动，若传感器的灵敏度为 7 pc/g（g 为重力加速度），电荷放大器灵敏度为100 mV/pc，试确定当输入加速度为 3g 时系统的输出电压。

4-10 请根据学过的知识，分析超声波汽车倒车防撞装置的工作原理。该装置还可以有其他哪些用途？

【能力训练】

4-1 图 4-31 所示为采用线性集成霍尔元件 UGN3501T 的简易霍尔转速测量系统。将霍尔元件参照图 4-13c 安装于被测旋转轴相应位置，制作图示测量电路，要求：自行选择器件、设备仪器，制订操作步骤，按图制作测量电路并调试正常，观测输出信号波形，计算转速。

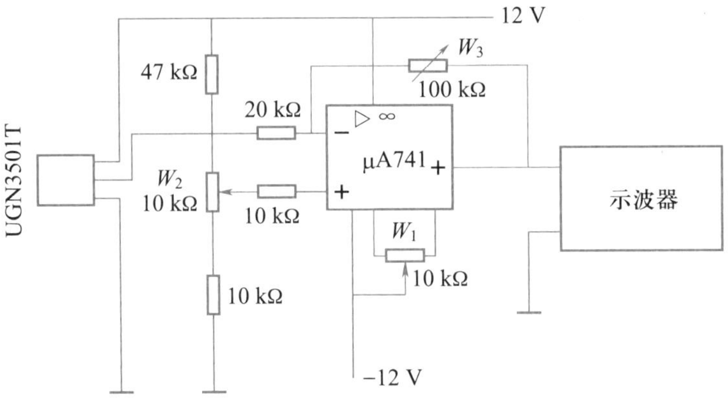

图 4-31　简易霍尔转速测量系统

模块五　光电式传感器

光电式传感器是将被测参数的变化转换成光通量的变化，再通过光电元件转换成电信号的一种传感器。这种传感器具有结构简单、非接触、高可靠性、高精度和反应快等优点，故在传感器技术中应用较为广泛。本模块从应用角度出发，介绍光电管、光敏电阻、光电晶体管、光电池的工作原理，光电式传感器应用类型及一些应用实例。

单元 1　光电效应及光电元件

一、光电效应

光电元件的理论基础是光电效应。光电效应就是在光线作用下,物体吸收光能量而产生相应电效应的一种物理现象,通常可分为外光电效应和内光电效应两大类。

(1) 外光电效应　在光线作用下,电子从物体表面逸出的物理现象称为外光电效应,也称光电发射效应。基于外光电效应的光电元件有光电管等。

(2) 内光电效应　在光线作用下,物体电导性能发生变化或产生一定方向电动势的现象称为内光电效应,它又可分为光电导效应和光生伏特效应。其中,半导体吸收光子产生电子空穴对,使其电导性能发生变化的现象称为光电导效应,基于光电导效应的光电元件有光敏电阻等;半导体(如 PN 结)吸收光子,内部产生一定电压的现象称为光生伏特效应,基于光生伏特效应的光电元件有光电晶体管和光电池等。

二、光电元件及其特性

1. 光电管

以外光电效应原理制作的光电管由真空管、光电阴极 K 和光电阳极 A 组成,其符号和基本工作电路如图 5-1 所示。当一定频率的光照射到光电阴极时,阴极发射的电子在电场作用下被阳极所吸引,光电管电路中形成电流,称为光电流。不同材料的光电阴极对不同频率的入射光有不同的灵敏度,人们可以根据检测对象是红外线、可见光或紫外线而选择不同阴极材料的光电管。光电管的光电特性如图 5-2 所示。从图中可知,在光通量(Φ)不太大时光电特性基本是一条直线。

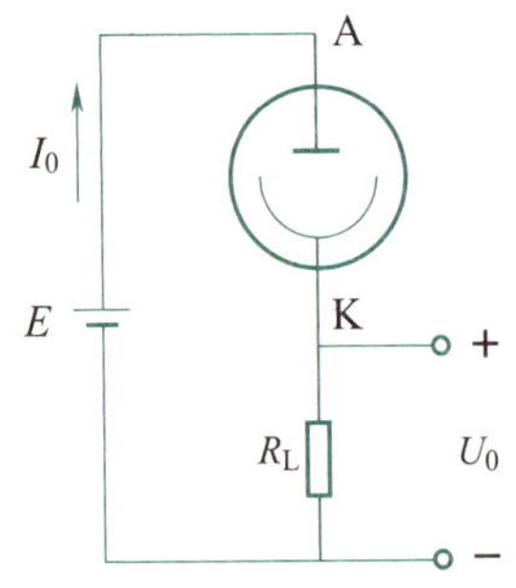

图 5-1　光电管符号及基本工作电路

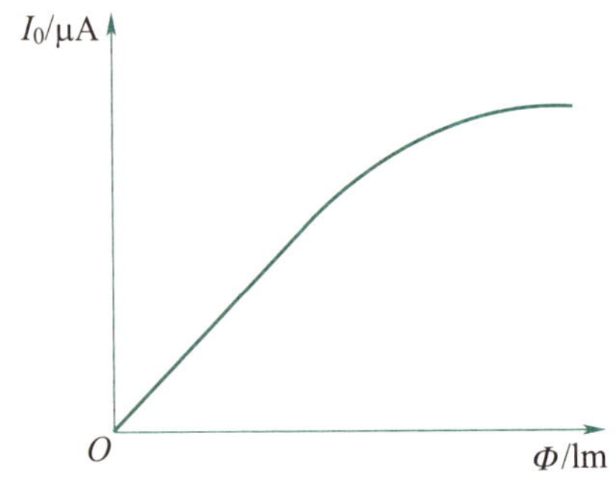

图 5-2　光电管的光电特性

2. 光敏电阻

光敏电阻的工作原理是基于内光电效应的光电导效应。在半导体光敏材料的两端装上电极引线，将其封装在带有透明窗的管壳里就构成了光敏电阻。光敏电阻的特性和参数如下：

(1) 暗电阻　置于室温、全暗条件下测得的稳定电阻值称为暗电阻，此时流过电阻的电流称为暗电流。

(2) 亮电阻　置于室温和一定光照条件下测得的稳定电阻值称为亮电阻，此时流过电阻的电流称为亮电流。

(3) 伏安特性　光敏电阻两端所加的电压与流过光敏电阻的电流间的关系称为光敏电阻的伏安特性，如图5-3所示。从图中可知，光敏电阻的伏安特性近似直线，但使用时应限制光敏电阻两端的电压，以免超过虚线所示的功耗区。

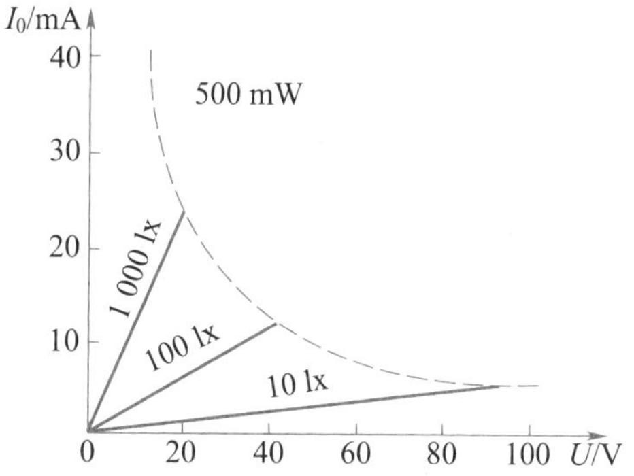

图 5-3　光敏电阻的伏安特性

(4) 光电特性　在光敏电阻两极间电压固定不变时，光照度与亮电流间的关系称为光敏电阻的光电特性。光敏电阻的光电特性呈非线性，这是光敏电阻的主要缺点之一。

(5) 光谱特性　入射光波长不同时，光敏电阻的灵敏度也不同。入射光波长与光敏元件相对灵敏度间的关系称为光敏电阻的光谱特性。使用时可根据被测光的波长范围选择不同材料的光敏电阻。

(6) 时延特性　光敏电阻受光照后，光电流需要经过一段时间（上升时间）才能达到其稳定值。同样，在停止光照后，光电流也需要经过一段时间（下降时间）才能恢复到其暗电流值。这就是光敏电阻的时延特性。光敏电阻的上升时间和下降时间为 $10^{-3}\sim10^{-1}$ s，即频率响应为 $10\sim10^{3}$ Hz，可见光敏电阻不能用在要求快速响应的场合，这是光敏电阻的另一个主要缺点。

(7) 温度特性　光敏电阻受温度影响很大，温度上升，暗电流增大，灵敏度下降，这也是光敏电阻的一大缺点。

3. 光电晶体管

光电晶体管是光电二极管、光电晶体管和光控晶闸管的总称。

光电二极管的结构与一般二极管相似，它的 PN 结装在管的顶部，可以直接受到光照射，光电二极管在电路中一般处于反向工作状态，如图 5-4 所示。图 5-4a 所示为光电二极管的结构示意图及图形符号，图 5-4b 所示为光电二极管的接线图。光电二极管在不受光照射时处于截止状态，受光照射时处于导通状态。

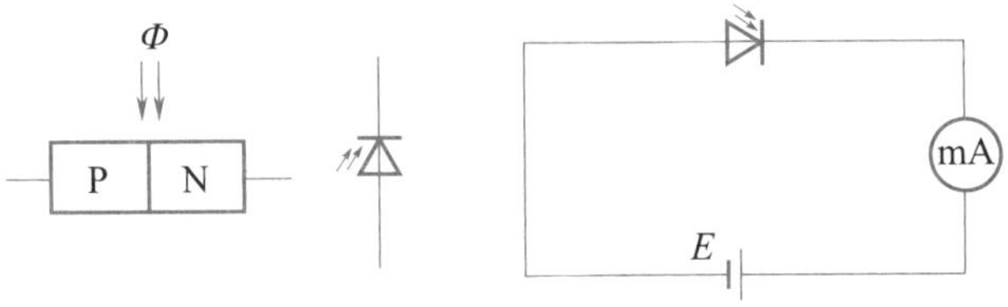

(a) 结构示意图及图形符号　　(b) 接线图

图 5-4　光电二极管

光电三极管有 PNP 型和 NPN 型两种，它的结构、等效电路、图形符号及应用电路如图5-5所示。如图 5-5b 所示，光电晶体管在光照作用下，产生基极电流，即光电流，与普通晶体管的放大作用相似，在集电极上则产生光电流的 β 倍的集电极电流，所以光电晶体管比光电二极管具有更高的灵敏度。

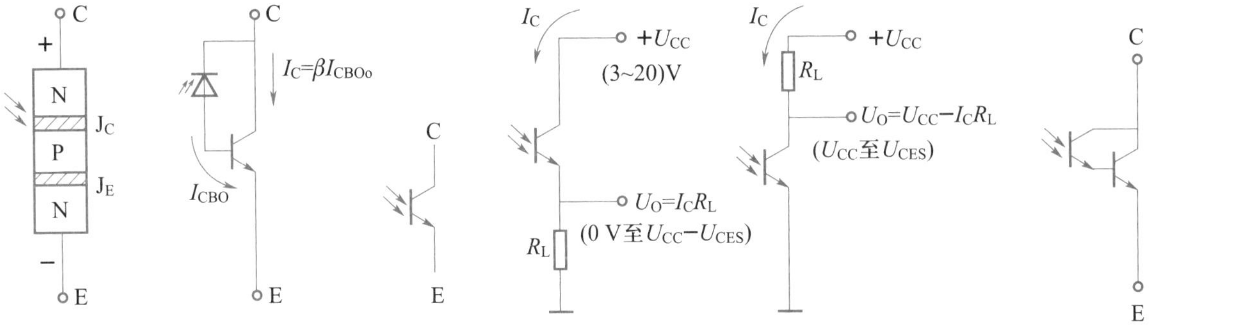

(a) 结构　(b) 等效电路　(c) 图形符号　(d) 应用电路　(e) 达林顿型光电晶体管

图 5-5　光电晶体管

有时生产厂家还将光电晶体管与另一只普通晶体管制作在同一个管壳里，连接成复合管形式，图 5-5e 所示为达林顿型光电晶体管。它的灵敏度更高（$\beta=\beta_1\beta_2$）。但是达林顿型光电晶体管的漏电流（暗电流）较大，频响较差，温度漂移也较大。

光控晶闸管由 PNPN 四层半导体构成，其工作原理由光电二极管与普通晶闸管的工作原理组合而成。由于篇幅所限，这里不再赘述。

下面着重介绍光电晶体管的基本特性。

（1）光谱特性　光电晶体管硅管的峰值波长为 0.9 μm 左右，锗管的峰值波长为 1.5 μm 左右。由于锗管的暗电流比硅管的大，因此一般来说，锗管的性能较差，故在可见光或探测赤热状态物体时都采用硅管，但对红外线进行探测时则锗管较为合适。

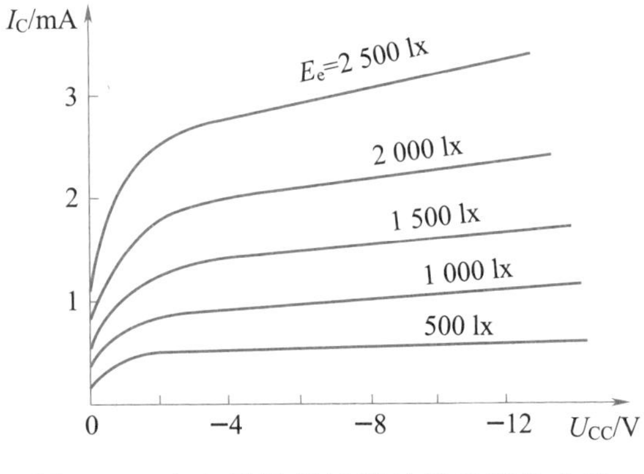

图 5-6　光电晶体管锗管的伏安特性曲线

（2）伏安特性　图 5-6 所示为光电晶体管锗管的伏安特性曲线。光电晶体管在不同照度 E_e 下的伏安特性，就像一般晶体管在不同的基极电流时的输出特性一样，只要将入射光在发射极与基极之间的 PN 结附近所产生的光电流看作基极电流，就可将光电晶体管看成一般的晶体管。

(3) 光电特性　光电晶体管的输出电流 I_e 和照度 E_e 之间的关系可近似地看作线性关系。

(4) 温度特性　光电晶体管锗管的温度变化对输出电流的影响较小，主要由光照度决定，而暗电流随温度变化很大，所以在使用时应在线路上采取措施进行温度补偿。

(5) 响应时间　光电二极管硅管和锗管的响应时间分别为 10^{-6} s 和 10^{-4} s 左右，光电晶体管的响应时间比相应的二极管约慢一个数量级，因此在要求快速响应或入射光调制频率较高时选用硅管较合适。

4. 光电池

光电池的工作原理是基于内光电效应的光生伏特效应。它的种类很多，有硅、硒、硫化铊、碲化镉等，其感光灵敏度随材料和工艺方法的不同而有差异，目前应用最广泛的是硅光电池，它具有性能稳定、光谱范围宽、频率特性好、传递效率高等优点，但对光的响应速度还不够快。另外，由于硒光电池的光谱峰值位置在人眼的视觉范围内，所以很多分析仪器、测量仪器也常用到它。下面着重介绍硅光电池的基本特性。

(1) 光谱特性　不同材料光电池的光谱峰值位置是不同的。例如，硅光电池可在 0.45~1.1 μm 内使用，而硒光电池只能在 0.34~0.57 μm 内使用。

(2) 光电特性　图 5-7 所示为硅光电池的光电特性曲线，其中光生电动势 U 与光照度 E_e 间的特性曲线称为开路电压曲线，光电流强度 I_e 与 E_e 间的特性曲线称为短路电流曲线。从图中可以看出，短路电流在很大范围内与光照度呈线性关系，开路电压与光照度的关系是非线性的，且在光照度 2 000 lx 照射下就趋于饱和了。因此，用光电池作为敏感元件时应该把它当作电流源的形式使用，即利用短路电流与光照度呈线性关系的特点，这也是光电池的主要优点之一。

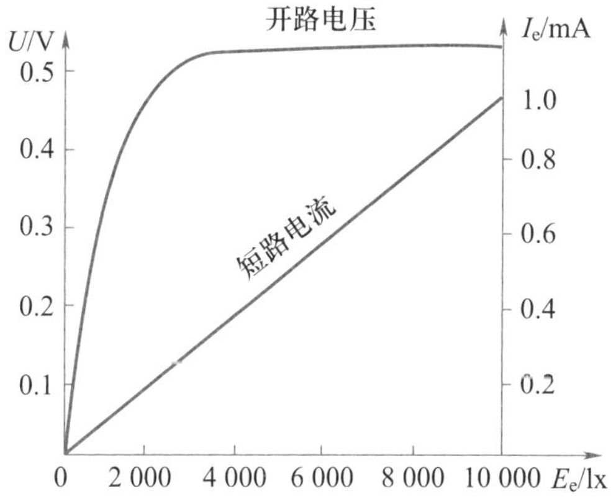

图 5-7　硅光电池的光电特性曲线

(3) 频率特性　硅光电池具有较高的频率响应，而硒光电池较差。因此，在高速计数器、有声电影等方面多采用硅光电池。

(4) 温度特性　光电池的温度特性曲线是描述光电池的开路电压 U、短路电流 I 随温度 t 变化的曲线。由于它关系到应用光电池设备的温度漂移，影响到测量精度或控制精度等主要指标，因此它是光电池的重要特性之一。光电池的开路电压随温度上升而下降的速度较快，而短路电流随温度上升而增大的速度却很缓慢，因此，在设计将光电池作为敏感元件的自动检测系统时应该考虑到温度的漂移，并采取相应措施进行补偿。

单元 2　光电式传感器的应用

光电式传感器实际上是由光电元件、光源和光学元件组成的光路系统结合相应的测量转换电路构成的。常用光源有各种灯和发光二极管，常用光学元件有多种反射镜、透镜和半透半反镜等。关于光源、光学元件的参数及光学原理，读者可参阅有关书籍，要特别指出的是，光源与光电元件在光谱特性上应基本一致，即光源发出的光应该在光电元件接收灵敏度最高的频率范围内。

一、光电式传感器的应用类型

光电式传感器的测量属于非接触式测量，它广泛应用于生产的各个领域。因光源对光电元件作用方式不同而确定的光学装置是多种多样的，按其输出量性质可将光电式传感器分为模拟输出型光电式传感器和数字输出型光电式传感器两大类。无论是哪一种，依被测物与光电元件和光源之间的关系，光电式传感器的应用可分为以下四种基本类型：

（1）直射式　光辐射本身是被测物，由被测物发出的光通量到达光电元件上。光电元件的输出反映了光源的某些物理参数，如图 5-8a 所示，如光电比色温度计、光照度计等。

（2）透射式　恒光源发出的光通量穿过被测物，部分被吸收后到达光电元件上。吸收量取决于被测物的某些参数，如图 5-8b 所示，如测液体、气体透明度、混浊度的光电比色计等。

（3）反射式　恒光源发出的光通量到达被测物，再从被测物体反射出来投射到光电元件上。光电元件的输出反映了被测物的某些参数，如图 5-8c 所示，如测量表面粗糙度、纸张白度等。

（4）遮挡式　从恒光源发射到光电元件的光通量遇到被测物被遮挡了一部分，由此改变了照射到光电元件上的光通量。光电元件的输出反映了被测物尺寸等参数，如图 5-8d 所示，

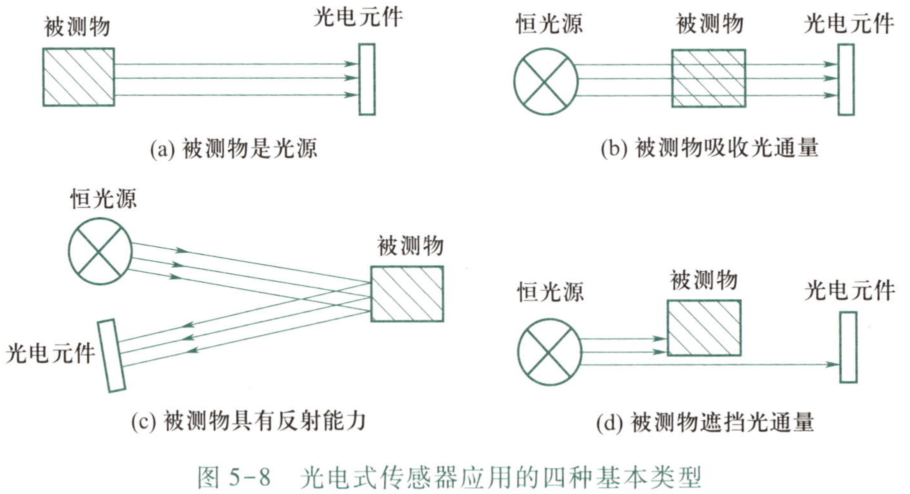

图 5-8　光电式传感器应用的四种基本类型

如振动测量、工件尺寸测量等。

以上提到的“恒光源”特指辐射强度和波谱分布均不随时间变化而变化的光源。光电式传感器的应用相当广泛，已拓展到光栅式传感器、光电编码器、光纤式传感器、视觉传感器等专有传感器中，这些将在后续内容中介绍。同一光路系统可用于不同物理量的检测，不同光路系统可用于同一物理量的检测，但一般都可归结为以上四种类型。在下面介绍的光电式传感器应用案例中，请读者注意由于背景光频谱、强度及温度等因素对光电元件的影响较大，在模拟量的检测中一般有参比信号和温度补偿措施，用来削弱或消除这些因素的影响。

二、光电式传感器的应用案例

1. 光电式传感器的模拟量检测

【案例1】

光电比色温度计

光电比色温度计是根据热辐射定律，使用光电池进行非接触测温的一个典型案例。根据有关的热辐射定律，物体在两个特定波长 λ_1、λ_2 上的光辐射强度 $E_{\lambda1}$、$E_{\lambda2}$之比与该物体的温度 T（热力学温度）成指数关系，即

$$\frac{E_{\lambda1}}{E_{\lambda2}}=K_1\mathrm{e}^{-K_2/T} \tag{5-1}$$

式中，K_1、K_2 是与 λ_1、λ_2 及物体的黑度有关的常数。

因此，只要测出 $E_{\lambda1}$ 与 $E_{\lambda2}$之比，就可根据式(5-1)算出物体的温度 T。图 5-9 所示是光电比色温度计的原理图。

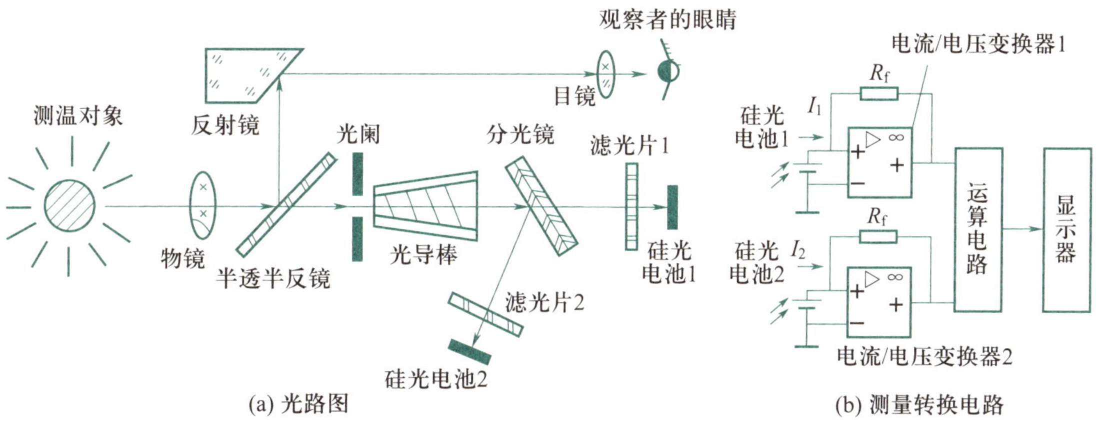

图 5-9　光电比色温度计原理图

测温对象发出的辐射光经物镜投射到半透半反镜上，它将光线分为两路：第一路光线经反射镜、目镜到达观察者的眼睛，以便瞄准测温对象；第二路光线穿过半透半反镜成像于光阑，通过光导棒混合均匀后投射到分光镜上。分光镜的功能是使红外线通过、可见光反射。红外线透过分光镜到达滤光片 1，滤光片的功能是进一步起滤光作用，它只让红外线中的某一特定波长 λ_1 的光线通过，最后被硅光电池 1 所接收，转换为与 $E_{\lambda1}$ 成正比的光电流 I_1。滤光片 2 的作用是只让可见光中具有某一特定波长 λ_2 的光线通过，最后被硅光电池 2 所接收，转换为与 $E_{\lambda2}$ 成正比的光电流 I_2。I_1、I_2 分别经过电流/电压变换器 1、2 转换为电压 U_1、U_2（由于运算电路的输入电流接近 0，所以光电流 I 全部经过反馈电阻 R_f，其输出电压为 $U_0=IR_f$），再经过运算电路算出 U_1/U_2 值。由于 U_1/U_2 值可以代表 $E_{\lambda1}/E_{\lambda2}$，故采用一定的办法可以进一步根据式（5-1）计算出被测物的温度 T，由显示器显示出来。

【案例2】

光电式烟尘浓度计

工厂烟囱排放的烟尘是环境污染的重要来源，为了控制和减少烟尘的排放量，对烟尘的监测是必要的。图 5-10 所示为光电式烟尘浓度计的原理图。

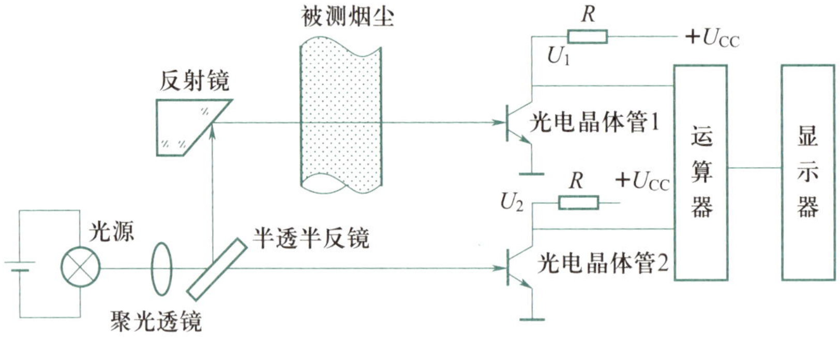

图 5-10 光电式烟尘浓度计原理图

光源发出的光线经半透半反镜分成两束强度相等的光线：一路光线直接到达光电晶体管 2 上，产生作为被测烟尘浓度的参比信号；另一路光线经反射镜穿过被测烟尘到达光电晶体管 1 上，其中一部分光线被烟尘吸收或折射，烟尘浓度越高，光线的衰减量越大，到达光电晶体管 1 的光通量就越小。两路光线分别转换成电压信号 U_1、U_2，由运算电路计算出 U_1、U_2 的比值，并进一步算出被测烟尘的浓度。

采用半透半反镜及光电晶体管 2 作为参比通道的好处是：当光源的光通量由于种种原因有所变化或因环境温度变化引起光电晶体管灵敏度发生改变时，由于两个通道结构完全一样，所以在最后运算 U_1/U_2 值时，上述误差可自动抵消，减小了测量误差。

【案例3】

光电式边缘位置检测器

光电式边缘位置检测器是用来检测带形材料在生产过程中偏离正确位置的大小及方向，从而为纠偏控制电路提供纠偏信号的仪器。例如，在冷轧带钢厂中，某些工艺采用连续生产方式，如连续酸洗、退火、镀锡等。带钢在上述运动过程中易产生走偏。带材走偏时，边缘便常与传送机械发生碰撞而出现卷边，造成废品。在其他工业部门（如印染、造纸、胶片、磁带等）生产过程中也会发生类似问题。

图5-11a所示是光电式边缘位置检测器的原理示意图。光源发出的光线经透镜1会聚为平行光束射向透镜2，从而又被会聚到光敏电阻(R_1)上。在平行光束到达透镜2的途中，有部分光线受到被测带材的遮挡，从而使到达光敏电阻的光通量减小。图5-11b所示是光电式边缘位置检测器测量电路简图。图中，R_1、R_2是同型号的光敏电阻，R_1作为测量元件装在带材下方。R_2用遮光罩罩住，起温度补偿作用，当带材处于正确位置（中间位置）时，由R_1、R_2、R_3、R_P组成的电桥平衡，放大器输出电压U_0为零。当带材左偏时，遮光面积减小，到达光敏电阻的光通量增大，光敏电阻R_1的阻值随之减小，电桥失去平衡，差分放大器将这个平衡电压加以放大，输出电压U_0为正值，它反映了带材跑偏的方向及大小。反之，当带材右偏时，U_0为负值。输出信号U_0一方面由显示器显示出来，另一方面被送到执行机构，为纠偏控制系统提供纠偏信号。需要说明的是，输出电压仅作为跑偏方向的控制信号，而不要求精确测量带材偏离的大小，所以光电元件可用光敏电阻，若要求精确测量就不能使用光敏电阻（光敏电阻线性较差）。

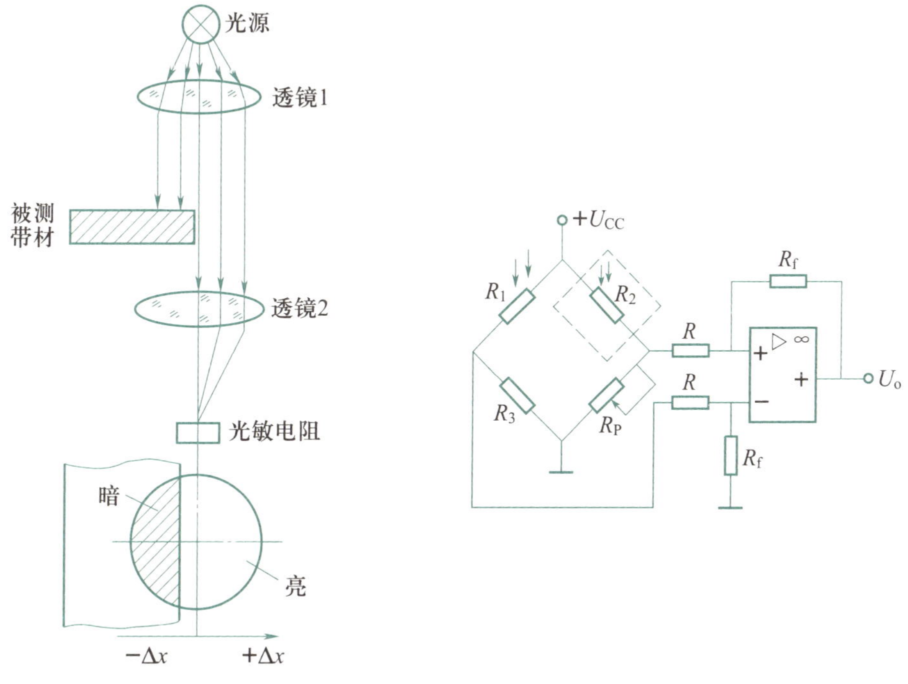

(a) 原理示意图　　(b) 测量电路简图

图5-11　光电式边缘位置检测器

2. 光电式传感器的数字量检测

光电开关和光电断续器是光电式传感器的数字量检测的常用元件，它们被用来检测物体的靠近、通过等状态。近年来，随着生产自动化、机电一体化技术的发展，光电开关及光电断续器已发展成系列产品，其品种及产量日益增加，用户可根据生产需要，选用适当规格的产品，而不必自行设计光路及电路。

从原理上讲，光电开关及光电断续器没有太大的差别，都由红外发射元件与光敏接收元件组成，只是光电断续器是整体结构，其检测距离只有几毫米至几十毫米，而光电开关的检测距离可达数十米。

【案例1】

光电式接近开关

光电式接近开关简称光电开关，它利用被检测物对光束的遮挡或反射，经相关电路转化，反映被检测物体的有无或接近程度。光电开关将输入电流在发射器上转换为光信号射出，接收器根据接收到的光线强弱或有无对目标物体进行探测。光电开关的工作原理如图 5-12 所示。多数光电开关选用的是波长接近可见光的红外线光波。光电开关发射器多采用中频(40 kHz 左右)窄脉冲电流驱动的半导体发光二极管(LED)作为光源，发射调制光脉冲。相应地，接收光电晶体管的输出信号经 40 kHz 选频交流放大器及专用的解调芯片处理，既可以有效地防止太阳光等光线的干扰，又可减小发射 LED 的功耗。图 5-13 所示为不同光电开关的光路原理图。

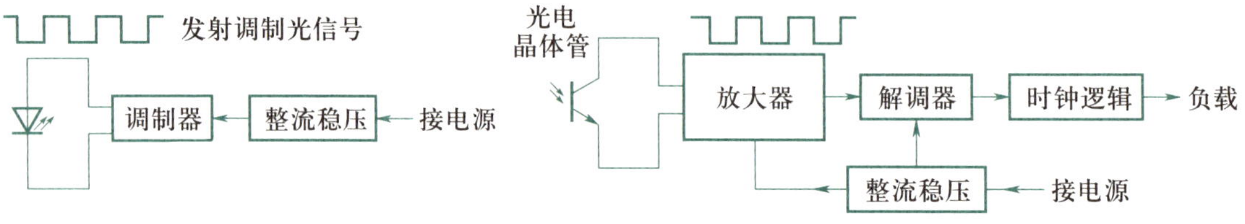

(a) 发射器　　(b) 接收器

图 5-12　光电开关的工作原理

(1) 漫反射式光电开关　如图 5-13a 所示，它是一种集发射器和接收器于一体的传感器，当有被检测物体经过时，物体将光电开关发射器发射的足够量的光线反射到接收器上，于是光电开关就产生了开关信号。当被检测物体的表面光亮或其反光率极高时，漫反射式光电开关是首选的检测装置。

(2) 镜反射式光电开关　如图 5-13b 所示，它也是集发射器与接收器于一体，与反射镜相对安装配合使用。光电开关发射器发出的光线经过反射镜反射回接收器，当被检测物体经过且完全阻断光线时，光电开关就产生了检测开关信号。反射镜使用偏光三角棱镜，能将发射器发出的光转变成偏振光反射回去，接收器表面覆盖一层偏光透镜，只能接收反射镜反射回来的偏振光。

（3）对射式光电开关　如图5-13c所示，它包含了在结构上相互分离且光轴相对放置的发射器和接收器，发射器发出的光线直接进入接收器，当被检测物体经过发射器和接收器之间且阻断光线时，光电开关就产生了开关信号。当被检测物体为不透明物体时，对射式光电开关是最可靠的检测装置。

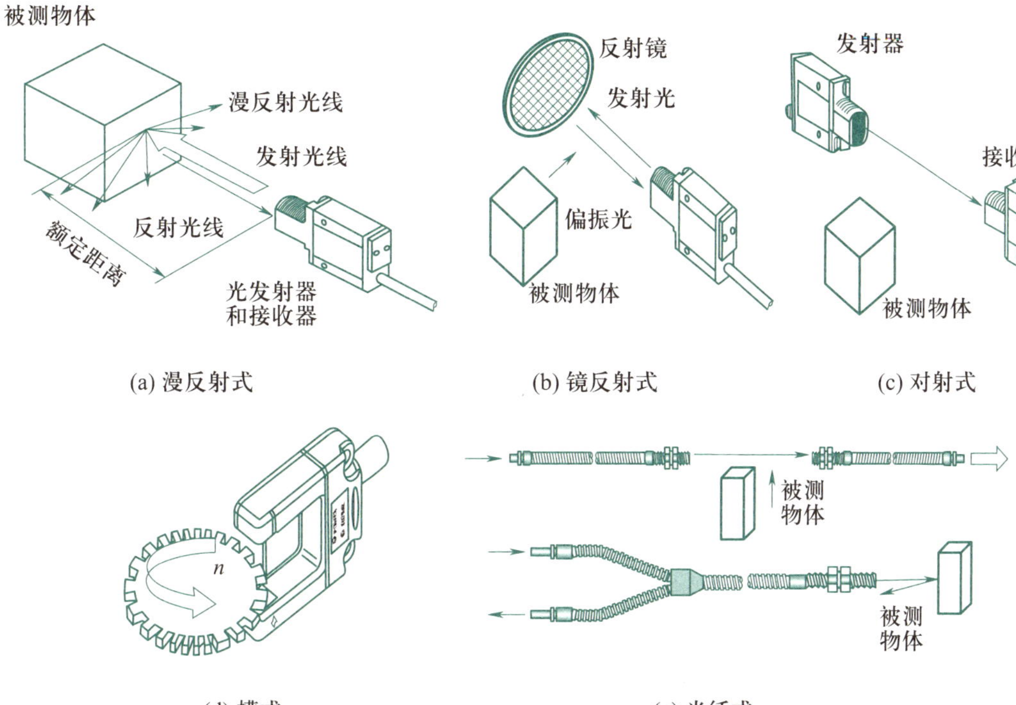

(a) 漫反射式　(b) 镜反射式　(c) 对射式

(d) 槽式　(e) 光纤式

图5-13　不同光电开关的光路原理图

（4）槽式光电开关　如图5-13d所示，它通常采用标准的U形结构，其发射器和接收器分别位于U形槽的两边，并形成一个光轴。当被检测物体经过U形槽且阻断光轴时，光电开关就产生了开关信号。槽式光电开关比较适合检测高速运动的物体，并且它能分辨透明与半透明物体，使用安全可靠。

（5）光纤式光电开关　如图5-13e所示，它采用塑料或玻璃材料的光纤式传感器来引导光线，可以对远距离的被检测物体进行检测。光纤式光电开关又分为对射式和漫反射式。

【案例2】

光电断续器

光电断续器的工作原理与光电开关相同，但其光电发射、接收器做在体积很小的同一塑料壳体中，所以两者能可靠地对准，其外形如图5-14所示。它可分成遮断式和反射式两种。遮断式（也称槽式）的槽宽、槽深及光电元件各不相同，并已形成系列化产品，可供用户选择。反射式的检测距离较小，多用于安装空间较小的场合。由于检测范围小，光电断续器的发光二极管可以直接用直流电驱动，红外 LED 的正向压降为 1.2~1.5 V，驱动电流控制在几十毫安。

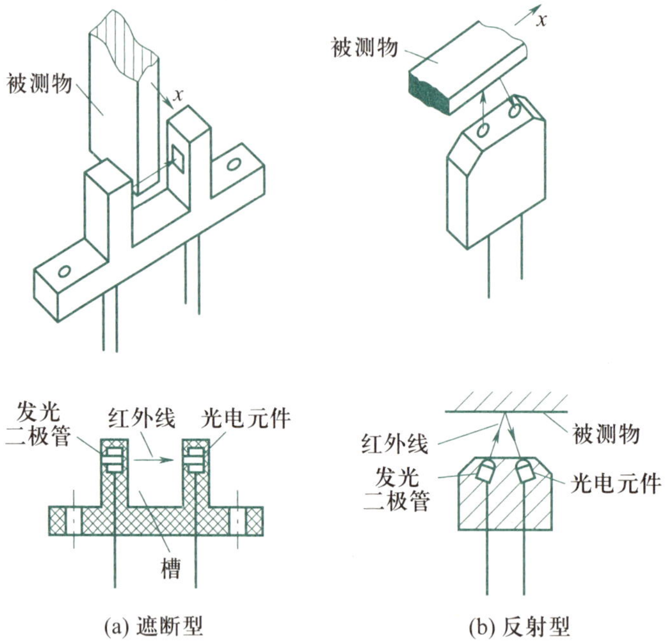

图 5-14 光电断续器外形

光电断续器是价格低廉、结构简单、性能可靠的光电元件。它广泛应用于自动控制系统、生产流水线、机电一体化设备、办公设备和家用电器中。例如，在复印机中，它被用来检测复印纸的有无；在流水线上检测细小物体的通过及透明物体的暗色标记，以及作为用来检测物体是否靠近的接近开关、行程开关等。图 5-15 所示为光电断续器的部分应用实例。

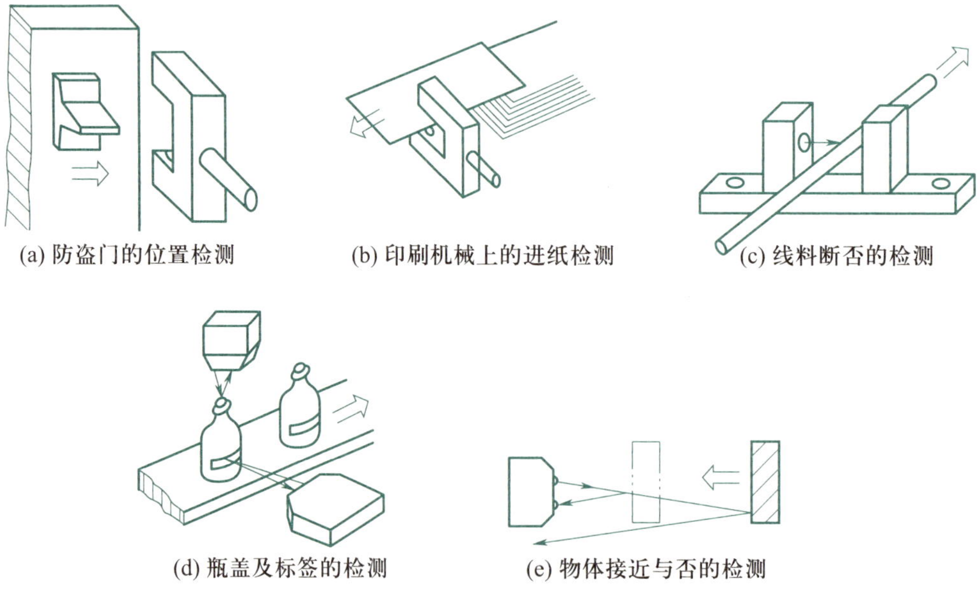

图 5-15 光电断续器的部分应用实例

【案例3】

光电式转速表

由于机械式转速表和接触式电子转速表精度不高，且影响被测物的运转状态，已不能满足自动化的要求。光电式转速表有反射式和透射式两种，它可以在距被测物数十毫米处非接触地测量其转速。由于光电元件的动态特性较好，所以可以用于高转速的测量而又不影响被测物的转动，图 5-16 所示是反射式光电转速表的原理图。

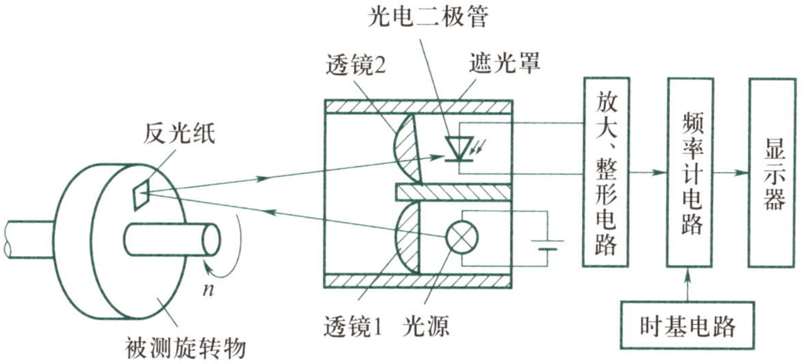

图 5-16　反射式光电转速表原理图

光源发出的光线经透镜 1 会聚成平行光束照射到被测旋转物上，光线经事先粘贴在旋转物体上的反光纸反射回来，经透镜 2 聚焦后落在光电二极管上，它产生与转速对应的电脉冲信号，经放大、整形电路得到 TTL 电平的脉冲信号，经频率计电路处理后，由显示器显示出每分钟或每秒钟的转数即转速。反光纸在圆周上可等分地贴多个，从而减小误差和提高精度。这里由于测量的是数字量，所以可不用参比信号。事实上，图 5-16 中的光源、透镜、光电二极管和遮光罩就组成了一个光电开关。

应该指出的是，用被测物反射形式的光电传感器并不仅仅用于数字量的检测，也可用于模拟量的检测，如纸张白度的测量。而用于模拟量检测的光路系统就与用于数字量检测的不同，除检测信号外，还必须有参比信号。

小制作

用光敏电阻制作的自动调光台灯

台灯的光线过强、过弱都会对人眼造成伤害。本文介绍的自动调光台灯是在普通调光台灯的基础上加装一光控电路，使其能根据周围环境光照度自动调整台灯亮度：当环境光照度较弱时，其亮度就大；当环境光照度较强时，其亮度就小。该电路制作简单，适于自制。

1. 工作原理

自动调光台灯电路如图 5-17 所示。当开关 S_1 处于“手控”位置时，该台灯和普通调光台灯一样，双向晶闸管 VS 的导通角由 R_1、R_P 和 C 组成的移相网络的充电时间常数决定。调整 R_P 能改变 VS 的导通角，从而调整台灯的亮度，当开关处于“光控”位置时，由 R_2 和光敏电阻 R_G 构成的分压电路通过二极管 VD_1 向 C 充电，改变 R_2、R_G 的分压能改变 VS 的导通角。当光敏电阻周围的光线减弱时，R_G 呈现高阻，VD_1 右端电位升高，C 充电速度加快，VS 导通角增大，灯 L 两端电压升高，亮度增强；反之，则 R_G 阻值变小，亮度减小，从而完成自动调光功能。

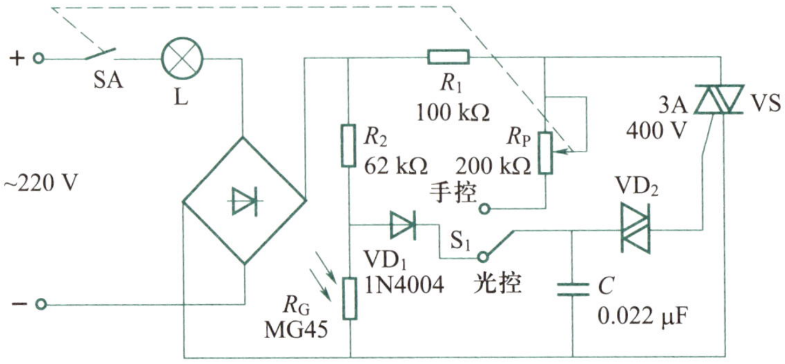

图 5-17　自动调光台灯电路图

2. 元件选择

① 传感器 R_G 选用 MG45 光敏电阻。

② VS 选用 3 A/400 V 双向晶闸管。

③ VD_1 选用 1N4004 整流二极管。

④ R_2 阻值应使台灯在“光控”位置到黑夜时亮度均适中。

⑤ 其他元件如图所示，无特殊要求。

3. 制作与调试

安装时应将光敏电阻 R_G 安装在台灯底座侧后部，台灯光线照射不到的位置，以便使其感受周围环境的照度。开关 SA 装在台灯座的前端。

本电路简易，只要安装正确、元件无问题，不用调试即可正常工作。

综合训练五

【认知训练】

5-1　光电效应有哪几种？与之对应的光电元件有哪些？请简述各光电元件的优缺点。

5-2　光电式传感器可分为哪几类？请各举出几个例子加以说明。

5-3　某光电池的光电特性如图 5-7 所示，请设计一个较精密的光电池转换电路。要求电路输出

电压 U_0 与光照成正比，且光照度为 2 000 lx 时输出电压 $U_0 = 4$ V。

5-4 造纸工业中经常需要测量纸张的“白度”以提高产品质量，请你设计一个自动检测纸张“白度”的测量仪，要求：① 画出传感器的光路图；② 画出转换电路简图；③ 简要说明其工作原理。

5-5 试用光电元件设计一个选纱机上测量棉纱粗细的测量仪，要求画出光路图及转换电路简图，并说明其工作原理。

【能力训练】

5-1 某光电晶体管在强烈光照时的光电流为 2.5 mA，选用的继电器吸合电流为 50 mA，直流电阻为 250 Ω。现欲设计两个简单的光电开关，其中一个是有强光照时继电器吸合，另一个相反，是有强光照时继电器释放，请分别画出两个光电开关的电路图（采用普通晶体管放大），并标出电源极性及选用的电压值，条件允许的情况下制作这两个光电开关。

模块六　数字式传感器

科学技术的进步和生产的发展对测量提出了大尺寸、数字化、高精度、高效益和高可靠性等一系列要求，数字式传感器的出现适应了当前生产和科学技术不断发展的需要。所谓数字式传感器，就是将被测量（一般是位移量）转化为数字信号，并进行精确检测和控制的传感器。目前，数字式传感器已经在数控技术、自动化技术以及计量技术等方面得到了广泛应用。随着新产业、新技术、新工艺的发展，数字式传感器技术也得到快速发展。常用的数字式传感器有光栅式传感器、光电编码器、磁栅式传感器、感应同步器、容栅式传感器等，本模块将介绍前面三种传感器。

单元 1　光栅式传感器

光栅式传感器实际上是光电式传感器的一个特殊应用。由于光栅测量具有结构简单、测量精度高、易于实现自动化和数字化等优点，因而其在位移测量中得到广泛的应用。

一、光栅的结构和类型

光栅主要由标尺光栅和光栅读数头两部分组成。通常，标尺光栅固定在活动部件上，如机床的工作台或丝杠。光栅读数头则安装在固定部件上，如机床的底座。当活动部件移动时，光栅读数头和标尺光栅也随之作相对的移动。

1. 光栅尺

标尺光栅和光栅读数头中的指示光栅构成光栅尺，如图 6-1 所示，其中长的一块为标尺光栅，短的一块为指示光栅。两光栅上均匀地刻有相互平行、透光和不透光相间的线纹，这些线纹与两光栅相对运动的方向垂直。从图上光栅尺线纹的局部放大部分来看，白色部分 b 为透光线纹宽度，深色部分 a 为不透光线纹宽度，设栅距为 W，则 $W=a+b$，一般光栅尺的透光线纹和不透光线纹宽度是相等的，即 $a=b$。常见长光栅的线纹宽度为 25 线/mm、50 线/mm、100 线/mm、125 线/mm、250 线/mm。

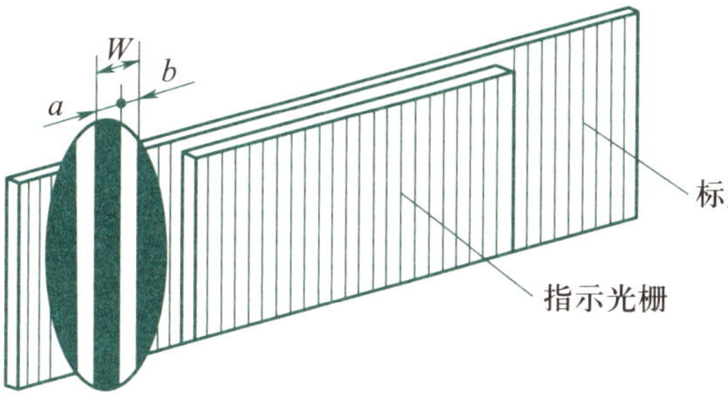

图 6-1　光栅尺

2. 光栅读数头

光栅读数头由光源、透镜、指示光栅、光电元件和驱动电路组成，垂直入射光栅读数头结构如图 6-2a 所示。光源发出的光线经过透镜后变成平行光束，照射在光栅尺上。由于光电元件输出的电压信号比较微弱，因此必须首先将该电压信号进行放大，以避免其在传输过程中被多种干扰信号所淹没、覆盖而造成失真。驱动电路的功能就是实现对光电元件输出信号进行功率放大和电压放大。

光栅读数头的结构形式按光路分，除了垂直入射式外，常见的还有分光读数头、反射读数头等，它们的结构如图 6-2b、c 所示。

光栅按其形状和用途可以分成长光栅和圆光栅两类，长光栅用于长度测量，又称直线光栅，圆光栅用于角度测量；光栅按光线的走向可分为透射光栅和反射光栅。

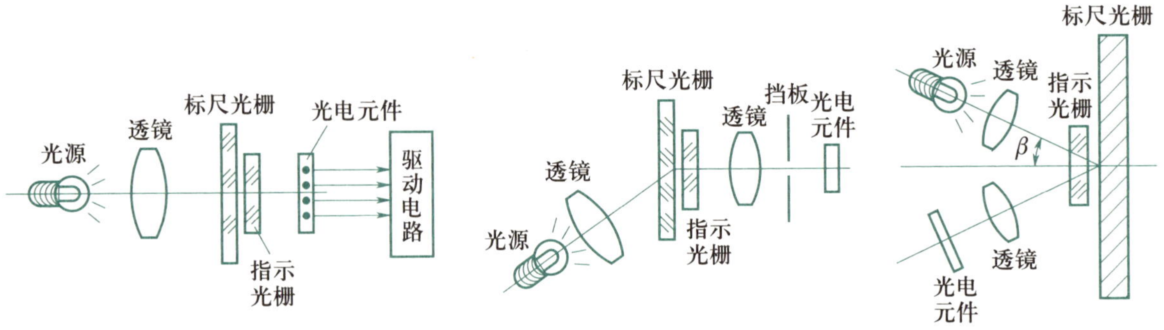

(a) 垂直入射光栅读数头结构 (b) 分光读数头结构 (c) 反射读数头结构

图 6-2 光栅读数头

二、光栅式传感器的工作原理

图 6-3 所示为光栅式传感器基本工作原理框图，由图可见，位移信息通过光栅尺放大后经光电元件转换为电压信号，然后辨向电路将电压信号转换为具有辨向信息的数字信号，再经细分电路分辨出比光栅尺栅距更小的数字信号，最后经计数显示器将位移量显示出来。光栅是利用莫尔条纹现象来进行测量的，下面简要介绍莫尔条纹、辨向原理和细分技术。

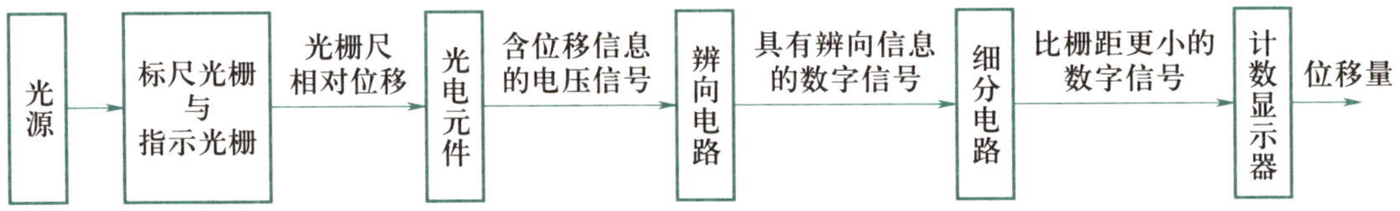

图 6-3 光栅式传感器基本工作原理框图

1. 莫尔条纹

所谓莫尔条纹，是指两块光栅尺叠合时，出现若干条明暗相间的光的条纹。莫尔条纹具有四个重要特性：① 位移的放大特性，放大了光栅栅距 W；② 误差的消除特性，消除光栅刻线的不均匀误差，有利于提高光栅的测量精度；③ 移动特性，莫尔条纹与光栅尺的移动具有严格的对应关系，包括移动方向和移动量；④ 光强变化的周期特性，莫尔条纹光强的变化近似为正余弦波形变化。利用莫尔条纹的放大特性，可以将标尺光栅与指示光栅的相对微小移动转化成放大了的莫尔条纹的移动，经光电式传感器检测莫尔条纹移动的大小。

2. 辨向原理和细分技术

在实际应用中，被测物体的移动方向往往不是固定的，而根据一条莫尔条纹信号无法判别光栅移动方向，也就不能正确测量往复移动时的位移。为了辨向，需要在相隔 1/4 条纹间距的位置上安装两个光电元件，由相关逻辑电路组成辨向电路，将光栅移动的正、反方向信息转化为加、减计数脉冲输出，最终达到辨别位移方向的目的。

光栅移动与莫尔条纹、光栅栅距有一一对应的关系，而光栅的栅距 W 是不能无限变小的。为了能分辨比 W 更小的位移量，采用细分电路将计数脉冲的频率提高，进一步提高了位移检测的分辨力。通常采用的细分方法有四倍频细分、电桥细分、复合细分等。

三、光栅式传感器的安装

根据相关标准对拆卸与安装光栅尺的要求，对光栅式传感器提出如下安装要求。

1. 安装环境

要把机器工作时可能产生的各种对光栅式传感器造成危害的状况纳入考虑范围内。

① 不得暴露在烈日或高温下。

② 远离高电压、大电流、强磁场的设备，光栅尺信号电缆尽量远离电源线。

③ 注意防尘防潮，避免金属屑、油、水等进入传感器。

④ 不要将传感器安装在粗糙的表面和震动较大或不稳固的工作台上。

⑤ 环境温度在+40 ℃时，空气的相对湿度不超过 50%；较低温度时允许有较大相对湿度，由于温度变化产生的凝露应采取特殊的措施应对。

2. 安装位置

① 一般情况下安装在机器的运动部件上的是光栅式传感器的主光栅尺，安装在固定部件上的是光栅式传感器的读数装置。

② 读数装置的读数头与尺身之间的间隙有明确的规定，要按规定对其进行安装，而且其指示箭头的方向和位置也有规定，必须对准中点。

3. 保护措施

一般情况下，光栅式传感器安装在机床加工等环境，需要采取一定的保护措施，使其不受铁屑或者进行其他工作时产生的液体的影响。

4. 电线的连接

在进行电线连接时，必须在断电的情况下进行，以防发生触电的危险。

5. 安装完毕后的检查

光栅式传感器的检查主要通过移动其所在的平台，即工作台，看其读数是否正常来实现。

四、光栅式传感器的应用案例——光栅数显表

光栅式传感器除需要光栅尺与光栅读数头组成的光路系统外，还需要通过整形、辨向、细分、计数、显示等电路和环节。为了能够顺利、准确地测量位移，将光栅读数头的后续一系列电路和环节集中做成一个仪器——光栅数显表，这样光栅读数头输出的信号就可直接送到光栅

数显表中显示出来。下面介绍光栅数显表。

图 6-4 所示是一种二维光栅数显表及光栅尺，表下面是配套的光栅尺及光栅读数头。光栅数显表可广泛使用于车床、铣床、磨床、线切割机床、摇臂钻床、电火花加工机床、镗床、龙门镗铣床等，有利于提高加工效率和加工精度。

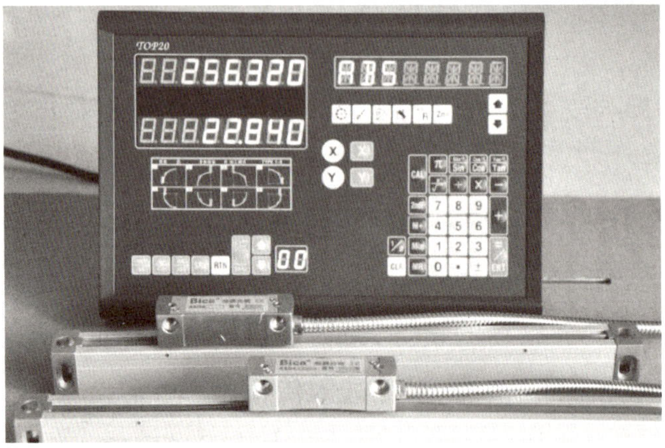

图 6-4 二维光栅数显表及光栅尺

1. 光栅数显表的构成

图 6-5 所示为光栅数显表的基本原理框图。一般光栅数显表的主要组成部分有：细分电路，方向判别电路（辨向电路），计数、显示电路，绝对零位电路，功能电路。简单数显表仅有置零和置数功能。复杂数显表还包括公英制变换、直径半径变换、分辨力选择、误差补偿、报警、故障检测等功能。

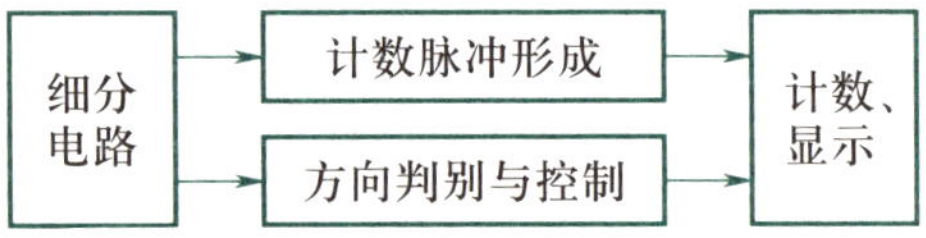

图 6-5 光栅数显表的基本原理框图

随着微电子技术和计算机技术的发展，数显表已经从单坐标测量发展为多坐标测量，功能也进一步扩大，实现了一定的编程功能，以及与计算机的连接。

2. 光栅数显表的功能

(1) *通用功能* 清零、预置数、自动分中、公英制转换、绝对坐标/相对坐标/200 组用户坐标显示转换、停电记忆、200 点辅助零位功能、寻找机械原点、线性误差修正、睡眠开关、报警、故障检测等。

(2) *加工功能* ① 计算器功能：圆周分孔、斜线分孔、斜度加工、圆弧加工；② 车床功能：EDM 输出、矩形内腔渐进加工、数字过滤、直径/半径显示。

单元 2 光电编码器

编码器是将直线运动和转动变换为数字信号进行测量的一种传感器，有光电式、电磁式和接触式等各种类型。从元件外形尺寸、分辨率、动态响应、可靠性、多种规格和成本等各种指标的综合评价来看,光电编码器具有广泛的应用。光电编码器是用光电方法将转角和位移转换为各种代码形式的数字脉冲的传感器,光电编码器可分为增量式和绝对式两大类。

一、增量式光电编码器

增量式光电编码器需要一个计数系统,编码器的旋转编码盘通过敏感元件给出一系列脉冲,它在计数中对某个基数进行加或减,从而记录了旋转的角位移量。增量式光电编码器结构示意图如图 6-6 所示。在它的编码盘边缘等间隔地制出 n 个透光槽。发光二极管(LED)发出的光透过槽孔被零位读出光电元件(光电二极管)所接收。当编码盘转过 $1/n$ 圈时,光电二极管即发出一个计数脉冲,计数器对脉冲的个数进行加减增量计数,进而判断编码盘旋转的相对角度。为了得到编码器转动的绝对位置,还须设置一个基准点,如图中的“零位标记槽”。为了判断编码盘转动的方向,实际上设置了两套光电元件,如图中的 sin 信号接收器和 cos 信号接收器。为了提高测量精度,增量式光电编码器往往做成圆光栅的结构形式,其辨向原理及细分电路已在本模块单元 1 中论述。

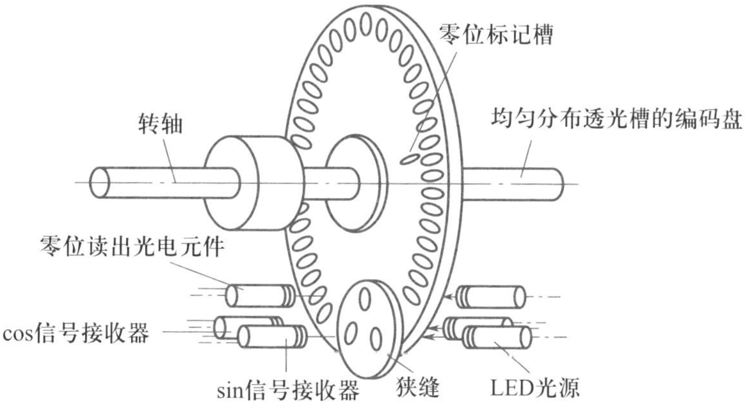

图 6-6　增量式光电编码器结构示意图

增量式光电编码器除了可以测量角位移外,还可以通过测量光电脉冲的频率,测量转速。如果通过机械装置,将直线位移转换成角位移,还可以用来测量直线位移,最简单的方法是采用齿轮齿条或滚珠丝杠机械系统。这种测量方法,测量直线位移的精度与机械式直线-旋转转换器的精度有关。

二、绝对式光电编码器

绝对式光电编码器可以在任意位置给出一个固定的与位置相对应的数字码输出。绝对式光电编码器的编码盘由透明区及不透明区组成,这些透明区及不透明区按一定编码构成,编码盘上码道的条数就是数码的位数。图 6-7 所示为绝对式光电编码器的结构示意图。其中，图 6-7a 所示为一个四位自然二进制编码器的编码盘，若涂黑部分为不透明区，输出为“1”，则空白部分为透明区，输出为“0”。它有四条码道，对应每一条码道有一个光电元件来接收透过编码盘的光线。当编码盘与被测物转轴一起转动时，若采用 n 位编码盘，则能分辨的角度 α 为

$$\alpha=\frac{360^\circ}{2^n} \tag{6-1}$$

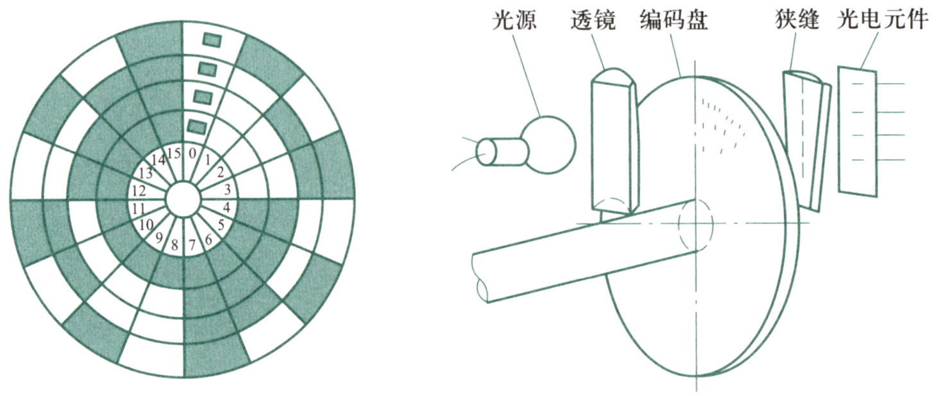

(a) 四位自然二进制编码器的编码盘　　(b) 结构示意图

图 6-7　绝对式光电编码器的结构示意图

自然二进制码虽然简单，但存在着使用上的问题，这是由于图案转换点处位置不分明而存在粗大误差。例如，在由 7 转换到 8 的位置时光束要通过编码盘 0111 和 1000 的交界处（或称渡越区），因为编码盘的制造工艺和光电元件安装的误差，有可能使读数头的最内圈（高位）定位位置上的光电元件比其余的超前或落后一点，这将导致可能出现两种极端的读数值，即 1111 和 0000，从而引起读数的粗大误差，这种误差是绝对不允许的。为了避免这种误差，可采用格雷码（或称为循环码）图案的编码盘，格雷码具有代码从任何值转换到相邻值时字节各位数中仅有一位发生状态变化的特点。

绝对式光电编码器的每一条码道对应一个光电元件，当码道处于不同角度时，经光电转换的输出就呈现出不同的数码，绝对式光电编码器结构图如图 6-7b 所示。它的优点是没有触点磨损，因而允许转速高，最外层缝隙宽度可做得更小，所以精度也很高；其缺点是结构复杂，价格高，光源寿命短。

图 6-8 所示为绝对式光电编码器测角仪原理图。在采用循环码的情况下，每一条码道有一个光电元件，在采用二进码或其他需要“纠错”即防止产生粗大误差的场合下，除最低位外，其他各个码道均需要双缝和两个光电元件。绝对式光电编码器的主要技术指标如下。

（1）**分辨率**　分辨率指每转一周所能产生的脉冲数。由于刻线和偏心误差的限制，编码盘的图案不能过细，一般线宽为 20~30 μm。进一步提高分辨率可采用电子细分的方法，可达到 100 倍细分的水平。

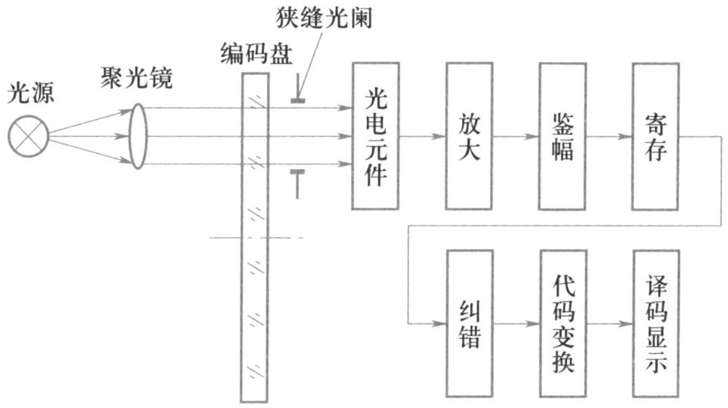

图 6-8　绝对式光电编码器测角仪原理图

(2) 输出信号的电特性　表示输出信号的形式(代码形式、输出波形)和信号电平以及电源要求等参数称为输出信号的电特性。

(3) 频率特性　频率特性是对高速转动的响应能力,其能力取决于光电元件的响应频率和负载电阻以及转子的机械惯量。一般的响应频率为 30~80 kHz,最高可达 100 kHz。

(4) 使用特性　使用特性包括元件的几何尺寸和环境温度。采用光电元件温度差分补偿的方法时,其温度范围可达-5~+50 ℃。外形尺寸为 ϕ(30~200)mm,随分辨率提高而加大。

三、光电编码器的应用案例——光电编码器式转矩检测

光电编码器式转矩检测系统由扭转轴、光电编码盘及光电组件、信号处理电路和显示控制装置等几部分组成,光电编码器式转矩检测系统的组成如图 6-9 所示。其中,光电组件由发光二极管(LED)和光电元件组成;信号处理电路由放大、整形、细分、辨向计数等电路组成。其检测原理为光电编码盘固定安装在扭转轴上,编码盘上的透光区与不透光区沿环形均匀排列,光电编码盘在扭转轴上受到转矩作用后产生转角信息,发光二极管(LED)发出的光照射到光电编码盘上,当编码盘上的透光孔和发光二极管(LED)及其对应的光电元件转动到同一直线上时,光线会透过光电编码盘并被光电元件接收,并将带有光电编码盘转角信息的光信号转换成微弱的脉冲信号,再经过信号处理电路调制后将光电编码盘的转角信息以数字信号的方式输出到显示控制装置中,从而反映扭转轴上转矩的变化。

图 6-9　光电编码器式转矩检测系统的组成

光电编码器式转矩传感器主要用作动力设备传动转矩的测量,扭转轴的材料一般是合金钢或者碳素结构钢。与合金钢相比,碳素结构钢相对更为便宜,对应力集中的敏感性低,还可

通过化学热处理或热处理提高其耐磨性及抗疲劳强度,所以大多用碳素结构钢材料制作扭转轴。扭转轴的结构应该考虑以下几个影响因素:轴在设备中的安装位置,轴上零件的类型、尺寸的大小及数量的多少,载荷的大小及分布情况等。

单元 3 磁栅式传感器

与其他类型的检测元件相比,磁栅式传感器具有制作简单、复制方便、易于安装和调整、测量范围宽(从几十毫米到数十米)、不需接长、抗干扰能力强等一系列优点,因而在大型机床的数字检测、自动化机床的自动控制及轧压机的定位控制等方面得到了广泛应用。

一、磁栅式传感器的组成及类型

磁栅式传感器由磁栅(磁尺)、磁头和检测电路组成。磁尺是用非导磁材料做尺基,在尺基上面镀一层均匀的磁性薄膜,然后录上一定波长的磁信号作为测量的基准。图 6-10 所示为磁栅式传感器工作原理示意图。磁信号的波长又称节距,用 W 表示。在 N 与 N、S 与 S 重叠部分磁感应强度最强,但两者极性相反。目前常用的磁信号节距为 0.05 mm 和 0.20 mm 两种。磁头可分为动态磁头(又名速度响应式磁头)和静态磁头(又名磁通响应式磁头)两种。动态磁头只有在磁头与磁尺间相对运动时,才有信号输出,故不适用于速度不均匀、时走时停的机床。而静态磁头则在磁头与磁栅间没有相对运动时也有信号输出。磁栅可分为长磁栅和圆磁栅两类,前者用于测量直线位移,后者用于测量角位移。长磁栅可分为尺形、带形和同轴

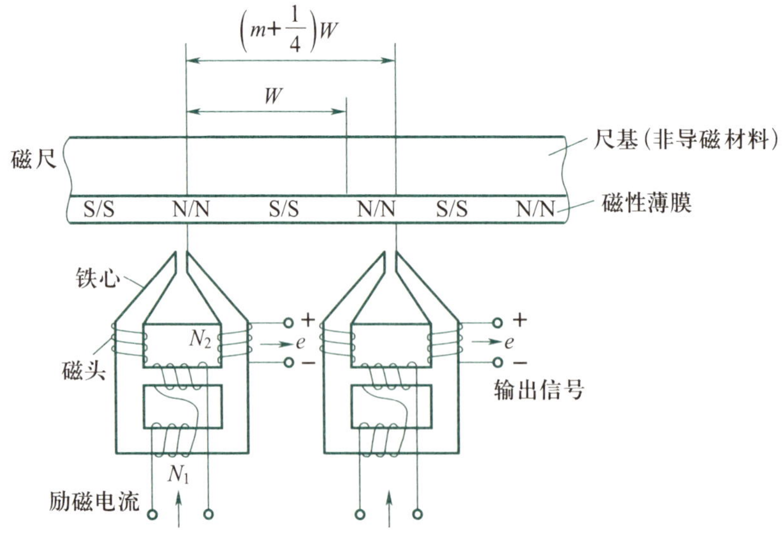

图 6-10 磁栅式传感器工作原理示意图

形三种，如图 6-11 所示。一般用尺形磁栅；当安装面不好安排时，可采用带形磁栅；同轴形磁栅传感器的结构特别小巧，可用于结构紧凑的场合。

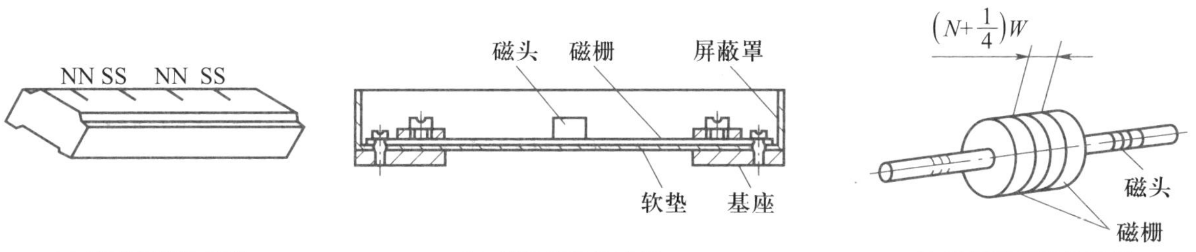

(a) 尺形磁栅传感器　(b) 带形磁栅传感器　(c) 同轴形磁栅传感器

图 6-11　长磁栅传感器的类型

二、磁栅式传感器的工作原理

1. 基本工作原理

下面以静态磁头为例介绍磁栅式传感器的工作原理。静态磁头的结构如图 6-10 所示，它有两组绕组，一组为励磁绕组 N_1，另一组为输出绕组 N_2。当绕组 N_1 通入励磁电流时，磁通的一部分通过铁心，在 N_2 绕组中产生电势信号。如果铁心空隙中同时受到磁栅剩余磁通的影响，那么由于磁栅剩余磁通极性的变化，N_2 中产生的电势振幅就受到调制。

磁头输出的电势信号经检波，保留其基波成分，可用下式表示：

$$E=E_m\cos\frac{2\pi x}{W}\cdot\sin\omega t \tag{6-2}$$

式中　E_m——感应电势的幅值；

W——磁栅信号的节距；

x——机械位移量。

为了辨别位移方向，图 6-10 中采用两只相距 $\left(m+\frac{1}{4}\right)W$（$m$ 为整数）的磁头，为了保证距离的准确性，通常两个磁头做成一体，两个磁头输出信号的调制信号相位差为 90°，这两个信号便于信号处理过程中辨别位移方向。经鉴相信号处理或鉴幅信号处理，并经细分、辨向、可逆计数后显示位移的大小和方向。

2. 信号处理方式

磁栅式传感器将两个磁头输出信号进行处理的方式有鉴相处理方式和鉴幅处理方式两种。鉴相处理方式是利用输出信号的相位来反映磁头的位移量或与磁尺的相对位置的信号处理方式，鉴幅处理方式是利用输出信号的幅值来反映磁头的位移量或与磁尺的相对位置的信号处理方式。由于篇幅所限，本单元不再详细介绍，可参见有关书籍资料。

三、磁栅式传感器应用案例——磁栅数显装置

磁栅数显装置的结构示意图如图 6-12 所示。

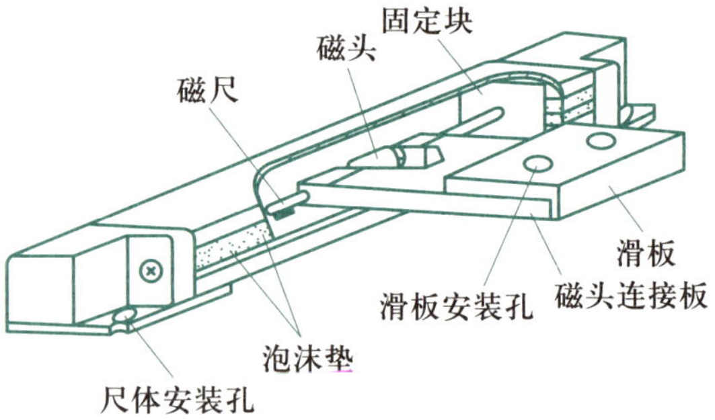

图 6-12　磁栅数显装置的结构示意图

1. 磁头放大器

它是连接磁尺和数显表的一个部件，其主要功能是：两只磁头输入信号的放大（即通道 A 和通道 B），通道 B 信号移相 90°，通道 A 和通道 B 信号求和放大，补偿两只磁头特性所需的调整和来自数显表供给两只磁头的励磁信号。

2. 磁尺检测专用集成芯片

该芯片的主要功能是：对磁尺励磁信号的低通滤波和功率放大；供给磁头的励磁信号；对磁头放大器输出信号经滤波后进行放大、限幅、整形为矩形波；接收反馈控制信号，对磁尺检出信号进行相位微调。

3. 磁尺细分专用集成芯片

该芯片的主要功能是：对磁尺的节距 $W=200\ \mu m$ 实现 200、40 或 20 等分的电气细分，从而获得 1 μm、5 μm、10 μm 的分辨力（最小显示值）。

4. 可逆计数芯片

该芯片主要用于十进制同步可逆计数/显示驱动器，计数器和寄存器可以逐位用 BCD 码置数，计数器具有异步清零功能。

综合训练六

【认知训练】

6-1　什么是光栅的莫尔条纹？莫尔条纹有哪几个特性？试简要说明。

6-2　光栅读数头由哪些部件或电路组成？简述它们的作用。

6-3　什么是细分？什么是辨向？它们各有何用途？

6-4　光电编码器有哪两种？试简述绝对式光电编码器的工作原理及用途。

6-5　磁栅中双磁头配置的作用是什么？两磁头为什么要相距 $(m+1/4)W$？

【能力训练】

6-1　假设你应聘到某机械厂，现单位计划采用数显装置将一台普通车床改造为专门用于车削螺

栓的简易数控车床。此任务委托给你完成，制作的螺栓具体指标为总长 1 000 mm、直径 30 mm、螺距 6 mm、螺纹圈数 120 圈。请按下述具体要求填空。

① 如果传动比为 1，采用______传感器测量主轴转动的角位移，它的技术指标必须达到为______P/r（脉冲数/转），角位移的分辨率才能达到 0.35°。

② 一般采用________传感器测量刀架的横向位移，分辨率可以达到 0.01 mm。

③ 主轴每旋转一圈，刀架必须向右前进________mm；在加工到规定的螺纹圈数（120 圈）时，刀架共移动了________mm，然后退刀。

④ 在开始退刀时，主轴的角位移传感器共得到________个脉冲。

⑤ 若横向走刀失控，当刀架运动到床身的左、右两端限位时，依靠________传感器使滑板能够立即停止下来，并依靠________元件发出"嘀"的报警响声 1 s。

6-2 根据题 6-1 中的几个要点完成以下工作：

（1）查阅有关资料，简述车床的主运动和进给运动，并画出表示车床传动机构的简图。

（2）简述车床车制螺纹的过程，由此说明刀架的横向进给和主轴转速为什么要保持同步。

模块七　新型传感器

传感器技术是当今世界发展迅速的高新技术之一。新型传感器不仅追求高精度、大量程、高可靠性、低能耗和微型化，而且向着集成化、多功能和智能化方向发展。集成化可以使传感器降低成本、改善性能、提高可靠性、减小体积、接口灵活，智能化可以使传感器将“感知”和“认知”结合起来，起到人的五官的作用。本模块简要介绍光纤传感器、机器人传感器、集成传感器和智能传感器，其中集成传感器和智能传感器是某一大类传感器的总称，主要介绍其基本概念。

单元 1　光纤传感器

光纤传感器具有一系列传统传感器无可比拟的优点，如灵敏度高、响应速度快、抗电磁干扰、耐腐蚀、电绝缘性好、防燃防爆、适于远距离传输、便于与计算机连接以及与光纤传输系统组成遥测网等。目前已研制出测量位移、速度、压力、液位、流量和温度等各种物理量的光纤传感器。

一、光纤的结构

光纤（光导纤维的简称）一般为圆柱形结构，由纤芯、包层和保护层组成。纤芯由石英玻璃或塑料拉成，位于光纤中心，直径为 5～75 μm。纤芯外是包层，有一层或多层结构，总直径为 100～200 μm，包层材料一般为纯 SiO_2 中掺微量杂质，其折射率略低于纤芯折射率。包层外面涂有涂料（即保护层），其作用是保护光纤不受损害，增强机械强度，保护层折射率远大于包层材料折射率。这种结构能将光波限制在纤芯中传输。

二、光纤传感器的原理及分类

光纤传感器是以光学量转换为基础，以光信号为变换和传输的载体，利用光纤输送光信号的一种传感器。光纤传感器主要由光源、光纤、光检测器和附加装置等组成。光源种类很多，常用光源有钨丝灯、激光器和发光二极管等。光纤之所以能进行光信息的传输，是因为利用了光学上的全反射原理，即入射角大于全反射的临界角的光都能在纤芯和包层的界面上发生全反射，反射光仍以同样的角度向对面的界面入射，这样光将在光纤的界面之间反复地发生全反射而进行传输。附加装置主要是一些机械部件，它随被测参数的种类和测量方法而变化。

按光纤的作用不同，光纤传感器可分为功能型和传光型两种。功能型光纤传感器是利用光纤本身的特性随被测量发生变化的一种光纤传感器。例如，将光纤置于声场中，则光纤纤芯的折射率在声场作用下发生变化，将这种折射率的变化作为光纤中光的相位变化检测出来，就可以知道声场的强度。功能型光纤传感器既起着传输光信号的作用，又可作敏感元件，所以又称为传感型光纤传感器。传光型光纤传感器是利用其他敏感元件来感受被测量变化的一种光纤传感器，它仅起传输光信号的作用，所以也称为非功能型光纤传感器。

三、光纤传感器的特点

光纤传感器具有以下特点：① 不受电磁场的干扰。当光信息在光纤中传输时，它不会与电磁场发生作用，因而信息在传输过程中抗电磁干扰能力很强，使其特别适合于电力系统。② 绝缘性能高。光纤是不导电的非金属材料，其外层的涂覆材料硅胶也不导电，因而光纤绝缘性能高，可很方便地测量带高压电设备的各种参数。③ 防爆性能好，耐腐蚀。由于在光纤内部传输的是能量很小的光信息，不会产生火花、高温、漏电等不安全因素，因此光纤传感器的安全性能好。光纤传感器适合于有强腐蚀性对象的参数测量。④ 导光性能好。对传输距离较短的光纤传感器来说，其传输损耗可忽略不计，利用这一特性制成了锅炉火焰监测器监视锅炉火焰的状态。⑤ 光纤细而柔软，可制成非常小巧的光纤传感器用于测量特殊对象及场合的参数。

四、光纤传感器的应用案例——光纤压力传感器

光纤传感器应用的场合很多，工作原理也各不相同，但都离不开光的调制和解调两个环节。光调制就是把某一被测量信息加载到传输光波上，这种承载了被测量信息的调制光再经光探测系统解调，便可获得所需检测的信息。原则上只要能找到一种途径，把被测信息叠加到光波上并能解调出来，就可构成光纤传感器的一种应用。常用的光调制有强度调制、相位调制、频率调制及偏振调制等几种。下面以光纤压力传感器为例简要说明光纤传感器的应用。

光纤传感器中光强度调制的基本原理可简述为以被测对象所引起的光强度变化，来实现对被测对象的检测。

图 7-1 所示为一种按光强度调制原理制成的光纤压力传感器结构图。这种压力传感器的工作原理是：

(1) 被测力作用于膜片，膜片感受到被测力而向内弯曲，使光纤与膜片间的气隙减小，使棱镜与光吸收层之间的气隙发生改变。

(2) 气隙发生改变引起棱镜界面上全内反射的局部破坏，造成一部分光离开棱镜的上界面，进入吸收层并被吸收，致使反射回接收光纤的光强度减小。

(3) 接收光纤内反射光强度的改变可由桥式光接收器检测出来。

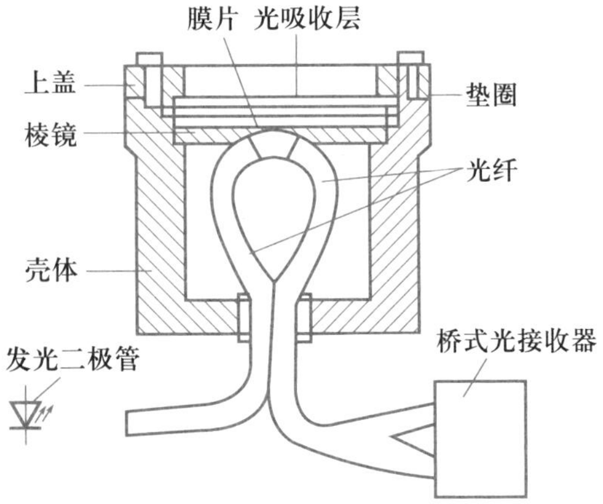

图 7-1 光纤压力传感器结构图

(4) 桥式光接收器输出信号的大小只与光纤和

膜片间的距离及膜片的形状有关。

光纤压力传感器的响应频率相当高,如厚度为0.65 mm的不锈钢膜片,其固有频率可达128 kHz,因此在动态压力测量中也是比较理想的传感器。

光纤压力传感器在工业中具有广泛的应用前景。它与其他类型的压力传感器相比,除抗电磁干扰、响应速度快、尺寸小、质量小及耐热性好等优点外,还特别适合于有防爆要求的场合使用。

单元2　机器人传感器

机器人(Robot)是一种能够半自主或全自主工作的智能机器。虽然名称为机器人,可其外形不一定与人相似。现代机器人具有感知、决策、执行等基本特征,可以辅助甚至替代人类完成危险、繁重、复杂的工作,提高工作效率与质量,服务人类生活,扩大或延伸人的活动及能力范围。

机器人传感器在机器人的控制中起了非常重要的作用,正因为有了传感器,机器人才具备了类似人类的知觉功能和反应能力。近年来,机器人的技术发展迅速,应用范围日益广泛,这就要求它能从事越来越复杂的工作,对变化的环境能有更强的适应能力,能进行更精确的定位和控制,这对机器人传感器的应用提出了更高的要求。

一、机器人传感器概述

1. 机器人与传感器

机器人是具有两个或两个以上可编程的轴,以及一定程度的自主能力,可在其环境内运动以执行预定任务的执行机构。按照其功能,机器人已经发展到了第三代,而传感器在机器人的发展过程中起着举足轻重的作用。第一代机器人是示教再现机器,就是运行编程者事先已经编好的程序,无论外界环境怎样改变,都不会改变其动作,例如机械臂。第二代机器人是带传感器的机器人,能对外界环境的改变做出一定的自身调整,例如扫地机器人。第三代机器人是智能机器人,它是利用各种传感器来获取环境信息,然后利用智能技术进行识别、理解、推理,最后作出规划决策,能自主行动实现预定目标的高级机器人。“智能化”是这一代机器人的重要标志。然而,计算机处理的信息,需要通过各种传感器来获取,因而这一代机器人需要有更多的、性能更好的、功能更强的、集成度更高的传感器。

机器人传感器是用于获取机器人控制所需的内部和外部信息的传感器(转换器)。

2. 机器人传感器的分类

机器人传感器可分为内部状态传感器和外部状态传感器两大类。

内部状态传感器以机器人本身的坐标轴来确定其位置，安装在机器人自身中用来感知它自己的状态，以调整和控制机器人的行动。内部状态传感器通常由位置、加速度、速度及压力传感器组成。

外部状态传感器用于机器人获取周围环境、目标物的状态特征信息，使机器人与环境能发生交互作用，从而使机器人对环境有自校正和自适应能力。外部状态传感器通常包括视觉、触觉、接近觉等传感器，图 7-2 所示为机器人传感器及分布图。表 7-1 列出了机器人所用外部检测传感器的分类和应用。

表 7-1 机器人所用外部检测传感器的分类及应用

感觉		检测内容	应用目的	传感器装置
视觉	明暗觉	光存在与否，有无反射光，亮度	判断有无对象物体，检测通过的对象物体	光电管、光电晶体管、光电断流器
	色 觉	物体或环境的色彩、颜色浓度	根据颜色识别物体，根据颜色选择作业	摄像机、滤色器和彩色光电晶体管
	位置觉	物体的平面位置、角度、到达物体的距离	物体空间位置，识别物体方向，检测物体移动	摄像管（光电摄像管、硅光导摄像管等）
	形状觉	物体的面、棱、顶点、二维形状、三维形状	提取物体轮廓，识别物体，提取物体固有特征	光电晶体管阵列、CCD 图像传感器等
触觉	接触觉	指尖和对象物体是否接触，接触位置，接触模型	决定位置，控制速度，探索和控制路径，识别物体的姿态和形状，安全和异常停止	微型开关、光电传感器、针式接点、薄膜接点、电位计（触针）
	压 觉	指尖和对象物体的压力、握力、指面压力，压力分布	控制握力，测量物体弹性，对操作人员反馈，识别握持物体	压敏半导体、压电元件、导电橡胶、碳纤维应变针、感压高分子材料
	力 觉	手腕、指尖、手指受到的力或转矩	控制作业力，限制作业，协调作业，控制手腕移动，伺服控制双向作用	应变针、负载单元、转矩检测器
	滑 觉	在垂直于握持面方向物体的位移、旋转、由重力引起的变形	修正握力标准值，防止滑动，进行多层作业，测量物体的重量和表面特性	圆筒状光电旋转传感器、球形接点、旋转传感器、微型开关、振动检测器

续表

感觉	检测内容	应用目的	传感器装置
接近觉	指尖和对象物体是否接近，接近距离，对象面的倾斜	控制位置，探索和控制路径，安全和异常停止	光传感器、超声波传感器、磁传感器、气压传感器
听　觉	声音、超声波	语言控制（人机接口），移动控制	麦克风、超声波传感器
嗅　觉	气体成分	化学成分探测	气体传感器、射线传感器
味　觉	味道	化学成分探测	离子敏感器、pH 计

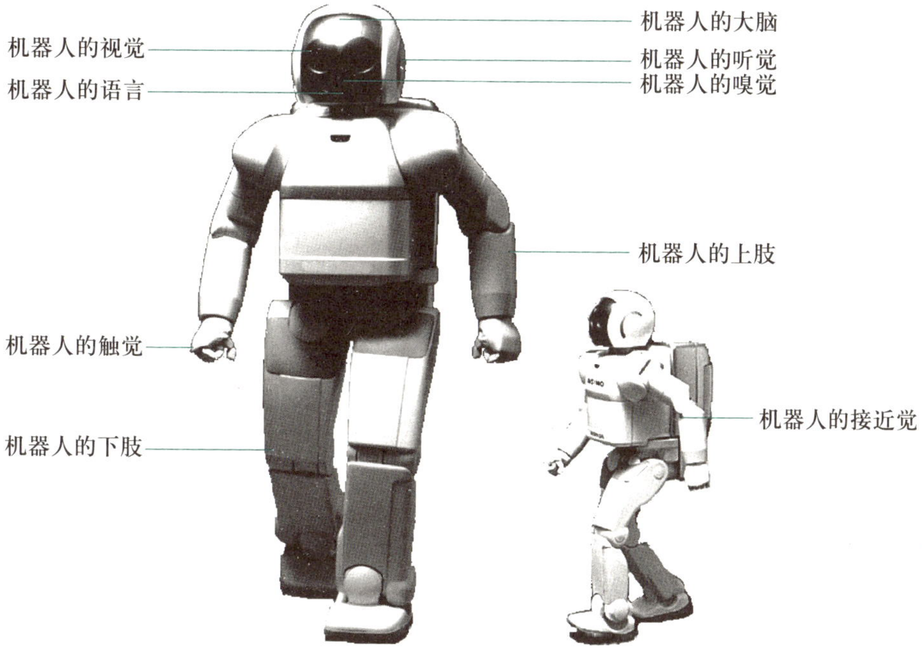

图 7-2　机器人传感器及分布图

二、视觉传感器

人的视觉是以光作为刺激的感觉，可以认为眼睛是一个光学系统。外界的信息作为影像投射到视网膜上，经处理后传到大脑。视网膜上有两种感光细胞，视锥细胞主要感受白天的景象，视杆细胞感受夜间景象。人的视锥细胞有 700 多万个，是听觉细胞的 3 000 多倍，因此在各种感官获取的信息中，视觉约占 80%。同样，对机器人来说视觉传感器也是最重要的传感器。

机器人的视觉主要利用图像信号输入设备，将视觉信息转换成电信号。常用的图像信号输入设备有摄像管和固态图像传感器。摄像管分为光导摄像管（如电视摄像装置的摄像头）

和非光导摄像管两种，前者是存储型，后者是非存储型。

（1）图像输入 输入给视觉检测部件的信息形式有亮度、颜色和距离等，这些信息一般可以通过视觉传感器获得。亮度信息用 A/D 转换器进行量化，再以矩阵形式构成数字图像，存于计算机内。若采用彩色摄像机则可获得各点的颜色信息。对三维空间的信息还必须处理距离信息。常用于处理距离信息的方法有光投影法和立体视觉法。光投影法是向被测物体投以特殊形状的光束，然后检测反射光，即可获得距离信息。立体视觉采用两只摄像机，实现人眼的视觉效果，通过比较两只摄像机拍摄的画面，找出物体上任意点在画面上的对应点，再根据这些点在两画面中的位置和两摄像机的几何位置，通过计算即可确定物体上对应点的空间位置。

（2）图像处理 在研究图像时，对获取的图像信息进行预处理，以滤去干扰、噪声，并作几何、色彩方面校正，以提高信噪比，如滤波、分隔、锐化、退化、校正等。

（3）物体识别 对图像中分割出来的物体予以相应的命名，如自然物景中的道路、桥梁、建筑物或工业自动装配线上的各种机器零件等。一般可以根据形状和灰度信息用决策理论和结构方法进行分类，也可以构造一系列已知物体的图像模型，把要识别的对象与各个图像模型进行匹配和比较。

典型机器人视觉传感器的组成及原理如图 7-3 所示。

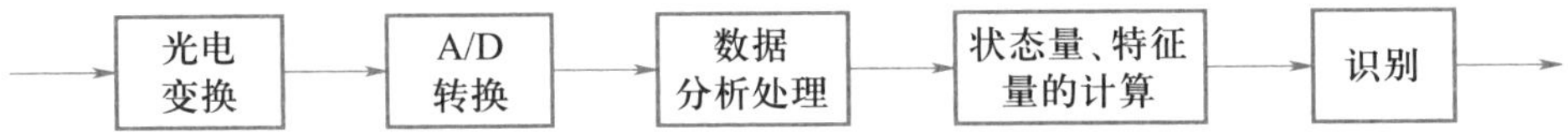

图 7-3 典型机器人视觉传感器的组成及原理图

光电变换和 A/D 转换组成视觉检测部分。数据分析处理包括对图像数据的存储与分析。状态量是指对象物体的位置和方向，根据需要还可算出移动速度等。一般根据重心来确定对象的位置，机器人可根据状态量进行操作。特征量的计算即从物体图像中提取特征的过程，称为描绘技术。识别是一个标明的过程，识别算法功能是给景物里每个描绘中的物体一个标号，例如扳手、螺栓、螺母等。视觉传感器广泛应用于航空、航天、国防、移动支付、智慧物流等领域。

三、触觉传感器

如果说视觉用于掌握对象及其周围环境等大范围的状况，被用作确定操作步骤等的宏观判断，那么触觉则用来承担执行操作过程的微观判断，需要时刻检测机器人与对象物体之间的相互关系。它可用于操作步骤细微变动时对机器人的实时控制。人的触觉包含有接触觉、压觉、力觉、滑觉、冷热觉、痛觉等，而机器人触觉可分为接触觉、压觉、力觉、滑觉四种。以下简要介绍这四种传感器的原理与结构。

1. 接触觉传感器

接触觉(简称“触觉”)传感器用来检测机器人的某些部位与外界物体是否接触。例如,装有触觉传感器的机械手,能感受是否抓住零件,并能自动将零件置于手的中心。

机器人触觉传感器最简单的形式是,将滚轮与控制杆等特殊形状的传动装置安装在微动开关上。这种开关配置在机器人手腕的各部位,如内外侧、上下侧及手指的指端左右。开关获得的信息决定于臂的动作,抓握状态由手指内侧开关确定。

为了较好地检测机器人手爪的抓握状态,触觉的检测点必须高密度地分布在很小指面上。微动开关响应速度慢、动作压力高,不适于感知微弱的接触力。目前常用含碳海绵、导电橡胶等构成敏感接触力的传感器。当有接触力作用时,这种传感器能导通或断路,输出高电平或低电平。

图 7-4 所示为针式差动变压器配置成的矩阵分布式接触传感器。用这种传感器能识别物体的形状。图 7-4a 所示为传感器外形图,图 7-4b 所示为在传感器阵列上绕两个线圈的示意图。在各触针上,激励线圈与检测线圈成对而绕。每个传感器均由钢针、塑料套筒,以及拾针杆、加复位力的磷青铜弹簧等构成。这种传感器的原理是,当针杆与物体接触而产生位移时,针杆根部的磁性体将随之运动,从而增强两个线圈间的耦合系数。通过电路控制,轮流在各行激励线圈上加交流电压,检测线圈产生的感应电压随针杆的位移增加而增大,经多路转换开关可轮流读出各列检测线圈的电压。通过电压门限可得到 1 mm 左右的位移开关信息。这种轮流对激励线圈通电,轮流对检测线圈测试的方式称为扫描,经扫描可以得到矩阵中各点的状态信息。

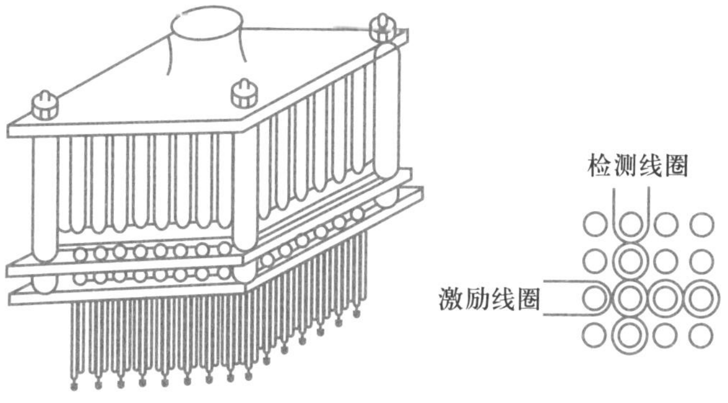

(a) 外形图　　(b) 线圈示意图

图 7-4　针式差动变压器配置成的矩阵分布式接触传感器

图 7-5 所示为两种开关式接触觉传感器示意图。其中,图 7-5a 所示为接触开关式接触觉传感器,当物体接触橡胶层时,接触处橡胶层被压下,其背面黏附的金属薄片接触到下设的金属电极,形成导通,从而获得此区域的接触信息。增压流体通过气孔进入内部空腔,作为复

位力。光电开关式接触觉传感器(图 7-5b)与前述类似,只是利用光电开关来获取接触状态信息,为非接触形式,可避免因接触不良造成的误判以及接触磨损。

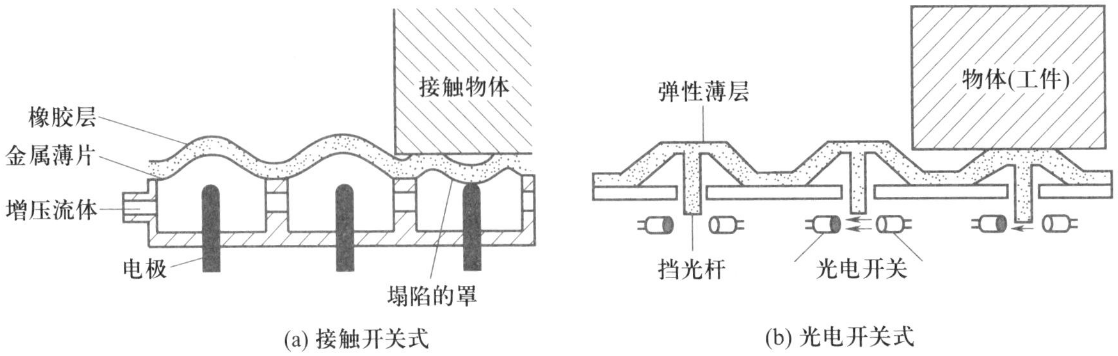

图 7-5 开关式接触觉传感器示意图

2. 压觉传感器

压觉传感器用来检测机器人手爪握持面上承受的压力大小和分布。分布式压觉传感器是前述分布式触觉传感器的引申。

图 7-6 所示为用半导体技术制成的高密度智能压觉传感器,其中压阻式和电容式使用最多。虽然压阻式元件比电容式元件的线性好,封装简单,但是压阻式元件的压力灵敏度要比电容式元件小一个数量级,温度灵敏度比电容式元件大一个数量级。

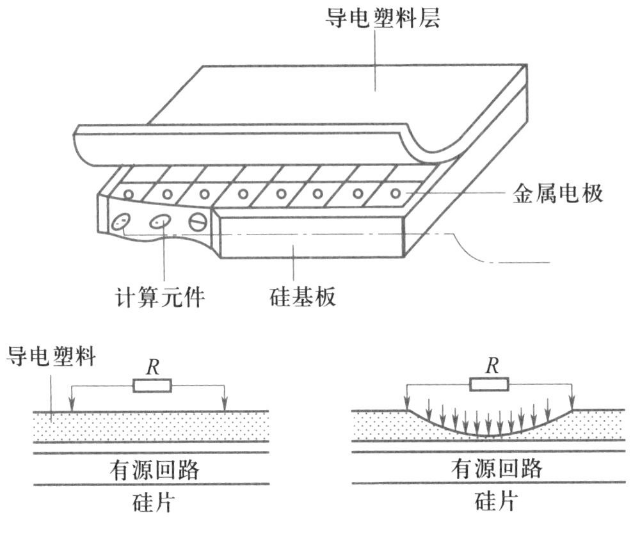

图 7-6 高密度智能压觉传感器(压阻式)

3. 力觉传感器

机器人力觉传感器的作用在于感知机器人指、肢和关节等在工作和运动中所受的力,借以决定如何运动,应采取什么姿态,以及推测感知对象的重量等。力觉传感器是机器人的重要传感器之一。力觉传感器的元件大多使用半导体应变片,将这种传感元件安装于弹性结构的被检测处，就可以直接地或通过计算机检测多维的力和力矩。力觉传感器按其所在位置可分为腕力传感器、握力传感器、脚力传感器、手指式力觉传感器等。

(1) 腕力传感器 它是检测机器人终端环节（如小臂）与手爪之间力（力矩）的传感器。这个力可以看作机器人施给物体的力。当机械手夹住工件进行操作时，通过腕力传感器可以输出六维（三维力和三维力矩）分量反馈给机器人控制系统，以控制或调节机械手的运动，完成所要求的作业。目前国内外研制的腕力传感器种类较多，但使用的敏感元件几乎全都是应变计，不同的只是弹性结构有差异。

腕力传感器的系统硬件通常由传感头和信息处理两部分组成。传感头部分由弹性体、测量电桥和前级放大器组成，主要完成感知六维分量，并进行信号前级放大的任务。信息处理部分包括后级放大、滤波、信号采样保持、A/D 转换以及进行系统控制、计算和通信的计算机系统。腕力传感器的系统硬件框图如图 7-7 所示。腕力传感器系统软件一般包括数据采集和 A/D 转换控制软件、非线性校正和矩阵解耦运算软件、系统通信及输出软件等。

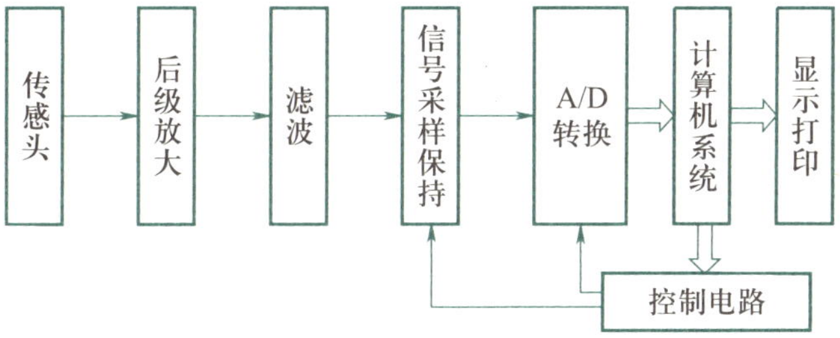

图 7-7 腕力传感器的系统硬件框图

(2) 握力传感器 光纤触须握力觉传感器单元如图 7-8 所示，所用的光纤是多模光纤，波纹板由两块相互啮合的 V 形槽板组成，为了保持平衡，在槽的另一端放置一根不通光的虚设光纤，板的厚度为 3 mm。当物体压力作用于握力传感器时，波纹板的上盖相对于下盖位移，使光纤产生变形，通过测量光信号的衰减可间接得知压力的大小。该传感器在系统性能方面表现为测量范围大、灵敏度高、效果良好。系统作为一个独立的部分，通过串行口与控制计算机相连，接口简单方便。

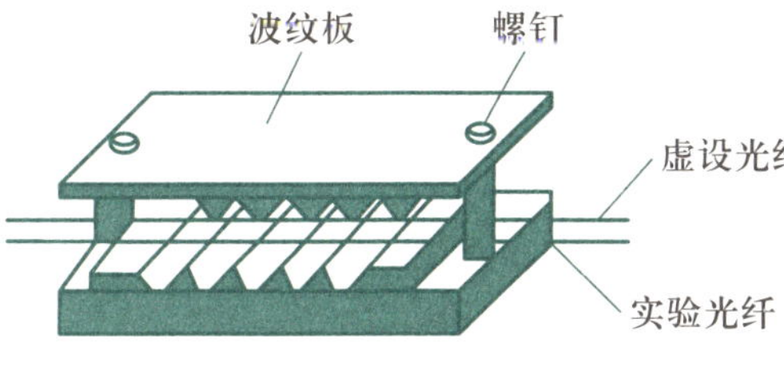

图 7-8 光纤触须握力觉传感器单元

(3) 脚力传感器 二足步行机器人在人类生活的环境中应用较为方便，但不稳定，控制较复杂。为了解其步行时的状态，需装各种传感器，其中脚力传感器是与外界接触的传感器，对步行控制来说是相当重要的。

(4) 手指式力觉传感器 手指式力觉传感器一般通过应变片或压阻敏感元件测量多维力而产生输出信号，常用于小范围作业。

4. 滑觉传感器

机器人在抓取不知属性的物体时，其自身应能确定最佳握紧力的给定值。当握紧力过大时，被抓取物体可能变形或被破坏；当握紧力不够时，被抓取物体可能相对于机器人手爪产生滑动。滑觉传感器就是一种用来检测机器人与抓握对象间滑移程度的传感器。具有滑觉传感器的机器人手爪，可以对被抓取物进行可靠的夹持。检测滑动的方法有：

① 将滑移转换成安装于手爪内面上的滚柱或滚珠的旋转，从而进行检测。

② 用压敏元件和触针检测滑动时手爪部分的微小振动。

③ 检测出即将发生滑动时手爪部分的变形和压力变化。

④ 通过手腕部分载荷检出器，检测出手爪所加压力的变化，从而推断出滑动的大小。

图 7-9 所示是用滚球构成的滚球式滑觉传感器。滚球的表面是由导体和绝缘体配置成的网眼，由接点即可获取断续的脉冲信号。这种传感器能检测全方位滑动。

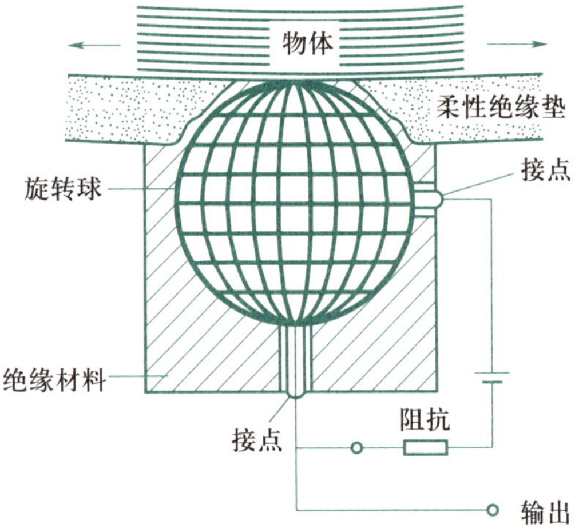

图 7-9 滚球式滑觉传感器

图 7-10 所示是滚轴式滑觉传感器。检测端滚轴用弹簧片固定在手爪上，手爪在张开时滚轴突出握持面约 1 mm。手爪合拢握住对象时，簧片弯曲，滚轴后退至手爪握持面。这时如有滑动，将使滚轴旋转，带动安装在滚轴中的光电式传感器和缝隙圆板产生脉冲信号。

滑觉传感器获取的信号通过计数电路和 D/A 转换器转换成模拟电压信号，然后加在握持力控制系统的目标信号上，通过滑动位移修正握持力，达到消除滑动的目的。

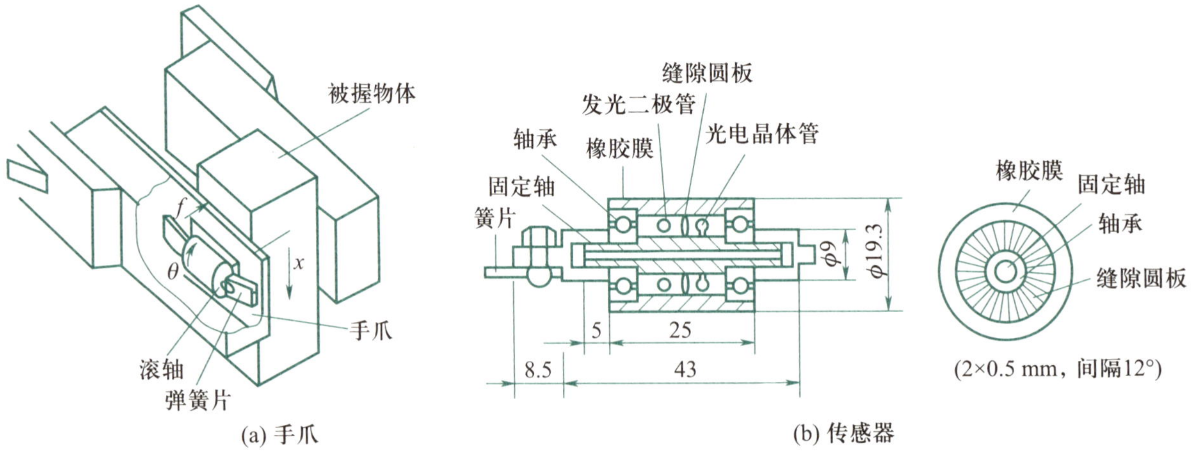

θ—滚动转角；x—滑动位移；f—握持力。

图 7-10 滚轴式滑觉传感器

四、接近觉传感器

接近觉传感器是机器人手爪在几毫米至几十毫米距离内检测对象物体状态的传感器。这种传感器的作用是:

① 在接触对象前得到必要的信息,以便准备后续动作,如机器人在远离对象时以高速运动,而在对象物附近时则以慢速靠近或离开。

② 发现前方障碍物时,限制行程,避免碰撞。

③ 获取对象物体表面各点的距离信息,从而测出对象物体的表面形状。

显然,传感器越靠近对象物体,越能精确测量,故一般把接近觉传感器装在机器人手爪的前端。接近觉传感器有电磁感应式、光电式、反射角度式、电容式、气压式、超声波式和微波式等多种。实际工作中用哪种传感器,需要根据具体对象而定。

对象物体为金属面的接近觉传感器,一般采用电磁感应式传感器,如图 7-11 所示。它由铁心、励磁线圈 C_0 和接成差分电路的检测线圈 C_1 及 C_2 构成。当接近检测对象时,金属产生的电涡流使磁通发生变化,进而使两个检测线圈因距离不等而导致差分电路失去平衡,其输出随对象的距离不同而变化。目前,弧焊机器人用它跟踪焊接缝,在200 ℃下工作,距离为 0~8 mm,误差<4%。

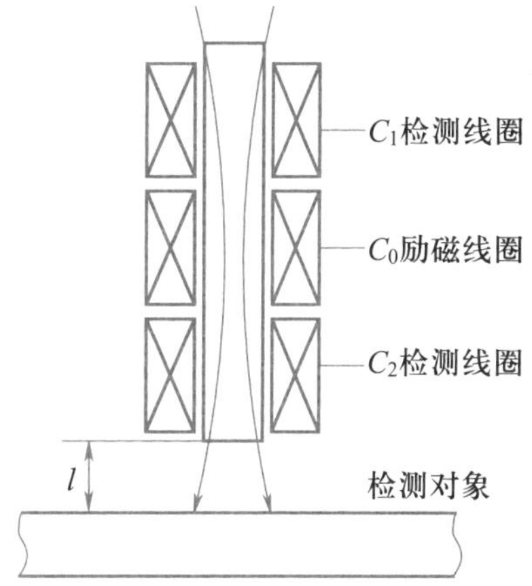

图 7-11 电磁感应式接近觉传感器

常用的光电式接近觉传感器有三种,它们利用发射光经过对象物体反射的原理进行工作。图 7-12 所示是将发光元件和感光元件的光轴相交而构成的光电式接近觉传感器。当被测物体处于光轴交点时,反射光量(即接收信号)出现峰值。一般用这一特性来确定物体的位置。为将光发射和接收部分置于机器人手爪的前端,通常使用光纤束传输光信号。

图 7-13 所示为反射角度式接近觉传感器。将 n 个发光二极管沿横向直线排列(线阵),并使之按一定顺序发光,根据反射光量的变化及其时间,就可求出发射角,从而确定被测物体的距离。

超声波测距是将超声波以脉冲的形式向着对象表面发射,由接收信号的滞后时间就可计算出探头与反射面间的距离。这种方法多用于移动型机器人的环境测定,特别适用于长距离的测定。

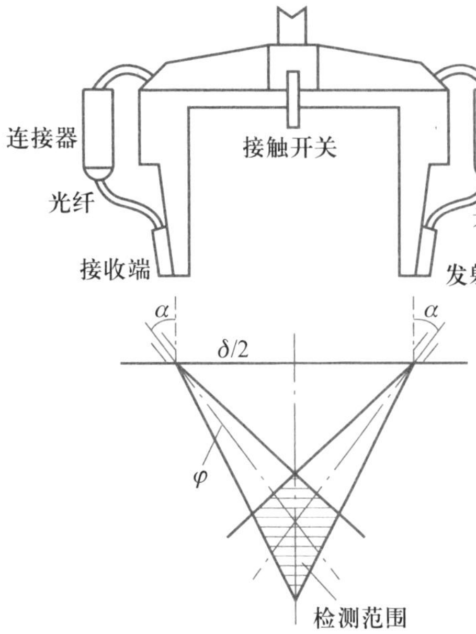

图 7-12　光电式接近觉传感器

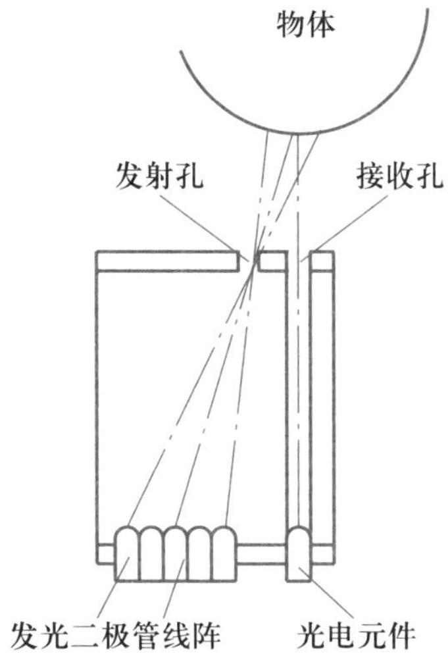

图 7-13　反射角度式接近觉传感器

五、其他机器人传感器

其他机器人传感器有听觉、嗅觉、味觉传感器等。

1. 听觉传感器

听觉是机器人的重要感觉器官之一。随着计算机技术及语音学的发展,现在已经实现用机器代替人耳,通过语音处理及辨识技术识别讲话人,还能正确理解语句。然而,由于人类的语言是非常复杂的,无论哪一个语种,其语言的词汇量都非常大,即使是同一个人,他的发音也会随着环境及身体状况有所变化,因此使机器人的听觉具有接近于人耳的功能还有些困难。

识别语音的方法,是将事先指定人声音的每一个字音的特征组成一个特征矩阵存储起来,形成一个标准模式。系统工作时,将接收到的语音信号用同样方法求出它们的特征矩阵,再与标准模式相比较,看它与哪个模式相同或相近,从而识别该语音信号的含义,这就是所谓的模式识别。

机器人听觉系统中的听觉传感器的基本形态与麦克风相同,所以在声音的输入端方面问题较少。

2. 嗅觉传感器

嗅觉传感器具有检测空气的化学成分、浓度等功能。在放射线、高温煤烟、可燃性气体以及其他有毒气体的恶劣环境下,开发检测放射线、可燃气体及有毒气体的传感器是很重要的,这对于了解环境污染、预防火灾和毒气泄漏报警具有重大的意义。嗅觉传感器主要采用气体传感器、射线传感器等。

3. 味觉传感器

味觉是指对液体进行化学成分的分析。实用的味觉方法有 pH 计、化学分析器等。一般味觉可探测溶于水中的物质，嗅觉可探测气体状的物质，而且在一般情况下，探测化学物质时嗅觉比味觉更敏感。

除以上所介绍的机器人传感器外，还有纯工程学的传感器，例如检测磁场的磁传感器、检测各种异常的安全用传感器（如发热、噪声等）和电波传感器等。总之，机器人传感器是机器人研究中必不可缺的课题。随着新材料、新技术的不断出现，新型实用的机器人传感器将会获得更快的发展。

六、机器人传感器应用案例

1. 机器人视觉——字符识别

字符识别是视觉识别技术的一种，是电子设备（例如扫描仪或数码相机）检查纸上打印的字符，通过检测暗、亮的模式确定其形状，然后用字符识别方法将形状翻译成计算机文字的过程。字符识别技术大大提高了人们资料存储、检索、加工的效率。目前，字符识别技术可用于工业标签的识别、交通车辆牌照的识别，以及金融、保险、报业、税务、工商等行业。图 7-14 所示为汽车牌照识别系统原理图，摄像头用于获取图像信息并转换成电信号，经采集、A/D 转化和软件图像处理及识别，获取牌照号码、牌照颜色及出现的时间地点等信息。人脸识别、指纹识别、条码识别、运动物体识别均为机器人视觉的构成部分。

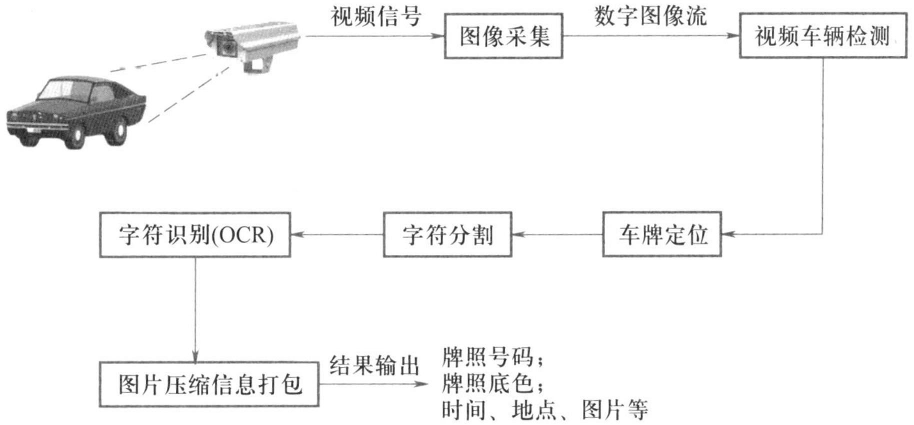

图 7-14　汽车牌照识别系统原理图

2. 机器人接近觉——倒车雷达

倒车雷达是典型的接近觉传感器，是汽车泊车或者倒车时的安全辅助装置，由超声波传感器、控制器和显示器（或蜂鸣器）等部分组成，能以声音或者更为直观的显示告知驾驶员周围障碍物的情况及距离，解决了驾驶员泊车、倒车和启动车辆时前后左右探视所引起的困扰，并帮助驾驶员消除了视野死角和视线模糊的缺陷，提高了驾驶的安全性。图 7-15 所示为倒车雷达示意图。

图 7-15 倒车雷达示意图

单元 3 集成传感器

一、大规模集成电路对传感器的影响

大规模集成电路的发展，提供了大量价格低廉、使用方便的微处理器电路和存储器电路。无论是大规模集成电路本身的技术进步还是由它引起的计算机应用革命，都对传感器的发展起到巨大的促进作用，主要表现在以下几个方面：

1. 传感器向固体化、半导体化和集成化方向的发展

功能强而价格低的计算机系统在各方面的广泛使用，特别是在工业自动控制、机器人技术和自动检测等方面的应用，要求有大量精度高、尺寸小和价格低廉的传感器与之相适应。另外，在这些应用中，计算机往往要直接接收从传感器输出的信号，这就要求传感器的输出直接是电量。原来占主导地位的结构型传感器就显得不能适应，这促使了传感器向固体化、半导体化和集成化方向的发展。

2. 传感器制造工艺的革新

为了不断促进集成度的增长，集成电路的工艺技术有着日新月异的发展。目前的集成电路技术可提供高精度的细微加工技术、高密度的元件集成、制造工艺的严格一致性和高可靠性。这些技术和工艺为传感器制造工艺的革新提供了有力的手段。这些技术特别适合于许多固体传感器的制作，促使固体传感器得以较快地发展。

3. 集成传感器的形成

集成电路的发展为制造传感器提供了许多成熟的材料。特别是半导体硅材料已能较自由地为人们所利用，它有许多适宜制造传感器的性质，并制成了实用的传感器。利用硅材料制作的半导体传感器，除了具有固体传感器的一般优点外，还可以把一些集成电路与传感器制作在一起，构成传感器集成电路（简称集成传感器）。

由上述几点可见，集成电路的大规模化不仅对传感器提出了集成化的要求，也为传感器的集成化提供了应用基础和技术基础。反之，集成传感器的发展使大规模集成电路能更好地发挥它的优越性，因而也促进了大规模集成电路的发展。

二、集成传感器的特点

总的来说，集成传感器有以下特点：

（1）成本低　由于硅集成电路工艺已十分完善，利用这种技术无疑会使产品的成本降低。

（2）微小型化　以硅技术为基础的微电子学，其主要特点之一就是微小型化。集成传感器意味着多个相同或本不相同的元件集成在一起，将原先的许多外引线都改为在集成电路内部连接，显然可使体积大为缩小。

（3）改善性能　集成传感器可以把温度补偿、信号放大及处理等电路做在同一块集成电路上，这样就使环境温度变化和电源波动等外界因素对输出信号的影响减至最小。

（4）提高可靠性　集成化使外引线变为内引线，元件的焊点大为减少，可靠性得以提高。

（5）增加接口灵活性　根据需要可以在传感器集成电路上设计阻抗变换电路、电平变换电路等，以适应不同的要求，便于与外电路连接。

三、集成传感器的集成内容

随着集成电路技术的发展，传感器可以和越来越多的信号处理电路制作在同一集成电路上或封装在同一管壳内，这就是集成传感器。由于集成传感器是一部分信号处理电路与传感器的集成，因此它除了实现传感器的功能之外，还可以完成一部分原来由信号处理器完成的功能。传感器的集成化也是一个由低级到高级、由简到繁的发展过程。在集成技术还不能把传感器和全部信号处理器电路集成在一起时，人们总是先选择一些较基本、较简单而集成化后可以为传感器性能带来最大好处的电路，把它们和传感器集成在一起。

1. 各种调节电路和补偿电路与传感器集成

各种调节电路和补偿电路与传感器集成，如电源电压调整电路、温度补偿电路等。把电源稳压电路与传感器集成在一起，不仅降低了传感器对外部电源的要求，使用更加方便，而且输出信号的稳定性也得到了改善。把温度补偿电路与传感器集成在一起更具有独特的好处。由于传感器的传感特性有一定的温度灵敏性，在分立传感器元件的情况下，对温度的补偿是通过外部感温元件的补偿电路来实现的,但由于外部感温元件不能很好地跟随传感元件的实际温度,因此难以达到预期的效果。如果把温度补偿电路与传感元件集成在同一集成电路上,那么补偿电路就能很好地感知传感元件的温度,可取得较好的补偿效果。由于温度灵敏性比较高是一般半导体传感器的主要问题,因此良好的温度补偿更具有重要的意义。

2. 信号放大和阻抗变换电路与传感器集成

把信号放大电路和阻抗变换电路与传感元件集成在一起,对于改善电路的信噪比、抑制外来干扰的影响有很大的好处。在没有集成时,传感器输出的电信号要经过传输线馈送到放大电路与信号处理器,如图 7-16a 所示。传输线往往是干扰的一个来源,在传感器输出信号弱和传感器输出阻抗高的情况下,传输线上的干扰会对传输信号有很大的影响。在集成传感器中,由于把放大器、阻抗变换电路和传感元件集成在一起,传感元件产生的信号经放大和阻抗变换后再经过传输线馈送到后面的信息处理器做进一步处理,如图 7-16b 所示,因此传输线上干扰的影响会被大大地削弱。所以,把放大器和阻抗变换电路与传感元件集成在一起,对改善系统的信噪比有很大的好处。

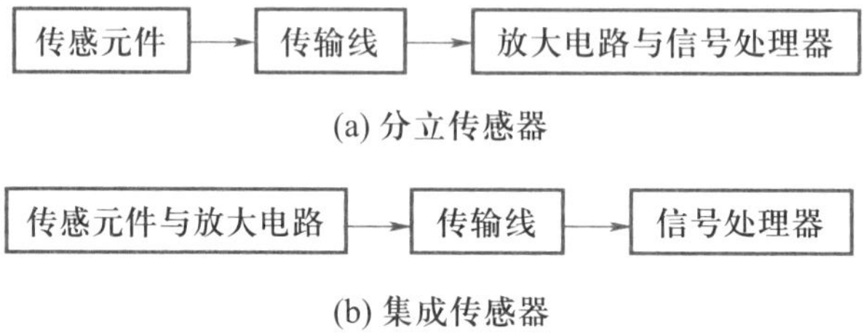

图 7-16 信号传输过程

3. 信号数字化电路与传感器集成

除了把放大器与阻抗变换电路和传感元件集成在一起可以改善抗干扰特性之外,把模拟信号变换成数字信号也可以改善抗干扰能力。把模拟信号数字化一般要用到 A/D 转换器。在集成度有困难的情况下,可以在集成电路上先把模拟信号变换成一定频率的交变信号,再把交变信号变成数字信号。各种电流控制振荡器和电压控制放大器都可用于此目的。

为了适应控制系统的要求,也常把传感器的输出变换成为开、关两种状态的输出以实现控制。当被测信号强度高于某一阈值时,输出从一个状态变换到另一个状态。为了克服被测信号在阈值附近受干扰而影响输出状态,通常把一个施密特触发器和开关电路做在一起。

4. 多传感器的集成

利用集成技术还可以把多个相同类型的传感器或多个不同类型的传感器集成在一起。在多个相同类型的传感器集成在一起时,可通过对各个传感器的测量结果进行比较,去除性能异常或失效元件的测量结果,也可以对正常工作元件的测量结果求平均以改善测量精度。

把多个功能不同的传感器集成在一起,可以同时进行多个参数的测量。还可以对这些参数的测量结果进行综合处理，得到一个反映被测系统整体状态的参数。例如，通过对内燃机的压力、温度、排气成分、转速等参数的测量，经过分析处理可得出内燃机燃烧完全程度的综合参数。

5. 信号发送和接收电路与传感器集成

在有的应用中，传感器需要种植到被测试的生物体内、附着在运动的物体上，或放置在有危险的封闭环境中。这时测得的信号需要通过无线电波、光或其他信号形式传送出来。在这种情况下，如能使用把信号发送电路和传感器集成在一起的集成传感器，那么测量系统的重量可以大大减轻，尺寸可以减小，给测量带来很多方便。另外，如把传感器与射频信号接收电路以及一些控制电路集成在一起，那么传感器可以接收外部控制信号而改变测量方式和测量周期，甚至关闭电源以减少功率消耗等。

上面列举了集成传感器中被优先考虑的一些电路。随着集成电路技术的发展，集成传感器中集成的电路和元件也将越来越多，集成传感器的功能也越来越强。但把传感器与电路集成在一起也会引起一些新的问题，例如工艺复杂性提高、封装问题、集成化和通用性的矛盾、散热效果变差等。但总的来说，好处是主要的，集成化是发展方向，至今已有多种类型的光、磁、温度、力、压力和气敏集成传感器出现，其应用也越来越广。

单元4 智能传感器

一、智能传感器的定义及其功能

航天器在太空中飞行时，需要知道它的速度、姿态和位置等数据。为了让宇航员能正常生活，需要控制舱内温度、气压、湿度、加速度、空气成分等，因而要安装大量的传感器。另外，进行科学试验、观察也需要大量的传感器。要处理如此之多的由传感器所获取的信息，需要一台大型计算机，而这在航天器上是无法做到的。为了不丢失数据，又要降低成本，于是就有了分散处理数据的设想，即传感器在检测到外界信息后，还要对其进行必要的加工和处理工作。从另一方面来说，智能传感器是为了代替人和生物体的感觉器官并扩大其功能而设计制作出来的一种装置。人和生物体的感官有两个基本功能：一是检测对象的有无或检测变换对象发生的信号；二是进行判断、推理、鉴别对象的状态。前者称为“感知”，而后者称为“认知”。一般传感器只有对某一物体精确“感知”的本领，而不具有“认知”（智慧）的能力。智能传感器则可将“感知”和“认知”结合起来，同时具备两部分功能。

什么是智能传感器，至今尚无公认的科学定义，但是一些人认为，智能传感器是将“传感器与微型计算机组装在一块集成电路上的装置”，或者认为智能传感器是将“一个或数个敏感元件和信号处理器集成在同一块硅或砷化镓集成电路上的装置”。显然，这种定义有些局限。

一些科学家认为智能传感器需要具备下列条件：① 由传感器本身消除异常值和例外值，提供比传统传感器更全面、更真实信息的功能；② 具有信号处理（如温度补偿、线性化等）功能；③ 随机整定和自适应功能；④ 具有一定程度的存储、识别和自诊断功能；⑤ 内含特定算法并可根据需要改变的功能。

根据以上对智能传感器的认识，对它比较科学的定义是：智能传感器是将传感器与微型计算机组装在一块集成电路上，并具有“感知”和“认知”被测量的功能，把传感技术和信息处理技术进行结合的装置。

二、智能传感器应用案例——二维自适应图像智能传感器

智能传感器是“电五官”与计算机的有机结合，对外界信息具有检测、判断、自诊断、数据处理和自适应能力等集成一体的多功能传感器。这种传感器还具有与主机自动对话，自行选择最佳方案的能力。它还能将已取得的大量数据进行分割处理，实现远距离、高速度、高精度传输。目前，这类传感器已出现不少实用的产品。

例如，图 7-17 所示为二维自适应图像智能传感器，它是利用 CCD（电荷耦合器件）二维阵列摄像仪，将检测图像转换成时序的视频信号，在电子电路中产生与空间滤波器相应的同步信号，再与视频信号相乘后积分，改变空间滤波器参数，移动滤波器光栅，以提高灵敏度，实现二维自适应图像传感的目的。

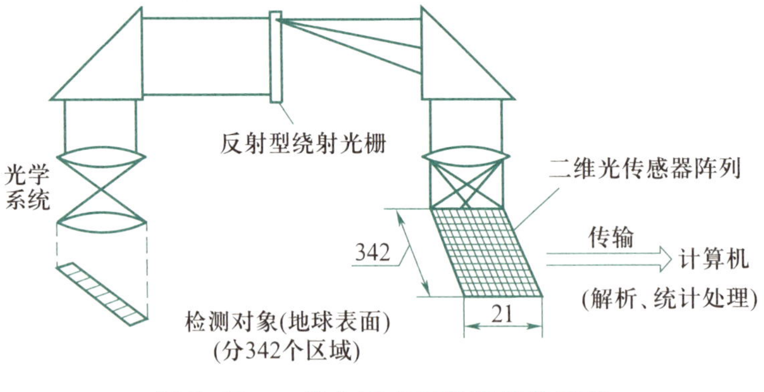

图 7-17 二维自适应图像智能传感器

又如，利用大规模集成电路技术，将传感器和计算机集成在同一硅片上，构成实现三维多功能的“单片智能传感器”，如图 7-18 所示。它将二维集成技术发展成三维集成技术，实现多层结构。它将传感器功能、逻辑功能和记忆功能等集成在一块硅片上，这是智能传感器的一个重要发展方向。

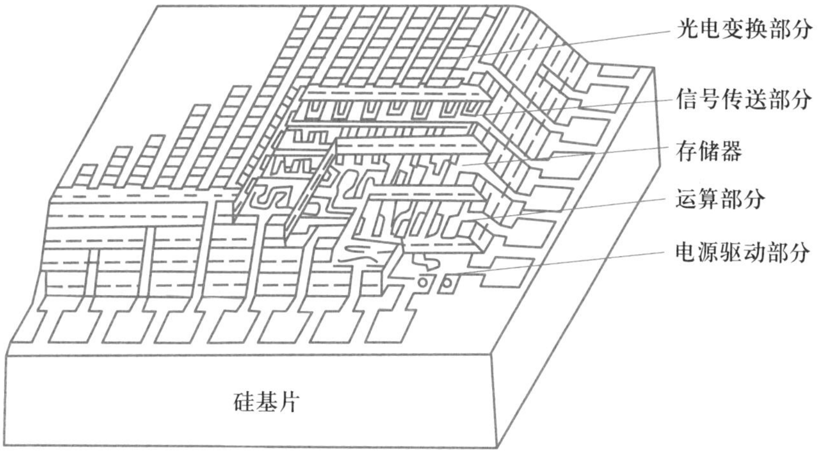

图 7-18　实现三维多功能的“单片智能传感器”

三、智能传感器的发展前景

目前,人工智能材料和智能传感器已经是比较热门的一门科学。虽然,人们在人工智能材料及智能元件的研究方面已向前迈进了一大步。但是,人们还不能随意地设计和创造人造思维系统,还在探索与实践中。人工智能材料和智能传感器的研究内容主要集中在以下几个方面:

(1) 利用微电子学使传感器和微处理器结合在一起实现各种功能的单片智能传感器,仍然是智能传感器的主要发展方向之一。

例如,利用三维集成(3DIC)及异质结技术研制高智能传感器“人工脑”,这是科学家近期的奋斗目标。

(2) 微结构(智能结构)是今后智能传感器的重要发展方向之一。

“微型”技术是一个广泛的应用领域,它覆盖了微型制造、微型工程和微型系统等多种微型结构。微型结构是指尺寸在 1 μm~1 mm 范围内的产品,它超出了人们的视觉辨别能力。在这样的范围内加工出微型机械或系统,不仅需要有关传统的硅平面技术的深厚知识,还需要全面了解微切削加工、微制造、微机械、微电子四个领域的知识。这四个领域是完成智能传感器或微型传感器系统设计的基本知识来源。

在未来一段时间内,微机械技术的作用将会像微电子技术在过去一段时间内所起的作用一样重要。全球微型系统市场价值巨大,批量生产微型结构和将其置入微型系统的能力对于全球性市场的开发具有重要作用。“微型”工程技术将会像微型显微镜以及电子显微镜一样影响人类的生活,促进人类社会和科学技术的进一步发展。

(3) 利用生物工艺和纳米技术研制传感器功能材料,以此技术为基础研制分子和原子生物传感器是一门新兴学科。

纳米科学是一门集基础科学与应用科学于一体的新兴科学。它主要包括纳米电子学、纳米材料、纳米生物学等学科。纳米科学具有广阔的应用前景，它将促使现代科学技术从目前的微米（微型结构）或纳米尺度上升到原子尺度，并成为推动人类基础科学研究和产业技术革命的巨大动力，当然也将成为传感器（包括智能传感器）的一种革命性技术。

（4）完善智能元件原理和智能材料的设计方法，也将是今后一段时间内极其重要的课题。

为了减轻人类繁重的脑力劳动，实现人工智能化、自动化，要求电子元件不仅能充分利用材料固有物性对周围环境进行检测，而且兼有信号处理和动作反应的相关功能，因此必须研究如何将信息注入材料的方式和有效途径，研究功能效应和信息流在人工智能材料内部的转换机制等，并不断探索出新型人工智能材料和传感元件。

综合训练七

【认知训练】

7-1 光纤传感器可分成哪几类？有哪些特点？

7-2 机器人传感器有哪些？其中视觉传感器包括哪些？触觉传感器包括哪些？

7-3 集成传感器有哪些特点？

7-4 集成传感器一般把哪些部分集成在一起？

7-5 什么是智能传感器？智能传感器有哪些功能？

7-6 智能传感器的发展前景如何？

【能力训练】

7-1 请通过查找资料，列出典型机器人有哪些常用传感器，并说明其作用。

7-2 请通过查找资料，列出智能手机使用的传感器，并指出哪些是智能传感器，其作用是什么。

模块八　检测仪表概述

在现代工业生产过程中，为了保证产品质量、提高生产率，并尽可能地降低消耗、节约能源，一方面要研究合理的工艺方案，另一方面必须对生产过程进行监督和控制。这就要利用各种检测仪表进行测量和记录，给工程技术人员提供详实的研究资料和数据，为操作人员的操作提供依据，并且形成控制信号驱动执行机构实现自动控制。因此，检测仪表是获取生产过程中各种信息从而进一步认识、研究和控制生产过程的重要手段与工具。本模块简要介绍常用检测仪表的原理和应用，以及常用轻化工检测系统的故障判断与处理方法。

单元1 检测仪表的基本概念

一、检测仪表的组成

一般检测仪表大致由传感、转换放大、显示记录和数据处理几部分组成。

1. 传感部分

传感部分的作用是感受被测参数的变化，拾取原始信号，并把它转换成放大部分或显示部分能接受的信号传递出去。传感部分也称为检测元件。例如，弹簧管压力表中的弹簧管、热电高温计中的热电偶等，就是传感部分。在许多仪表中，常常依靠仪表的传感部分将被测的非电量转换成电量。传感部分是检测仪表必不可少的重要组成部分，否则连原始信号都无法拾取，也就谈不上对信号的进一步处理了。

2. 转换放大部分

转换放大部分的作用是：将传感部分输出的微弱信号进行放大，以便于传输和显示；为便于进行信号处理而进行模/数（A/D）转换。此外，当传感部分的输出信号是非电量，而显示记录部分要求输入电信号时，还须在转换放大部分完成非电量与电量之间的转换。

3. 显示记录部分

显示记录部分的作用是显示或记录被测参数的测量结果。常见的显示记录部分有指针表盘、记录器、数字显示器、打印机、图形显示器等。

4. 数据处理部分

一些比较复杂的检测仪表，在其感受信号至最终显示之间，有时还有一套数据加工和处理环节，包括计算、校正等。

二、检测仪表的分类

工业生产中所用的检测仪表的结构与形式是多种多样的，可以根据不同的原则进行相应的分类。常见的分类方法有：

1. 按被测参数的不同分类

按被测参数的不同，检测仪表通常可分为温度测量仪表、压力测量仪表、流量测量仪表、物位测量仪表、机械量测量仪表、工业分析仪表等。其中，机械量测量仪表和工业分析仪表还可根据被测的具体参数进一步划分，如转速表、加速度计、pH 计、溶解氧测定仪等。按被测参数的不同进行分类是工业检测仪表中最常见的分类方法。

2. 按检测原理或检测元件的不同分类

按检测原理或检测元件的不同,检测仪表可分为弹簧管压力表、活塞式压力计、靶式流量计、转子流量计、电磁流量计、超声波流量计等。

3. 按仪表输出信号的特点与形式分类

按仪表输出信号的特点与形式大致可对检测仪表进行以下分类:

(1) 开关报警式　当被测参数的大小达到某一定值时,仪表发出开关信号或报警。例如一氧化碳报警器,当室内空气中的 CO 含量达到一定数值时,即发出报警信号;安装在管道中的流量开关,可以判断管道中有无流体流动;在食品和化工产品生产过程中,检测仪表可用作进料指示器和保险装置。

(2) 模拟式　检测仪表的输出信号是连续变化的模拟量。例如,各种指针式仪表及笔式记录仪表等。

(3) 数字式　检测仪表的输出信号是离散的数字量,以数字形式给出测量结果,避免了人为的读数误差,而且其输出信号便于与计算机连接进行数据处理及实现数控加工。

(4) 远传变送式　这类检测仪表常被称为变送器,是一种单元组合式仪表。它与其他单元组合式仪表(如调节单元、显示单元等)之间以统一标准信号联系,一般用于工业生产过程中的在线检测和自动控制系统。

三、变　送　器

变送器是从传感器发展而来的,凡能输出标准信号的单元组合式仪表就称为变送器。标准信号是物理量的形式和数值范围都符合国际标准的信号。例如直流电流 4~20 mA、空气压力 20~100 kPa 都是当前通用的标准信号。我国有许多变送器以直流电流 0~10 mA 为输出信号。目前,标准信号的形式还有电压输出 0~5 V、1~5 V、0~10 V 等,频率输出 100~500 kHz 等多种。无论被测量是哪种物理、化学参数,也不论测量范围如何,经过变送器之后的信息都必须包含在标准信号中。根据所使用的能源不同,变送器分为气动和电动两种。

1. 气动变送器

气动变送器以干燥、洁净的压缩空气为能源,它能将各种被测参数(如温度、压力、流量、液位等)变换成 0.02~0.1 MPa 的气压信号,以便传送给调节、显示等单元组合式仪表,供指示、记录或调节。气动变送器的结构比较简单、工作比较可靠,对电磁场、放射线及温度、湿度等环境影响的抗干扰能力较强,能防火防爆,价格也比较低。其缺点是响应速度较慢,传送距离受到限制,与计算机连接比较困难。

2. 电动变送器

电动变送器以电为能源，信号之间联系比较方便，适用于远距离传送，便于与计算机连接，其中防爆型变送器可以用于防爆安全等场所。电动变送器的缺点是投资一般较高，受温度、湿度、电磁场和放射线的干扰影响较大。电动变送器能将各种被测参数变换成 0~10 mA 或 4~20 mA 的直流电流的统一标准信号，以便传送给自动控制系统中的其他单元。

有了统一的信号形式和数值范围，就可以把各种变送器和其他仪表组成检测系统或调节系统。无论什么仪表或装置，只要有同样标准的输入电路或接口，就可以从各种变送器中获得被测量的信息。这样，兼容性和互换性大为提高，仪表的配套也极为方便。

单元 2 常用检测仪表

一、温度检测仪表

温度检测仪表大多是把热电偶、热电阻测得的温度信号正比地转变为直流信号输出，并以单元组合仪表出现，即温度变送器。它与指示仪、记录仪、调节器、执行机构等组成自动化过程调节系统或指示回路。

目前我国生产的温度变送器输出信号多为 4~20 mA，输出信号为 0~10 mA 的变送器也有少量生产。新型的温度变送器已具有线性校正功能，即输出与温度呈线性关系的电流。由于大规模集成电路的发展，目前已研制成体积很小的温度变送器，可以直接安装在热电偶、热电阻的接线盒内。

国内生产的 SBWR(Z)带热电偶(阻)温度变送器已经大量应用于各工矿企业生产自动化过程之中。热电偶、热电阻温度变送器接线图如图 8-1 所示，这种现场安装式温度变送单元采用二线制传送方式，一方面作为电源输入，另一方面又作为信号输出(从负载电阻上取出)。此类和热电偶、热电阻成一体的变送器，对热电偶来说，既可以省去价格昂贵的补偿导线，同时变送器还具有参比端温度自动补偿功能；对热电阻来说，无须调整三线制的接线电阻，减少了安装工作量。

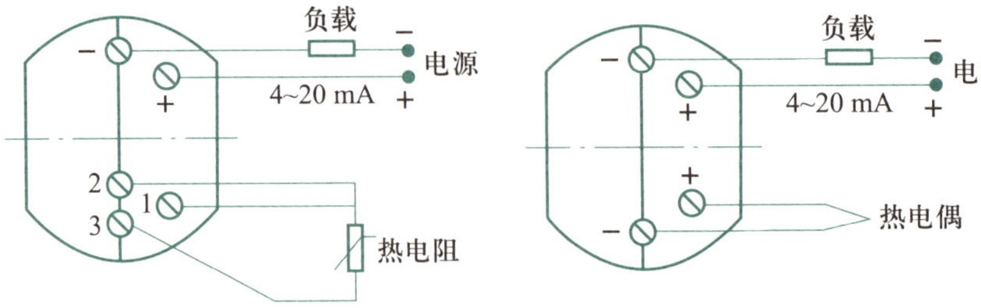

图 8-1 热电偶、热电阻温度变送器接线图

把计算机技术和通信技术应用于温度检测形成的智能式温度变送器，使用优势明显，是温度变送器的重大革新。

在工业生产过程中因各种因素的影响和限制，如 1 600 ℃以上的高温测量，或热电偶、热电阻无法安装，或不允许因测温而破坏现场等场合，最适宜使用非接触测温仪表。非接触式测温仪表有以下几种形式：

① 用肉眼观察辐射源可见光的强弱，与仪表内部灯丝亮度作比较的隐灭式光学高温计，如 WGG2 型光学高温计。

② 辐射源通过光学镜片聚焦到用热电偶组成的热电堆，从而产生热电势来进行测量的全辐射高温计，如 WFT-202 型全辐射高温计。

③ 光电高温计由一参考辐射源与被测辐射源进行比较，由红外探测元件和电子线路自动鉴别和调节，使参考辐射源在选定光谱波段的辐射能量始终精确地跟踪被测物表面。

④ 利用光导纤维可挠性特点，辐射能量沿着弯曲光导纤维传送到探测元件，经过一系列处理，将信号转换成线性的 0~10 mA 直流输出，如 WFH-65 型光导纤维红外辐射温度计。

⑤ WFHX-63 型便携式红外辐射温度计是集光、机、电高新技术于一体的测温仪表，其外形如图 8-2 所示。它除了可以携带使用外，还备有螺纹接口，可用三脚架固定在某一个位置使用，测量和监视生产现场。

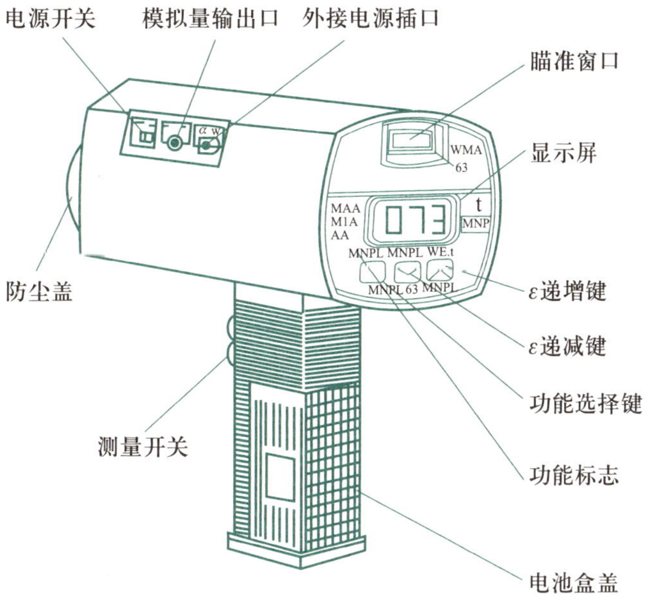

图 8-2　WFHX-63 型便携式红外辐射温度计外形

WFHX-63 型便携式红外辐射温度计工作原理如图 8-3 所示。被测辐射体能量通过光学系统会聚在探测器上；探测器输出电信号，由前置放大器放大后，按一定规律通过模拟开关，经 A/D 转换后进入 CPU；CPU 根据内存程序将被测物体相应的各种温度或辐射出射度通过 I/O

接口,显示在显示屏上;对环境温度影响由环境温度检测器给予补偿。温度计通过 D/A 转换成 0~1 V 的输出,可对被测对象进行记录和调节。

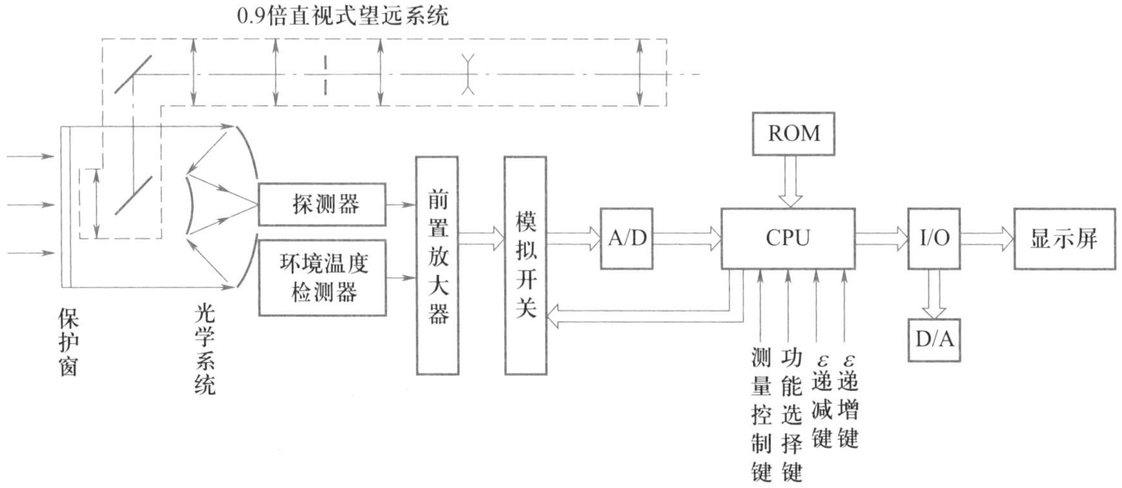

图 8-3 WFHX-63 型便携式红外辐射温度计工作原理

该类型温度计具有精度高、测量范围宽、响应灵敏、功能广泛的特点,有辐射率 ε 的设置,可测瞬时温度、峰值温度、谷值温度、平均温度、辐射出射度等。尤其对带电导体、运动物体、真空或其他特殊环境下的温度检测更显出其优异特点,是新一代非接触测温仪表之一。

二、压力检测仪表

压力或差压检测仪表通常是将测量的现场压力或差压信号转换成标准的信号输出,即压力(差压)变送器。目前压力(差压)变送器的检测方式有电容式、压阻式、电感式、振动频率式等,其中最典型的产品是电容式压力(差压)变送器和压阻型扩散硅压力(差压)变送器。这一代变送器主要有以下几个特点:

① 高精度、高可靠性,精度达到 0.1%~0.2%。

② 把压力测量元件对温度和静压的特征信号存储在内部程序存储器内,在线测量时能随着温度和静压的变化而自动补偿。

③ 应用数字通信技术能进行远距离设定量程、零位等有关数据。

④ 具有自诊断检测功能等。

下面主要介绍电容式压力(差压)变送器。1151 电容式变送器利用差压电容原理,对压力参数进行测量,其测量精度一般为±0.2%~±0.25%,最高可达±0.1%。其敏感部件设计为微位移形式,采用熔焊形成的全密封球形电极差动电容感压结构,直接测量各种压力变化;工作位移量小于 10 μm,可以有效地克服由机械内部传递冲击振动带来的影响,具有良好的稳定性。由于采用独特的球形电极设计，变送器具有极优良的抗单向过载能力（一般可达14 MPa），恢复单向变压后仍能正常工作。

1. 主要技术性能

（1）测量范围 0~0.12 kPa、0~41.37 kPa，量程比为1∶15（智能型）、1∶6（普通型）。

（2）测量精度 ±0.1%（智能型）、±0.2%~±0.25%（普通型）、±0.5%（微差压）。

（3）输出信号 直流电流4~20 mA；供电电源：直流电压12~45 V。

2. 差动电容结构及其工作原理

差动电容结构和等效电路如图8-4所示。变送器电路设计时，输出信号与中心感压极板的位移有关，而与高频供电频率、电压幅值无关（在限定的范围内）。因此，当差动电容的H边引入压力p时，中心感压极板（膜片）产生位移，因而流过C_2的电流i_2就增大，流过C_1的电流i_1就减小。并且，差动电流(i_2-i_1)随压力p成比例变化，将此差动信号送至电流转换电路转换成4~20 mA的电流信号输出。

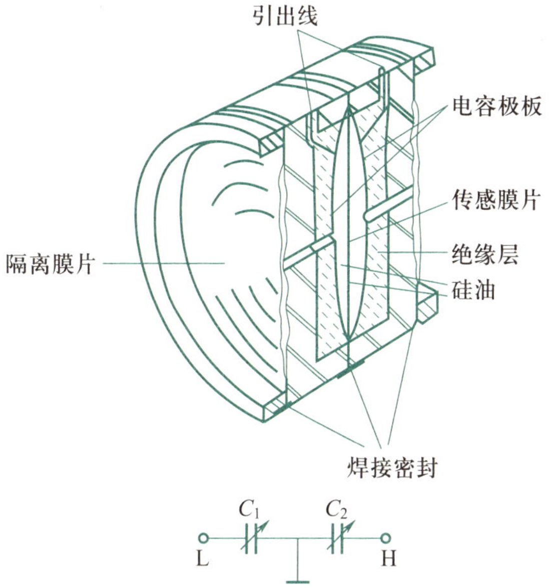

图8-4 差动电容结构和等效电路

差动电容变送器电路有普通型和智能型两种。智能型1151变送器电路框图如图8-5所示。其差动电流(i_2-i_1)送至A/D转换器，转换成数字量信号，经微处理器处理，然后送入D/A转换器转换为4~20 mA信号输出。由于变送器采用了微处理器，因此众多变送器功能可用软件编程来实现，如量程调整、工程单位设置、阻尼时间设置、输出信号线性/开方设置、变送器管理信息存储、变送器诊断功能等。同时，在变送器的微处理器电路中连接数字通信功能的模块，实现了用专用手持操作器（例如远传变送器通信器）远距离对智能变送器实施组态、测试等操作。智能型的电路板的安装与普通型是相同的，两者的电路板可以互相替代，便于用户使用的普通型变送器升级为智能型变送器。

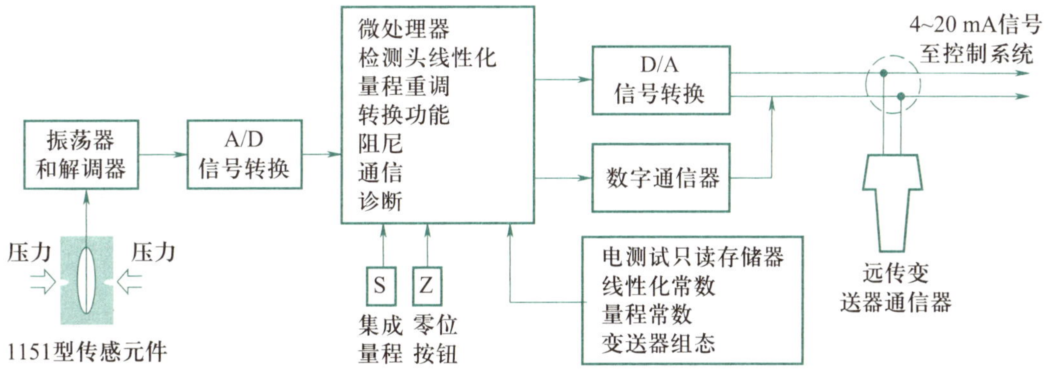

图8-5 智能型1151变送器电路框图

3. 压力（差压）变送器的耐腐蚀和防爆

（1）耐腐蚀　由于压力（差压）变送器在使用中要接触不同的化工介质，因此必然会遇到防腐蚀问题。但现实中还没有找到一种材料既能够抵御所有介质的腐蚀又能制成弹性材料，故在 1151 型、ST3000 型、PM10 型压力（差压）变送器中，有供用户选择的不同接触介质的材料，以满足用户需要。

（2）防爆　国家制定了 GB/T 3836.1—2021 标准，规定了《爆炸性环境　第 1 部分：设备通用要求》，其中规定了我国爆炸性环境用防爆电气设备的种类。在工业自动化仪表中，一般只选择两种来满足用户要求：一种是隔爆型（GB/T 3836.2—2021），由隔爆外壳“d”保护；另一种是本质安全型（GB/T 3836.4—2021），由本质安全型“i”保护。

三、流量检测仪表

随着机电一体化技术的发展，特别是微电子、计算机技术在流量仪表中的应用，流量仪表实现了智能化。按照被测对象的物理特性以及对测量准确度的要求，国内外研制了各种新型的流量仪表，其类型及采用的原理见表 8-1。其中以涡街流量计和质量流量计的发展最为迅速。

表 8-1　各种新型流量仪表的类型及采用的原理

产品类型	涡轮流量计	涡街流量计	压差流量计	金属管浮子流量计	超声波流量计	热式流量计	质量流量计
原理	动量矩守恒原理	流体动力学原理			超声原理	热力学原理	动力学原理

1. 典型流量仪表的结构及原理

（1）涡街流量计　涡街流量计的结构如图 8-6 所示。它是一种速度式仪表，输出信号是脉冲频率信号或标准电流信号，可远距离传输，输出信号与流量成正比；不受流体的温度、压力、成分、黏度和密度的影响。涡街流量计是利用流体力学卡门涡街原理设计的仪表。

（2）电磁流量计　电磁流量计的结构如图 8-7 所示。电磁流量计是根据法拉第电磁感应定律研制的一种测量导电液体体积流量的仪表。由于电磁流量计的两个电极间的距离 D 即为切割磁力线的长度，相当于测量管的内径 $2R$，导体的流速 v 相当于流体的平均流速，也相当于导体在磁场（磁感应强度为 B）中垂直于磁力线方向的运动速度，所以感应电动势 e 为

$$e = BDv \tag{8-1}$$

这样，管道内的流体流量为

$$Q = \pi R^2 v = \pi Re/(2B) \tag{8-2}$$

若 R 一定，且有恒定的 B，则只要测得 e，便可测出管道中的流体流量。当然，为了达成上

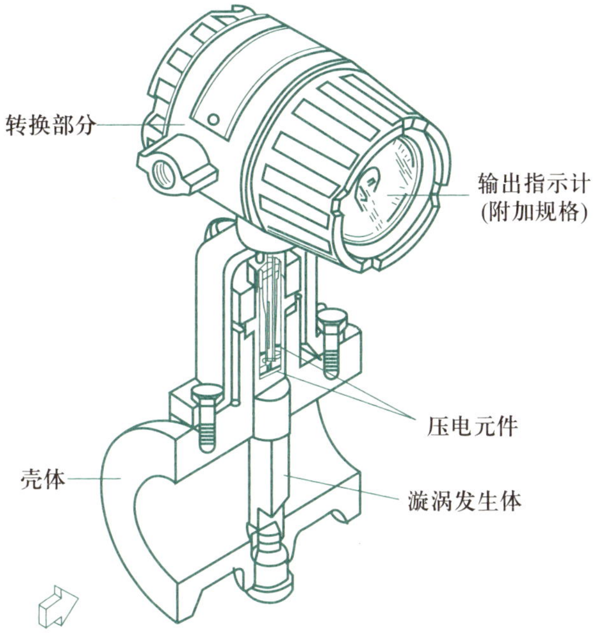

图 8-6　涡街流量计结构图

式还必须满足以下的假设:磁场均匀分布,恒定不变;被测导电流体流速分布是轴对称的;流体磁导率与真空磁导率相同,且流体是非磁性的;被测液体电导率一致和各向同性,且不受电磁场和液体运动的影响。

(3) 质量流量计　科里奥利(科氏)质量流量计的结构如图 8-8 所示。这是一种较为先进的流量仪表,其原理是:流体在振动管中流动时,产生与流量成正比的科里奥利力,通过对力的检测达到对质量流量的检测。

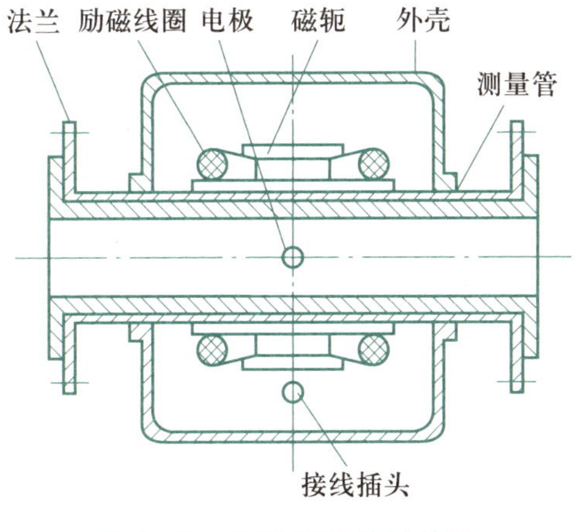

图 8-7　电磁流量计结构图

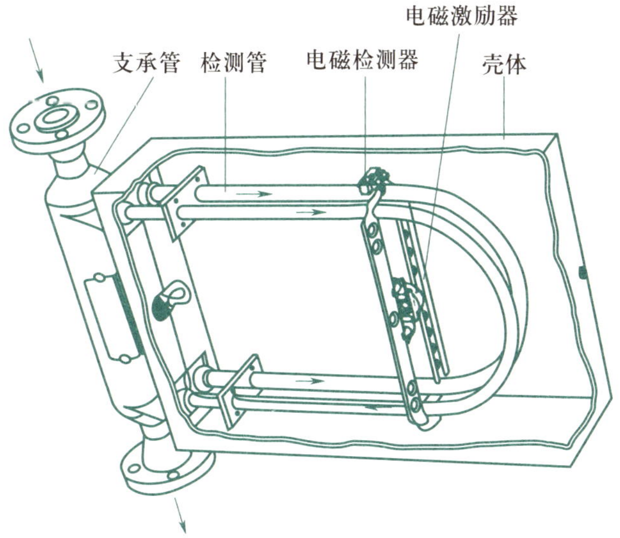

图 8-8　科里奥利(科氏)力质量流量计结构图

2. 流量仪表的选用

由于流量仪表的原理和结构特点不同,因而有不同的物理特性和适用场合。为了使用好

流量仪表,选用时必须考虑以下要求及条件:

(1) 按流量计对被测介质的适用性选择 一般进行流量检测的介质为液体、污染的液体、气体、饱和蒸气等,在石化、冶金、轻纺等行业中还有许多高黏度液体、含纤维浆液、天然气等。各种不同的测量介质均应选择适用的流量计才能达到测量精度的要求值,可参阅有关书籍。

(2) 按照流量范围或流量刻度选用 在实际流量测量中,被测流体的密度、温度和压力往往与标定时的不同,而流量仪表一般均在特定介质及状态下进行标定和刻度,通常液体用水,气体则是用温度为 20 ℃、压力为 9.8×10^4 Pa 下的空气标定后分度的。因此,选用流量计刻度时,需按实际工况条件,把被测介质的流量换算成标定和刻度情况下水或者空气的流量,然后选择流量计的口径。

(3) 按照工艺要求及流量参数变化选择 在实际工况条件下,流体的温度、压力、密度等工艺参数往往与流量仪表设计时的参数不同。目前国内生产的各类流量计大多是体积流量计,由于工艺参数的变化,仪表在标准状态下测得的体积流量与实际工作条件下测得的流量对比会产生较大的测量误差,因而必须根据相应的计算公式进行修正和补偿。误差修正时,可采用间接测量质量流量的方法来修正由于温度、压力变化而引起密度变化所造成的误差,同时也可以通过具有温度、压力补偿功能的显示仪表来加以修正。

(4) 按照安装要求选用 流量计在安装使用时,如果安装空间位置受到限制,同时又遇到管路中存在弯头、阀门等阻力,可根据不同情况选择合适的流量仪表。

四、物位检测仪表

物位检测仪表用于测控物料的位置。物位分为液体物位和固体物位。液体物位包括液位和界面(两种不同液体间分界面的位置);固体物位一般称为料位,料位按物料颗粒度大小分为粉料位、颗粒料位和块料位。

物位检测仪表中电容物位仪表在液位和料位、位式控制以及连续测量中都可应用。当物料是绝缘介质和虽不绝缘但不黏附的介质时,电容物位仪表比较适用。近些年电容物位控制器技术有所突破,大大提高了仪表抗黏附能力,使其几乎可以用于一切物料的位式控制。

超声波物位仪表是一种非接触式测量物位的仪表。由于它的传感器不和物料直接接触,不易受物料的机械损害和化学腐蚀影响,因而在料位测量以及强腐蚀液体测量中占有优势。

1. 电容物位控制器

与传统电容物位控制器不同,它不单纯检测电容,而是检测物料形成的电容和电阻的综合效应,因而又可称为射频导纳物位控制器。它采用相位检测、数字式电容校正以及等电位屏蔽技术,使仪表的灵敏度、稳定性及抗黏附能力大大提高。

电容物位仪表测量原理如图 8-9 所示,仪表由探头和电路两部分组成。探头呈双层套筒式结构，中心是测量电极，外面用屏蔽电极包围，两者间绝缘，探头与料仓壁绝缘。工作时探头插入料仓内，测量电极和料仓壁构成测量电容器的两电极，料仓内物料就是该电容器两极间的电介质。物料的多少反映了电容器内充填的电介质数量多少，决定了该电容器的电容量以及两电极间阻抗的大小。

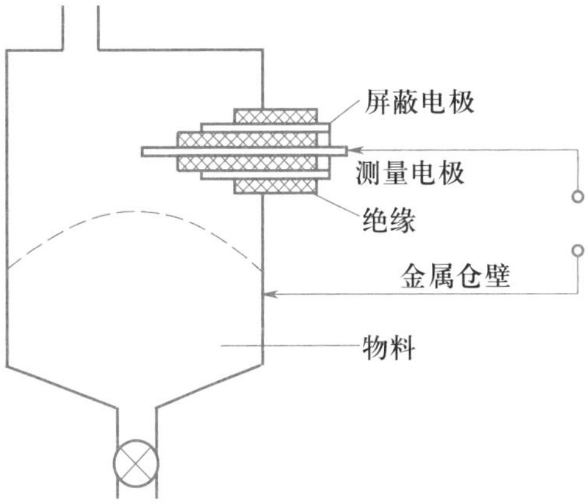

图8-9　电容物位仪表测量原理图

物料接触测量电极后往往会在电极上留存一些物料，反复堆积的物料会在测量电极和仓壁之间形成通路，使仪表误认为物料已接触测量电极而发出错误的信号。为此仪表设置了屏蔽电极，屏蔽电极包围在测量电极外，隔在测量电极和仓壁之间。屏蔽电极上施加与测量电极等幅同相位的激励电源。由于两电极电位相同，两者间没有电流流动，客观上屏蔽了测量电极，切断了测量电极与仓壁间的通路。屏蔽电极的作用区域只限于电极棒周围一层区域，这一区域恰好是积料区域，可以避免积料的破坏作用；离电极棒稍远的正常物料变化超出了屏蔽电极的作用区域，测量作用可以照常进行。

2. 超声波物位计

料位连续测量十分困难，目前还没有十分理想的仪表。在可选择的几种仪表中，超声波物位计具有一定优势，它的优势在于没有机械摩擦、非接触式测量、安装方便、维护量小且价格又不太高。

超声波物位计的测量原理如图8-10所示。仪表从探头发射声脉冲，声脉冲由探头直线传播到物料表面，被物料反射后回到探头，被探头接收。仪表测量发射和接收之间的时间间隔，根据声速换算出探头到物料表面的距离（一般称为空程），也可以算出料高（仪表安装高度减去空程）。

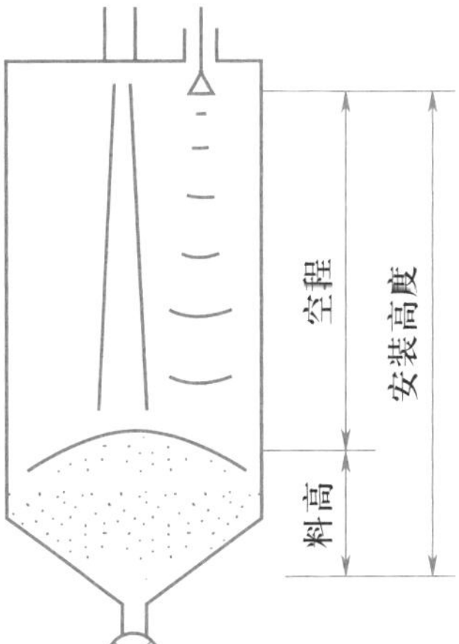

图8-10　超声波物位计测量原理图

超声探头发射的声脉冲波束角一般为10°~15°（3 dB衰减），声波能量散失很严重，声强几乎随传播距离平方关系衰减。物料表面一般不垂直于声波传播方向，声波的主反射波不会被探头接收，探头接收的有效回波是物料表面的漫反射波，而漫反射波比主反射波要弱得多。许多物料的表面疏松，吸收声波能力强，有效漫反射波更加微弱，因此超声波物位计不得不尽可能提高发射脉冲的强度以改善信噪比。譬如DLM50超声波物位计发射脉冲的驱动脉冲功率接近1 kW，可接收到的回波还是十分微弱。由于料面不断无规律变动，回波强度大幅度无序波动，周围环境噪声以及主反射波在仓壁多次反射造成的干扰有时很强，这些造成了超声波物位计工作条件恶劣，因此必须在信号处理和电路中下许多功夫才能获得稳定的运行效果。

超声波物位计由探头和控制器构成。控制器一般包含模拟电路和数字电路部分。模拟电路完成脉冲形成、功放、输出、回波输入、滤波、自动增益控制、放大、比较等功能。数字电路以单片微处理器为核心完成数字信号处理、D/A 转换、输出及辅助功能。

DLM50 超声波物位计的超声波频率为 13 kHz,发射时控制器向探头发送 1 ms 宽的脉冲群,内含约 13 个脉冲。探头被激励后向外发射超声脉冲,发射后探头会有一段时间余振。这段时间输入回路被发射和余振挤占,无法接收回波,因此它被称为盲区。

电路中还设置了一些滤波电路,以控制干扰信号,但偶然地丢失回波和突发性干扰是不可避免的,因此又设置了一些软件功能以取得稳定的测量效果,这些都由数字电路部分实现。

单元 3 常用轻化工过程检测系统的故障判断与处理

轻化工生产过程中经常会出现仪表故障现象。由于检测与控制过程中出现的故障现象比较复杂,因此正确判断、及时处理仪表故障,不但直接关系到生产的安全与稳定,涉及产品的质量和消耗,而且也最能反映操作人员的实际工作能力和业务水平。要提高仪表故障判断能力,除了对仪表工作原理、结构、性能特点熟悉外,还需熟悉测量系统中每一个环节,对工艺介质的特性、设备的特性应有所了解,这样有助于分析和判断故障现象。下面介绍温度、流量、压力和液位等常用轻化工过程检测系统故障的判断思路及处理方法。

一、温度检测系统故障的判断与处理

故障现象:温度指示不正常,偏高或偏低,或变化缓慢甚至不变化等。

以热电偶作为测温元件进行说明。首先应了解工艺状况,可以询问工艺人员被测介质的情况及仪表安装位置,是气相还是液相。因为是正常生产过程中的故障,不是新安装的热电偶,所以可以排除热电偶和补偿导线极性接反、热电偶或补偿导线不配套等因素,接下来可以按以下思路逐步进行检查与处理。

① 检查:有温度变送器时是否指示为 1~5 V 直流电压;无温度变送器时相应热电偶是否为 mV 级信号;检查控制系统的输入接口。若存在问题,应调校显示仪表。

② 检查热电偶接线盒:是否进水;接线柱之间是否短路;端子是否锈蚀。若存在问题,进行处理。

③ 测量 mV 级信号,若存在问题,应调校温度变送器。

④ 抽出热电偶检查:保护套管内是否进入了工艺介质;陶瓷绝缘是否损坏。若存在问题,则进行处理。

⑤ 检查冷端温度是否变化。冷端温度若变化，则调整冷端温度。

⑥ 检查补偿导线是否绝缘、老化。若不绝缘或已老化，则更换补偿导线。

⑦ 检查工艺因素：如检测干燥机内物料温度，由于工艺、设备原因造成物料温度局部不均匀；如检测储槽物料温度，由于液面过低或热电偶在气相，造成温度指示变化；热电偶保护套管外结垢严重。若存在问题，则进行处理。

二、流量检测系统故障的判断与处理

故障现象：流量指示不正常，偏高或偏低。

以电动差压变送器（1151DP、1751DP）为例。在处理故障时应向工艺人员了解故障情况，了解工艺情况，如被测介质情况、机泵类型、简单工艺流程等。故障判断可按以下思路进行检查与处理。

① 检查显示仪表输入信号：有开方器时应检查开方器输入信号；对集散控制系统查输入接口。若存在问题，则进行处理：调校显示仪表；调校开方器。

② 检查差压变送器零位（关正负取压阀，开平衡阀）。若不在零位，则调零点。

③ 检查三阀组的平衡阀是否内漏。

④ 检查导压管是否堵塞；隔离液是否被冲走。若导压管堵住，则打开排污阀排污；若隔离液被冲走，则重新加隔离液。

⑤ 对差压变送器就地校正或送检定室校正；检查安保器、电源系统和信号线路。

⑥ 检查工艺原因：流量实际工况偏离设计工况很大；流量传输系统阻力分配不平衡，诸如造成离心泵扬程太小、流量过大，工艺介质存在气液两相，工艺管道内有堵塞现象造成局部涡流等。若存在问题，则进行处理。

三、压力检测系统故障的判断与处理

故障现象：某一化工容器压力指示不正常，偏高或偏低，或不变化。

以电动压力变送器（1151GP、1751GP）为例。首先了解被测介质是气体（蒸汽除外）还是液体，了解简单工艺流程。有关故障判断可按以下思路进行检查与处理。

① 检查显示仪表输入信号；若使用集散控制系统，检查输入接口。若存在问题，可调校显示仪表。

② 检查压力变送器零位，关闭取压阀，打开排污阀，或松开取压接头。若压力变送器不在零位，则调零点。

③ 检查取压管线：若测气体（蒸汽除外），则检查是否堵住，是否有冷凝液；若测蒸汽，则检

查是否冻住或堵住；若测液体，则检查是否堵住或冻住，隔离液是否被冲走。若存在问题，则分别进行处理，若有保温则要检查保温状况。

④ 调校压力变送器。

⑤ 检查工艺因素，和工艺人员商讨解决。

四、液位检测系统故障的判断与处理

故障现象：液位指示不正常，偏高或偏低。

以电动浮筒液位变送器为例。首先要了解工艺状况、工艺介质，被测对象是精馏塔、反应釜，还是储罐（槽）、反应器。浮筒液位计有关液位（物位）检测故障判断按以下思路进行检查与处理。

① 检查显示仪表输入信号；若使用集散控制系统，查输入接口。若存在问题，可调校显示仪表。

② 检查浮筒液位计零位，关闭取压阀，打开排污阀，清洗浮筒。若不在零位，则调零点，亦可以调校浮筒液位计。

③ 检查浮筒液位计顶部排气阀和气相连接法兰是否泄漏。若有泄漏，则消除泄漏。

④ 检查玻璃液位计：是否在取压阀门处堵；是否顶部放气阀漏。若有，则消除假液位现象。

⑤ 检查工艺原因：若工艺介质的密度有较大的变化，应进行调整。

需要注意，测量液位时往往同时配置玻璃液位计，工艺人员以现场玻璃液位计为参照，判断电动浮筒液位变送器指示偏高或偏低，因为玻璃液位计比较直观。

综合训练八

【认知训练】

8-1　检测仪表由哪几部分组成？

8-2　检测仪表是怎样分类的？

8-3　压力（差压）变送器有哪些特点？

8-4　流量检测仪表有哪些类型？分别采用什么原理？

8-5　简要说明温度检测故障判断的思路。

8-6　简要说明流量检测故障判断的思路。

8-7 简要说明压力检测故障判断的思路。

8-8 简要说明液位检测故障判断的思路。

【能力训练】

8-1 有一台两线制压力变送器,量程为 0~1 MPa,对应的输出电流为 4~20 mA。求:

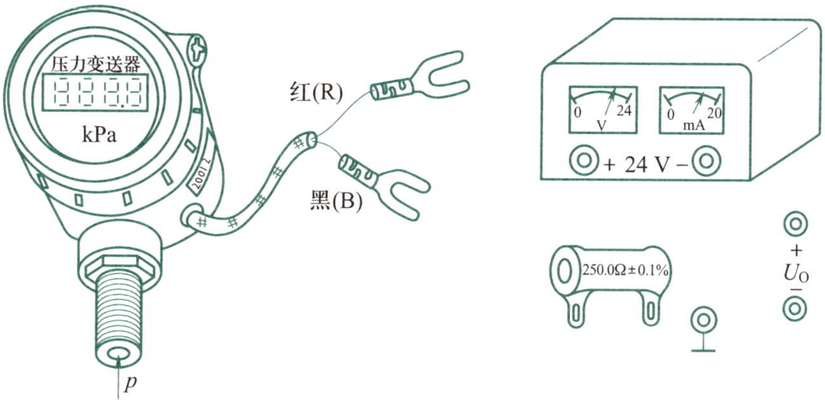

图 8-11 二线制压力变送器、供电电源及电阻

(1) 压力 p 与输出电流 I 的关系表达式(输入/输出方程)。

(2) 画出压力与输出电流间的输入/输出特性曲线。

(3) 当 p 为 0 MPa、1 MPa 和 0.5 MPa 时变送器的输出电流。

(4) 如果希望在信号传输终端将电流信号转换为 1~5 V 电压,求负载电阻 R_L 的阻值。

(5) 画出该两线制压力变送器的接线电路图(电源电压为 24 V)。

(6) 如果测得变送器的输出电流为 5 mA,求此时的压力 p。

(7) 若测得变送器的输出电流为 0 mA,试说明可能是哪些原因造成的。

(8) 图 8-11 所示为二线制压力变送器、供电电源及电阻,请将图中的各元件正确地连接起来。

(9) 请查阅有关资料,写出一次仪表与二次仪表的定义。

模块九　传感器应用的相关技术问题

传感器系统在工作的过程中，有时会出现某些不正常的现象。这表明，传感器系统存在着来自外部和内部影响其正常工作的各种因素，尤其是当被测信号很微弱时问题就更加突出。这些因素统称为“干扰”。干扰不但会造成测量误差，有的甚至会引起系统的紊乱，导致生产事故。

另外，产品的质量是人们非常关注的问题，对传感器系统也不例外，全面衡量产品质量的一个重要指标就是可靠性。本模块介绍抗干扰技术、传感器系统的可靠性、传感器信号的预处理以及传感器的标定与选择。

单元1　抗干扰技术

在传感器系统的设计、制造、安装和使用中都必须充分注意抗干扰问题。我们应首先了解干扰的种类和来源以及形成干扰的途径，才能有针对性地采取有效措施消除干扰对传感器系统的影响。抗干扰技术应用广泛，如天文观测、通信、国防中的电子对抗等。

一、干扰的来源

根据产生干扰的物理因素，干扰有如下几种来源：

1. 机械的干扰

机械的干扰是指由于机械振动或冲击，使传感器装置中的元件发生振动、变形，使连接导线发生位移，使指针发生抖动，从而影响其正常工作。声波的干扰类似于机械振动，从效果上看也可以列入这一类中。对于机械的干扰主要是采用隔振措施来解决，例如应用隔振弹簧或减振橡皮垫等。

2. 热的干扰

传感器系统在工作时产生的热量所引起的温度波动和环境温度的变化等都会引起检测电路元器件参数发生变化，或产生附加的热电动势等，从而影响传感器系统的正常工作。对于热的干扰，工程上通常采用热屏蔽、恒温措施、对称平衡结构、温度补偿元件等方法进行抑制。

3. 光的干扰

在传感器装置中人们广泛使用着各种半导体元件，但半导体材料在光线的作用下会激发出电子空穴对，使半导体元件产生电势或引起阻值的变化，从而影响检测系统的正常工作。因此，半导体元件应封装在不透光的壳体内，对于具有光敏作用的元件，尤其应注意光的屏蔽问题。

4. 湿度变化的影响

湿度增加会使元件的绝缘电阻下降，漏电流增加，高值电阻的阻值下降，电介质的介电常数增加，吸潮的线圈骨架膨胀等，这些必然会影响传感器系统的正常工作。尤其是在南方潮湿地区、船舶及锅炉等环境中，更应注意密封防潮措施。例如，电气元件和印制电路板的浸漆、环氧树脂封灌和硅橡胶封灌等均是强有力的防湿措施。

5. 化学的干扰

化学物品，如酸碱盐及腐蚀性气体等，会腐蚀电气元件、损坏传感器装置，产生电化学噪声。因此，良好的密封和清洁是十分必要的。

6. 电和磁的干扰

电和磁可以通过电路和磁路对传感器系统产生干扰作用，电场和磁场的变化也会在有关电路中感应出干扰电压，从而影响传感器系统的正常工作。这种电和磁的干扰对于传感器系统来说是最为普遍和影响最严重的，因此必须认真对待。

7. 射线辐射的干扰

射线会使气体电离，半导体内会激发电子空穴对，金属逸出电子等，因而用于原子能、核装置等领域内的传感器系统，尤其要注意射线辐射对传感器系统的干扰。射线辐射的防护是一门专门技术，可参阅有关书籍。

二、信噪比与电磁兼容性

1. 信噪比

各种干扰在传感器系统的输出端往往反映为一些与检测量无关的电信号，这些无用的电信号称为噪声。当噪声电压使检测电路无法正常工作时，该噪声电压就称为干扰电压。噪声对检测装置的影响必须与有用信号共同分析才有意义。衡量噪声对有用信号的影响常用信噪比（S/N）来表示，它是指在信号通道中，有用信号功率 P_S 与噪声功率 P_N 之比，或有用信号电压 U_S 与噪声电压 U_N 之比，表示噪声对有用信号影响的大小。信噪比常用对数形式来表示，单位为分贝（dB），即

$$S/N = 10\ \lg\frac{P_S}{P_N} = 20\ \lg\frac{U_S}{U_N} \tag{9-1}$$

由式（9-1）可知，信噪比越大，表示噪声对测量结果的影响越小。在测量过程中应尽量提高信噪比。

2. 电磁兼容性

随着科学技术、生产力的发展，高频、宽带、大功率的电气设备几乎遍布日常生活中的所有角落，随之而来的电磁干扰也越来越严重地影响检测系统的正常工作。在前述干扰源中电磁干扰是最普遍和最难解决的干扰因素。

对于检测系统来说，主要考虑在恶劣的电磁干扰环境中系统必须能正常工作，并能取得精度等级范围内的正确测量结果，即提高信噪比。为此，在 20 世纪 40 年代人们提出了电磁兼容性的概念，但直到 20 世纪 70 年代人们才越来越强调对电子设备、检测控制系统的电磁兼容性问题。所谓电磁兼容，是指电子设备在规定的电磁干扰环境中能按照原设计要求而正常工作的能力，而且也不向处于同一环境中的其他设备释放超过允许范围的电磁干扰信号。通俗地说，电磁兼容是指电子系统在规定的电磁干扰环境中能正常工作而且还不允许产生超过规定的电磁干扰信号的能力。

电磁干扰源可分为自然界干扰源和人为干扰源。自然界干扰源包括地球外层空间的宇宙射电噪声、太阳耀斑辐射噪声以及大气层的雷电噪声等。人为干扰源又分为有意发射干扰源和无意发射干扰源。前者如广播、电视、通信雷达和导航等无线电设备,后者是各种工业、交通、医疗、家电、办公设备在完成自身任务的同时,附带产生的电磁能量辐射。检测系统的电磁干扰可以来自系统外部,也可以来自系统内部的元件、电路、装置等。为了提高检测系统的电磁兼容性,必须了解电磁干扰的途径、抑制措施及抗电磁干扰的有关技术。

三、电磁干扰的途径

电磁干扰通过一定的途径进入传感器装置才会对测量结果造成影响,因此有必要讨论电磁干扰的途径及作用方式,以便有效地切断这些途径,消除干扰。电磁干扰的途径有“路”和“场”两种形式。凡噪声源通过电路的形式作用于被干扰对象的,都属于“路”的干扰,如通过漏电流、共阻抗耦合等引入的干扰;凡噪声源通过电场、磁场的形式作用于被干扰对象的,都属于“场”的干扰,如通过分布电容、分布互感等引入的干扰。

1. 通过“路”的干扰

(1) 漏电流耦合形成的干扰　它是由于绝缘不良,由流经绝缘电阻的漏电流所起的噪声干扰。漏电流耦合干扰经常发生在下列情况:

① 用传感器测量较高的直流电压时。

② 在传感器附近有较高的直流电压源时。

③ 在高输入阻抗的直流放大电路中。

(2) 传导耦合形成的干扰　噪声经导线耦合到电路中去是最明显的干扰现象。当导线经过具有噪声的环境时,即拾取噪声,并经导线传送到电路而造成干扰。传导耦合的主要现象是噪声经电源线传到电路中来。通常,交流供电线路在生产现场的分布,实际上构成了一个吸收各种噪声的网络,噪声可十分方便地以电路传导的形式传到各处,并经过电源引线进入各种电子装置造成干扰。实践证明,经电源线引入电子装置的干扰无论从广泛性和严重性来说都是十分明显的,但常被人们忽视。

(3) 共阻抗耦合形成的干扰　共阻抗耦合是由于两个电路共有阻抗,当一个电路中有电流流过时,通过共有阻抗便在另一个电路上产生干扰电压。例如,几个电路由同一个电源供电时,会通过电源内阻互相干扰;在放大器中,各放大级通过接地线电阻互相干扰。

2. 通过“场”的干扰

(1) 静电耦合形成的干扰　电场耦合实质上是电容性耦合,它是由于两个电路之间存在寄生电容,从而使一个电路的电荷变化影响到另一个电路。当几个噪声源同时经静电耦合干扰同一个接收电路时,只要是线性电路,就可以使用叠加原理分别对各噪声源干扰进行分析。

(2) 电磁耦合形成的干扰 电磁耦合又称互感耦合，它是由于在两个电路之间存在互感，一个电路的电流变化，通过磁交链会影响到另一个电路。例如，在传感器内部，线圈或变压器的漏磁是对邻近电路的一种很严重的干扰；在电子装置外部，当两根导线在较长一段区间平行架设时，也会产生电磁耦合干扰。

(3) 辐射电磁场耦合形成的干扰 辐射电磁场通常来源于大功率高频电气设备、广播发射台、电视发射台等。如果在辐射电磁场中放置一个导体，则在导体上产生正比于电场强度 E 的感应电动势。输配电线路，特别是架空输配电线路都将在辐射电磁场中感应出干扰电动势，并通过供电线路进入传感器，造成干扰。在大功率广播发射台附近的强电磁场中，传感器外壳或传感器内部尺寸较小的导体也能感应出较大的干扰电势。例如，当中波广播发射的垂直极化波的强度为 100 mV/m 时，长度为 10 cm 的垂直导体可以产生 5 mV 的感应电动势。

四、抑制电磁干扰的基本措施

电磁干扰的形成必须同时具备三要素，即干扰源、干扰途径以及对噪声敏感性较高的接收电路——检测装置的前级电路。形成电磁干扰的三要素之间的联系如图 9-1 所示。

图 9-1 形成电磁干扰的三要素之间的联系

要想抑制电磁干扰，首先应对电磁干扰有全面而深入的了解，然后从形成电磁干扰的三要素出发，在三个方面采取措施。

1. 消除或抑制干扰源

消除或抑制干扰源是积极主动的措施。继电器、接触器、断路器等的电触点，在通断电时产生的电火花是较强的干扰源，可以采取触点消弧电容等措施。插接件接触不良，电路接头松脱、虚焊等也是造成干扰的原因，对于这类可以消除的干扰源要尽可能消除。对难以消除或不能消除的干扰源，例如某些自然现象的干扰、邻近工厂的用电设备的干扰等，就必须采取防护措施来抑制干扰源。

2. 破坏干扰途径

① 对于以“路”的形式进入的干扰，可以采取提高绝缘性能的办法来抑制漏电流干扰；采用隔离变压器、光电耦合器等来切断大地环路的干扰途径；引用滤波器、扼流圈等技术将干扰信号除去；改变接地形式以消除共阻抗耦合干扰等。对于数字信号可采用整形、限幅等信号处理方法切断干扰途径。

② 对于以“场”的形式进入的干扰，一般采取各种屏蔽措施。

3. 削弱接收电路对干扰信号的敏感性

根据经验,高输入阻抗电路比低输入阻抗电路更易受干扰;布局松散的电子装置比结构紧凑的电子装置更易受外来干扰;模拟电路比数字电路的抗干扰能力更差。由此可见,电路设计、系统结构等都与干扰的形成有着密切关系。因此,系统布局应合理,且设计电路时应采用对干扰信号敏感性差的电路。

以上三个方面的措施可用疾病的预防来比喻,即消灭病菌来源、切断病菌传播途径和提高人体的抵抗能力。

五、抗电磁干扰技术(电磁兼容控制技术)

抑制电磁干扰的基本措施中,消除干扰源是最有效、最彻底的方法。但实际上不少干扰源是不可消除的,所以需要研究抗电磁干扰技术。抗电磁干扰技术又称为电磁兼容控制技术。下面介绍几种常用的、行之有效的抗电磁干扰技术,如屏蔽技术、接地技术、浮置技术、平衡电路技术、滤波技术和光电耦合技术等。

1. 屏蔽技术

利用金属材料制成容器,将需要防护的电路包在其中,可以防止电场或磁场的耦合干扰,此种方法称为屏蔽。屏蔽可以分为静电屏蔽、电磁屏蔽和低频磁屏蔽等几种。

(1) 静电屏蔽　根据电学原理,在静电场中,密闭的空心导体内部无电力线,即内部各点等电位。静电屏蔽就利用这个原理,以铜或铝等导电性良好的金属为材料,制作封闭的金属容器,并与地线连接,把需要屏蔽的电路置于其中,使外部干扰电场的电力线不影响其内部的电路,反过来,内部电路产生的电力线也无法去影响外电路。必须说明的是,作为静电屏蔽的容器壁上允许有较小的孔洞(作为引线孔),它对屏蔽效果的影响不大。在电源变压器的原方和副方之间插入一个留有缝隙的导体,并将它接地也属于静电屏蔽,可以防止两绕组间的静电耦合。

(2) 电磁屏蔽　电磁屏蔽也是采用导电性良好的金属材料作屏蔽罩,利用电涡流原理,使高频干扰电磁场在屏蔽金属内产生电涡流,消耗干扰磁场的能量,并利用涡流磁场抵消高频干扰磁场,从而使电磁屏蔽层内部的电路免受高频电磁场的影响。

若将电磁屏蔽层接地,则同时兼有静电屏蔽作用。通常使用的铜质网状屏蔽电缆就能同时起电磁屏蔽和静电屏蔽的作用。

(3) 低频磁屏蔽　在低频磁场中,电涡流作用不太明显,因此必须采用高导磁材料作屏蔽层,以便将低频干扰磁力线限制在磁阻很小的磁屏蔽层内部,使低频磁屏蔽层内部的电路免受低频磁场耦合干扰的影响。在干扰严重的地方常使用复合屏蔽电缆,其最外层是低磁导率、高饱和的铁磁材料,最里层是铜质电磁屏蔽层,以便一步步地消耗掉干扰磁场的能量。在工业中常用的办法是将屏蔽线穿在铁质蛇皮管或普通铁管内，以达到双重屏蔽的目的。

2. 接地技术

（1）地线的种类　导线接地起源于强电技术，它的本意是接大地，主要着眼于安全。这种地线也称为“保安地线”。图 9-2 所示是单相三线交流配电原理图。对于仪器、通信、计算机等所应用的电子技术来说，“地线”多是指电信号的基准，也称为“公共参考端”，它除了作为各级电路的电流通道之外，还是保证电路工作稳定、抑制干扰的重要环节。它可以是接大地的，也可以是与大地隔绝的，例如飞机、卫星上的地线，因此通常将仪器设备中的公共参考端称为信号地线。信号地线又可分为模拟信号地线、数字信号地线、信号源地线和负载地线四种。

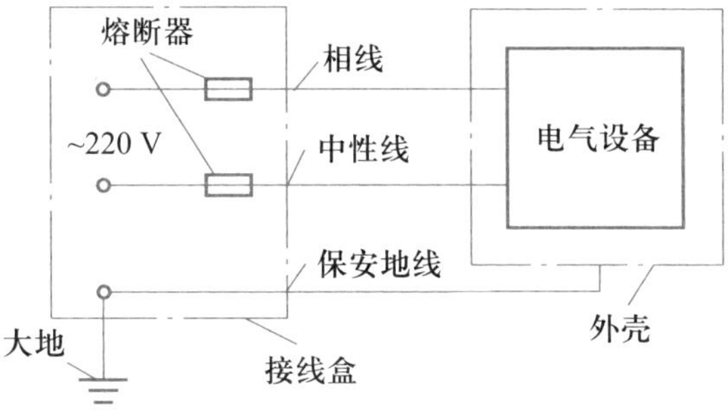

图 9-2　单相三线交流配电原理图

（2）一点接地原则　对于上述四种地线一般应分别设置，在电位需要连通时，也必须仔细选择合适的点，在一个地方相连，这样才能消除各地线之间的干扰。一点接地可分为单级电路的一点接地、多级电路的一点接地和传感器系统的一点接地，图 9-3 为单极电路的一点接地、图 9-4 为多级电路的一点接地、图 9-5 为传感器系统的一点接地，限于篇幅这里不再赘述。

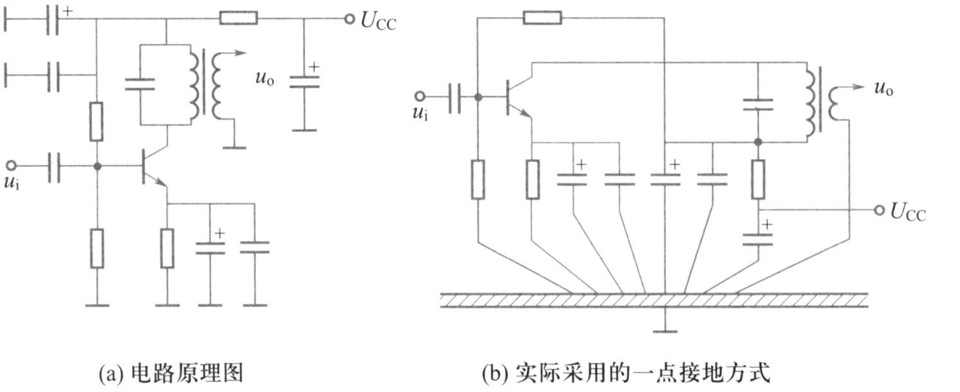

图 9-3　单级电路的一点接地

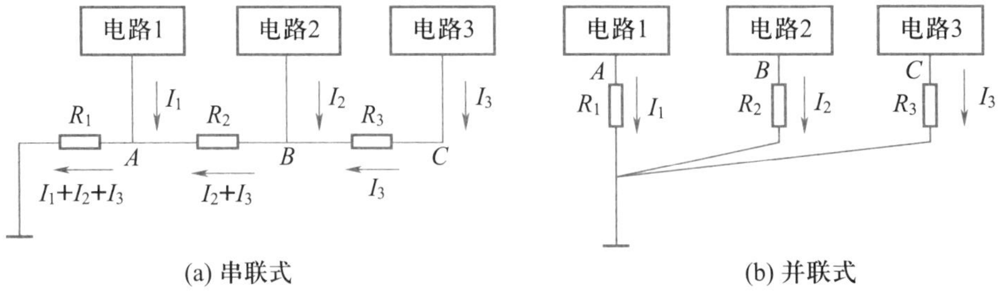

图 9-4　多级电路的一点接地

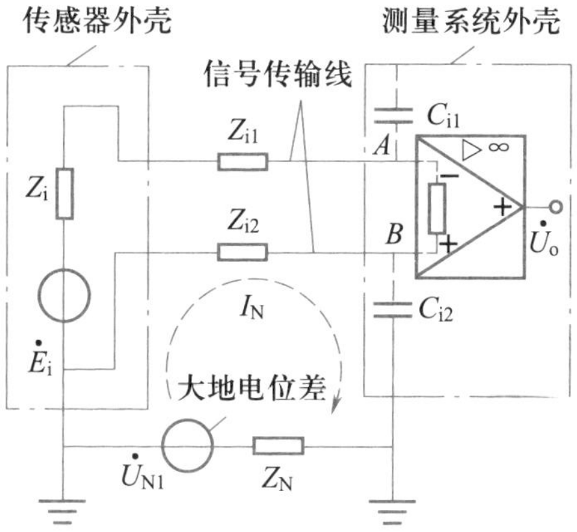

图 9-5 传感器系统的一点接地

3. 其他抗电磁干扰技术

（1）浮置技术 浮置又称浮空、浮接，它指的是模拟输入信号放大器的公共线（即模拟信号地线）不接机壳或大地。对于被浮置的测量系统，测量电路与机壳或大地之间无直接联系。屏蔽接地的目的是将干扰电流从信号电路引开，即不让干扰电流流经导线，而是让干扰电流流经屏蔽层到大地。浮置与屏蔽接地相反，是阻断干扰电流的通路，检测系统被浮置后，明显地加大了系统信号放大器的公共线与大地（或外壳）之间的阻抗，因此浮置能大大减小共模干扰电流。

（2）平衡电路技术 平衡电路又称对称电路。它是指双线电路中的两根导线与所连接到这两根导线的电路，对地或对其导线来说，电路结构对称，对应阻抗相等。例如，电桥电路和差动放大器等电路就属于平衡电路。采用平衡电路可以使对称电路结构所获得噪声相等，并可以在负载上自行抵消。

（3）滤波技术 滤波器是抑制电磁干扰的重要手段之一。所谓滤波技术，就是用电容和电感线圈或电容和电阻组成滤波器接在电源输出端、测量线路输入端、放大器输入端或测量桥路与放大器之间，以阻止干扰信号进入放大器，使干扰信号衰减。常用的是 *RC* 型、*LC* 型及双 T 型等形成的无源滤波器或有源滤波器。

使用滤波器一般要求将干扰衰减至 1% 以下，在此要求满足时选用滤波器应考虑：检测电路的外接阻抗及放大器的输入阻抗，滤波器的时间常数对传感器系统性能的影响，滤波器的频率特性（不同类型滤波器对不同频率的干扰的衰减倍率），滤波器体积、安装及制造工艺。

（4）光电耦合技术 光电耦合器是一种电→光→电的耦合元件，它的输入是电流，输出也是电流，两者之间在电气方面却是绝缘的。目前，传感器系统越来越多地采用光电耦合器来提高抗干扰能力。光电耦合器具有：输入、输出回路绝缘电阻高（大于 $10^{10}\ \Omega$）、耐压超过 1 kV；因为光的传输是单向的，所以输出信号不会反馈影响输入端；输入、输出回路是完全隔离的，能很好地解决不同电位、不同逻辑电路之间的隔离与传输的矛盾等特点。可以看出，使用光电耦合器能比较彻底地切断大地电位差形成的环路电流。

单元2 可靠性问题

产品质量的可靠性是设计者、生产者和使用者共同关心的问题,也是对产品质量作全面评定的一个重要指标。可靠性问题是直接影响到经济、军事和政治甚至生命的大问题。

当今国际工业技术的飞速发展,产品的更新换代加快了,而产品的性能要求又日益提高,结构日趋复杂,使用场所更加广泛,环境更为严酷,因此,产品的可靠性问题就更为突出。可靠性的观点和方法已经成为质量保证、安全性保证、产品责任预防等不可缺少的依据和手段。传感器系统当然也必须进行可靠性设计和研究,本单元简要介绍可靠性的基本概念和提高可靠性的措施。

一、可靠性的基本概念

(1) 可靠性的定义　传感器系统或机电产品的可靠性,是指在规定的时间内,在规定的条件下,完成规定功能的能力或可能性。

可见,它从三个不同的角度定义了产品的可靠性:

① “规定的时间内”是指对保持产品的质量和性能有一定的时间要求,即产品的可靠性随时间而变化。“规定的时间”是产品可靠性的一个重要技术指标和考核要求。对不同产品,这一时间要求不同。

② “规定的条件下”是指产品的使用条件,如温度、湿度、载荷、振动、介质等。显然,这些也是产品可靠性的技术指标和考核要求。对不同产品,给定或适用的条件不同。

③ “规定的功能”是指传感器系统或机电产品的技术性能指标,如精度、效率、强度、稳定性等。对不同产品应明确规定达到什么指标才合格;反之,就要明确规定,产品处于什么情况或状态下而失效。

(2) 可靠度　在可靠性定义中,涉及三个“规定”和一个“能力”。在规定的时间、规定的条件和规定的功能下,某一产品可能完成任务,也可能完不成任务,即它可能具有这个能力,也可能没有这个能力,这是一个随机事件,可用概率定量地描述。因此,在可靠性研究中,为了定量描述产品的可靠性问题,可靠度的概念被提出,即产品在规定的时间内,在规定的条件下,完成规定功能的概率,称为该产品的可靠度。显然,可靠度是对产品可靠性的概率度量。

(3) 失效率　传感器系统或机电产品总有产生失效(故障)的时候,对同一产品进行大量试验可得出产品的失效规律。产品的失效率是指产品工作到某一时间后的单位时间内产生失效的概率，即尚未失效的产品工作到一定时刻 t 后，在时间区间 $(t,t+\Delta t)$ 内发生一个失效的条件概率与时间区间长度 Δt 的比值。

二、提高可靠性的措施

为了提高传感器系统和机电产品的可靠性，可采用可靠性更高的元件代替原系统中失效率较大的元件，或者提高工艺质量，如加工质量、焊点质量、文明生产水平、清洁度等。除了这两种提高可靠性的措施外，还可通过研究可靠性问题，找出一些规律，利用这些规律来达到提高产品可靠性的目的。

1. 利用失效的规律来提高可靠性

图 9-6 所示为传感器系统和机电设备的一般失效曲线，由于曲线的形状酷似浴盆，也称为“浴盆曲线”。曲线纵坐标是设备的失效率，横坐标是使用时间。平行于横坐标的一条虚线为设备规定的失效率，该虚线与浴盆曲线的两个交点，把曲线划分为三个失效期。

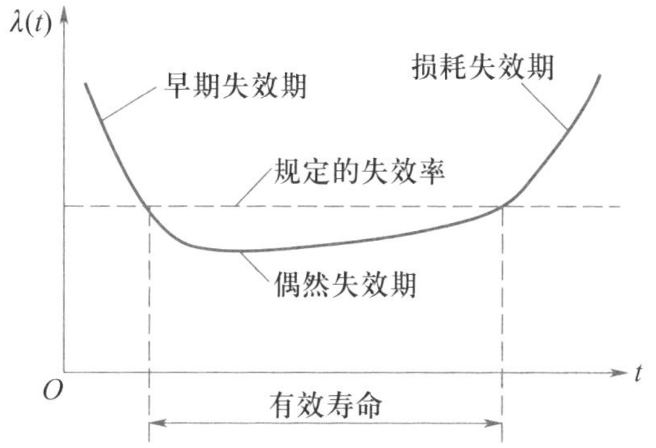

图 9-6 传感器系统和机电设备的一般失效曲线

(1) 早期失效期　设备在启用初期，失效率很高，但经调试或维修后很快降低。这种失效主要是由设计、制造、加工装配等缺陷造成的。通过对这一时期产品失效的分析，可以改进设计、制造、加工装配等薄弱环节，提高产品的可靠性，另外还需对元件采用人工老化筛选，以保证在传感器系统中元件处于稳定工作期。早期失效期的产品，一般应在生产厂内经由调试、试运转、检验等手段，考核通过后出厂。早期失效期的失效率 $\lambda(t)$ 随时间而下降，此时的失效类型称为早期失效型。

(2) 偶然失效期　经过早期失效期后，设备对规定的使用条件已经适应，即可服役使用。设备在此期间内，一般只是由于偶然的因素，如突然过载，碰撞等事故性原因而导致失效。在这一阶段，设备的失效率最低，并且稳定，其失效率可视为常数，此时的失效类型称为偶然失效型。设备的这段服役期表征了设备的有效寿命。

(3) 损耗失效期　经过一定时间的使用，设备上的某些零部件出现老化、磨损，因而失效率随时间上升，这种失效类型称为损耗失效型，它是机电设备正常的失效类型。该阶段的失效率一般按正态分布。因此要避免系统中的元件在此阶段工作，应对传感器系统的元件进行定期检修和更换。

需要强调指出，浴盆曲线反映了传感器系统和机电设备的一般失效规律，它经历了三种不同的失效类型。但对某单一零件、元件或材料，它的失效类型只是上述三种失效类型中的一种。

2. 采用重复备用系统来提高可靠性

在采用上述措施后仍不能满足要求时，可以采用重复备用系统来提高系统的可靠性。重复备用系统的总可靠度为：

$$P_S = 1-\left(1-\prod_{i=1}^{i=m} P_i\right)^n \qquad (9-2)$$

式中　P_S——系统的总可靠度；

P_i——系统中相串联的各单元的可靠度；

m——系统中相串联的单元数目；

n——相同备用单元的数目。

图 9-7 所示为三种不同的重复备用系统，它们作用的大小也不同。

图 9-7a 所示为两单元串联的系统。设 $P_1=0.8, P_2=0.9$，则此系统的可靠度为：

$$P_S = P_1P_2 = 0.8\times0.9 = 0.72$$

图 9-7b 所示串并联重复备用系统，用式(9-2)计算的可靠度为：

$$P_S = 1-(1-P_1P_2)^2 = 1-[1-(0.8\times0.9)]^2 = 0.92$$

图 9-7c 所示为并串联重复备用系统。其可靠度计算式为：

$$\begin{aligned}P_S &= [1-(1-P_1)^2][1-(1-P_2)^2]\\ &= [1-(1-0.8)^2][1-(1-0.9)^2] = 0.95\end{aligned}$$

从上述情况可知，在同样元件数的情况下，并串联重复备用系统具有较高的可靠度。

此外，等待备用系统，相当于并联系统，二者不同时开动，只有当一台有故障时，另一台才立即投入工作。

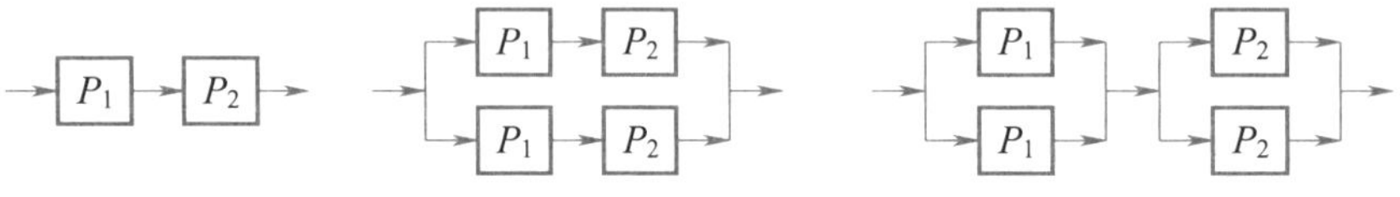

图 9-7　三种不同的重复备用系统

三、可靠性的应用案例——电子元件的老化处理

电子元件在出厂一段时间内是故障多发时期，如果在这段时间将它用在电路中故障率较大，可靠性不高。经过早期失效期后，元件性能趋于稳定，可靠性大幅提高。所以人为地对元件进行老化处理，剔除不良的元件，其可靠性就可大幅提高。

电子元件的老化处理，即在一定的温度下，较长时间内通过电-热应力的综合作用来加速元件的内部的各种物理、化学反应过程,促使隐藏于元件内部的各种潜在缺陷及早暴露,从而达到剔除早期失效产品的目的。常见的老化处理方法有两种:一种是通电老化;另一种是恒温老化。比较而言,后一种方法更简单易行。

单元 3　传感器信号的预处理

一、数据采集系统的组成

在机电一体化产品中,对被测量的控制和信息处理多数采用计算机来实现,因此需要将传感器的检测信号采集到计算机中做进一步处理,以便获得所需要的控制和显示信息。在用计算机对模拟信号进行测量和控制时,必须首先把模拟信号转换成数字信号,然后计算机按一定的处理要求对信号进行处理。实现模拟信号转换成数字信号的电路系统称为数据采集系统,数据采集系统中最重要的元件便是模/数转换器(A/D 转换器,也称 ADC)。

数据采集系统常由包括放大器、滤波器等的信号调理电路,多路模拟开关,采样/保持电路,A/D 转换器以及接口控制逻辑电路组成。图 9-8 所示为数据采集系统的典型构成方式。其各组成部分的功能简要介绍如下:

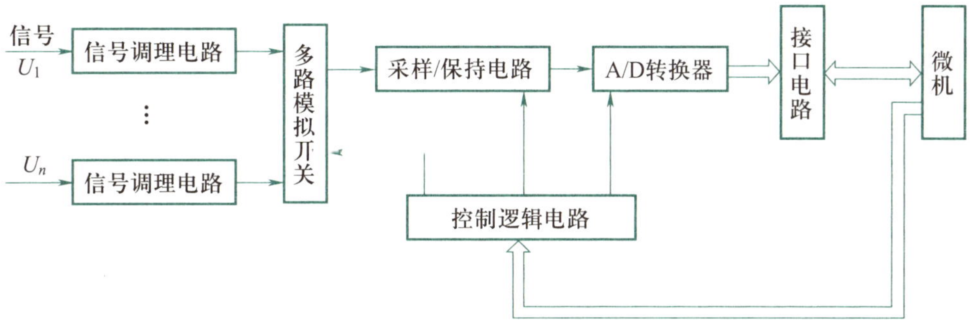

图 9-8　数据采集系统的典型构成方式

1. 信号调理电路

传感器输出的模拟信号往往由于其幅值较小,可能含有不需要的高频分量或其阻抗不能与后续电路匹配等原因,不能直接送到 A/D 转换器转换成数字量,需对这个信号进行必要的处理,这些处理电路就称为信号调理电路。信号调理电路是内容极为丰富的各种电路的综合名称。对于一个具体的数据采集系统而言,所采用的信号调理技术及其电路,由传感器输出信号的特性和后续采样/保持电路(或 A/D 转换器)的要求或确定的测量要求所决定。这种要求，可能是指要把信号调整到符合 A/D 转换器工作所需要的数值（如放大、衰减、偏移等），也可能是指要滤除信号中不需要的成分，如低通滤波、带通滤波、高通滤波、带阻滤波等，还可能是指要把信号调整到进一步处理的需要，如线性修正电路、为了改善信噪比的“相加平均”电路等。

2. 多路模拟开关

如果有许多独立的模拟信号源都需要转换成数字量，在可能的条件下，为了简化电路结构、降低成本、提高可靠性等，常采用多路模拟开关，让这些信号共享采样/保持电路和 A/D 转换器等元件。多路模拟开关在控制信号作用下，按指定的次序把各路模拟信号分时地送至 A/D 转换器转换成数字信号。

3. 采样/保持电路（S/H 电路）

A/D 转换器的转换需要一定的时间，如果在转换过程中输入的信号有所改变，则转换结果与转换之初的模拟信号便有较大的误差，甚至是面目全非。为了保证转换的精度，需要在模拟信号源与 A/D 转换器之间接入采样/保持电路。在 A/D 转换前，首先应使采样/保持电路处于采样模式，采样后使采样/保持电路处于保持模式，即输出电压保持不变，接下来才对这个输出信号进行 A/D 转换。显然，为了提高系统的测量速度，采样时间越短越好；为了有良好的转换精度，保持时间越长越好。

4. A/D 转换器

A/D 转换器是数据采集系统的核心元件，它把模拟信号的输入转换成数字信号的输出。其实现的技术手段很多，相应地派生出许多种不同类型的 A/D 转换器，这些 A/D 转换器各有特点。目前，传感器系统中最常用的 A/D 转换器是逐次逼近型和双斜积分型。受篇幅所限，A/D 转换器的原理不再介绍。

5. 接口电路及控制逻辑电路

由于 A/D 转换器所给出的数字信号无论在逻辑电平还是时序要求、驱动能力等方面与计算机总线要求的信号可能会有差别，因此把 A/D 转换器的输出直接送至计算机的总线上往往是不行的，必须在两者之间加入接口电路以实现电路参数匹配。当然，对于为某类计算机特殊设计的 A/D 转换器来说，这种接口电路已与 A/D 转换器集成为一体，无需增加额外的接口电路。

综上所述，一个数据采集系统必须按照规定的动作次序进行工作。例如必须首先让多路模拟开关接通被测的某路模拟输入，其次让采样/保持电路进入采样模式，待输出跟踪输入到达某一指定误差带内之后再进入保持模式，然后才开始 A/D 转换（此时模拟开关可切换至另一路模拟输入），待 A/D 转换结束后才允许计算机读取数据。这样必须有一些电路受控于计算机来产生一定时序要求的逻辑控制信号，逻辑控制电路便是完成这一功能的电路系统。当然，一个具体的数据采集系统的构成是依据所测信号的特性而定的，力求得到既能满足系统的性能要求又最为经济的结果。数据采集系统的构成包括单通道转换和多通道转换两种结构，限于篇幅，这里不再介绍。

二、传感器信号的预处理方法

1. 传感器输出信号的特点

① 由于传感器种类繁多，传感器的输出形式也是各式各样的，有开关型信号、模拟型信号（有电压型、电流型和阻抗型等）、数字型信号等。

② 传感器的输出信号一般比较微弱，有的传感器输出电压仅有 0.1 μV。

③ 传感器的输出阻抗都比较高，这样传感器信号输入到测量转换电路时会产生较大的信号衰减。

④ 传感器的动态范围很宽。

⑤ 传感器的输出与输入之间的关系有时不是线性关系。

⑥ 传感器的输出量受温度的影响。

2. 传感器信号的预处理方法

传感器信号预处理的主要目的是根据传感器输出信号的特点，采取不同的信号处理方法来抑制干扰信号，并对检测系统的非线性、零位误差和增益误差等进行补偿和修正，从而提高检测系统的测量精度和线性度。传感器的信号经预处理后，成为可供测量、控制及便于向微型计算机输入的信号形式。常用的传感器信号预处理方法有以下几种：

（1）阻抗变换电路　在传感器输出为高阻抗的情况下，将其变换为低阻抗，以便于检测电路准确地拾取传感器的输出信号。

（2）放大电路　将传感器输出的微弱信号放大。

（3）电流电压转换电路　将传感器的电流输出转换成电压值。

（4）频率电压转换电路　把传感器输出的频率信号转换为电流或电压值。

（5）电桥电路　把传感器的电阻、电感和电容值转换为电流或电压值。

（6）电荷放大器　将电场型传感器输出产生的电荷量转换为电压值。

（7）交-直流转换电路　在传感器为交流输出的情况下将其转换为直流输出。

（8）滤波电路　通过低通及带通滤波器消除传感器的噪声成分。

（9）线性化电路　当传感器的特性是非线性时进行非线性校正。

（10）对数压缩电路　当传感器输出信号的动态范围较宽时用对数电路进行压缩。

传感器信号的预处理应根据传感器输出信号的特点及后续检测电路对信号的要求，选择不同的预处理电路。

单元 4 传感器的标定与选择

一、传感器的标定与校准

用试验方法确定传感器性能参数的过程称为标定。任何一种传感器在制成以后，都必须按照技术要求进行一系列的试验，以检验它是否达到原设计指标的要求，并最后确定传感器的基本性能。这些基本性能一般包括灵敏度、线性范围、重复性和频率响应等。

标定实际上就是利用某种标准器具对传感器进行标度。传感器的标定应在其使用条件相似的环境状态下进行，并将传感器所配用的滤波器、放大器及电缆等和传感器连接后一起标定。标定时应按照传感器规定的安装条件进行安装。传感器的标定分静态标定和动态标定，限于篇幅，这里不再赘述。

一般来说，传感器的性能指标通常随时间、环境的变化而改变，而且这种变化常常是不可逆的，预测也是极其困难的。因此，标定工作不仅在传感器出厂时或安装时要进行，而且在传感器的使用过程中也需定期校准与检验。

为了对传感器进行标定和校准，必须有一个长期的、稳定的、高精度的基准。在一些测量仪器中，特别是内部装有微处理器的测量仪器中，很容易实现自动校准功能。这种自动校准是用稳定的恒压源或标准电阻对传感器输出的前级放大器及后续处理电路进行调整而实现的，如果被测量是长度、角度或质量时，那么用标准的长度、角度或质量基准对仪器实行自动的定期或实时校准是可行的，但如果被测量是温度、流速或湿度时，则极难保持基准量的准确性。

对传感器或仪器进行校准时，需要精度比它高的基准器。这种基准器受时间的推移和使用时磨损等因素的影响，参数会随之改变，因此对这种基准器还要用更高精度的基准器来定期校准。这样一来，就形成了一个校准标准的分级管理系统，或称之为基准传递系统，最终的标准基准器有赖于国家标准。我国最高级的基准由国家计量院保存并向下属单位一级一级地传递，每向下传递一级，精度便下降一个等级。

与传感器标定、校准相关联的技术之一，便是传感器的互换性。传感器在使用一段时间后，由于性能变差或完全损坏，需用新的传感器进行替换，能进行替换的前提不仅是安装外形尺寸不发生冲突，而且要求被替换的传感器与原传感器的性能有很好的一致性，否则需重新标定。尤其对具有非线性自动校准功能的测量仪器来说，保持这一点就显得更为重要。

二、传感器的选择

由于传感器技术的研制和发展非常迅速，各种各样的传感器应运而生，为选用传感器带来了很大的灵活性。众所周知，对于同种被测物理量，可以用各种不同的传感器测量，为了选择适合于测定目的的传感器，有必要讨论传感器的正确选择，并定出几条选用传感器的原则。虽然传感器选择时应考虑的事项很多，但主要应根据传感器使用的目的、指标、环境条件和成本等，从不同的侧重点，优先考虑几个重要的条件。

1. 选择传感器时应考虑的条件

(1) 与测量条件有关的因素　测量的目的，被测量的选择，测量范围，输入信号的幅值、频带宽度，精度要求，测量所需要的时间。

(2) 与传感器有关的技术指标　精度，稳定度，响应特性，模拟量与数字量，输出幅值，对被测物体产生的负载效应，校正周期，超标准过大的输入信号保护。

(3) 与使用环境条件有关的因素　安装现场条件及情况，环境条件(湿度、温度、振动等)，信号传输距离，现场所需提供的功率容量。

(4) 与购买和维修有关的因素　价格，零配件的储备，服务与维修制度、保修时间，交货日期。

以上是选择传感器时主要考虑的因素。总之，选择传感器时，应根据几项基本标准具体情况具体分析，选择性能价格比高的传感器。为了提高测量精度，应注意根据使用时的显示值在满量程的50%以上来选择测量范围或刻度范围。选择传感器的响应速度，目的是适应输入信号的频带宽度，从而得到较高的信噪比。还要合理选择使用现场条件，注意安装方法，了解传感器的安装尺寸和重量等，要注意从传感器的工作原理出发，联系被测对象中可能会产生的负载效应问题，从而选择最合适的传感器。

2. 传感器选择的原则

一个自动检测系统的质量优劣关键在于传感器的选择。传感器选择的总原则是：在满足对传感器所有技术要求的情况下，成本低廉、工作可靠和容易维修，即所谓性价比要高。

传感器选择的一般原则可按下列步骤进行：

① 借助传感器的分类表(见附录一)，按被测量的性质，从典型应用中初步确定几种可供选用的传感器类别。

② 借助几种常用传感器性能特点比较表(见附录二)，按被检测量的检测范围、精度要求、环境要求等确定传感器的结构形式和传感器的最后类别。

③ 借助传感器的产品目录选型样本，最后查出传感器的规格型号和性能、尺寸。

以上三个步骤不是绝对的，仅供经验较少的工程技术人员对一般常用的传感器进行选择。

经验丰富的工程技术人员,可以直接从传感器的产品目录选型样本中确定选用的传感器类型、规格、型号和性能、尺寸。

综合训练九

【认知训练】

9-1 干扰来源有哪些?试简要说明。

9-2 什么叫信噪比?什么叫电磁兼容性?

9-3 形成电磁干扰有哪三要素?消除干扰应采取哪些措施?

9-4 电磁干扰有哪些途径?试分别说明。

9-5 屏蔽有哪几种形式?各起什么作用?

9-6 什么是可靠性?什么是可靠度?提高可靠性有哪些措施?

9-7 已知两单元的可靠度 $P_1=0.7$,$P_2=0.8$,试求:

① P_1、P_2 串联系统的可靠度。

② 两个 P_1、P_2 串联系统相并联(串并联系统)的可靠度。

③ P_1 与 P_1 并联、P_2 与 P_2 并联再串联(并串联系统)的可靠度。

9-8 试说明传感器数据采集系统的组成。

9-9 简要说明传感器信号的特点。

9-10 简要说明传感器信号预处理的方法。

【能力训练】

9-1 试举例说明身边发生电磁干扰的例子,并简要说说如何消除这种电磁干扰。

9-2 微波对人体具有伤害作用,试简要说明微波炉采用什么方法将微波控制在微波炉中而不泄露出来。

9-3 住宅楼遇到火灾、水灾、地震等紧急情况时,人员逃生是最重要一环,除常规楼梯、电梯等逃生通道外,请针对家庭单元楼设计预留新的逃生通道,以便防患未然,试说明该逃生通道是采用什么措施来提高可靠性的。

模块十　传感器的综合应用

随着微电子技术和计算机技术的迅速发展，检测技术在量的方面和质的方面都发生了根本性变化。检测技术从传统的空间限制和时间限制中解放了出来，从单一参数检测扩展为多参数的综合检测；从接触式发展为非接触式、远距离检测技术；从静态检测发展为动态的、随机的或连续的检测。检测技术与过程控制和数据处理等的关系更加密切，在现代化生产和科学研究中的地位和作用更加突出。

单元1　智能检测技术

自1971年第一台微型计算机（简称微机）问世以来，无论从功能和使用来看，发展都十分迅速。由于大规模集成电路工艺水平的不断提高，品种的日益丰富，性能的日臻完善，以及体积越来越小，加之使用方便和价格日渐下降等，各行各业以至于个人广泛使用计算机，这已成为时代的特征。现代检测系统大多已配备有微型计算机，计算机与传感器的配合使检测系统的功能大大提高，形成智能检测系统。计算机与测量仪器有机结合而构成功能强大、性能可靠的智能仪器；计算机与传感器结合形成具有采集、处理、交换信息功能的智能传感器；智能检测系统加入相关测试软件形成了用户可自定义功能、扩展性强、技术更新快、开发时间短的虚拟仪器。

一、智能检测系统的构成

1. 硬件系统

图10-1所示为智能检测系统的硬件结构原理框图。其中计算机部分包括CPU、RAM、ROM、时钟和定时器等。给定数据和指令通过键盘输入，传感器从现场获取信息转换后经多路采样开关，高精度放大器，把放大后的信号经A/D转换器转换成数字量，用多路光电耦合器隔离后，信号经并行口、串行口进入计算机。这里指出一点，计算机不可能同时读取所有传感器传来的信号，而是分时快速地轮流读取各种被测量，这种采样方式称为“巡回检测”。

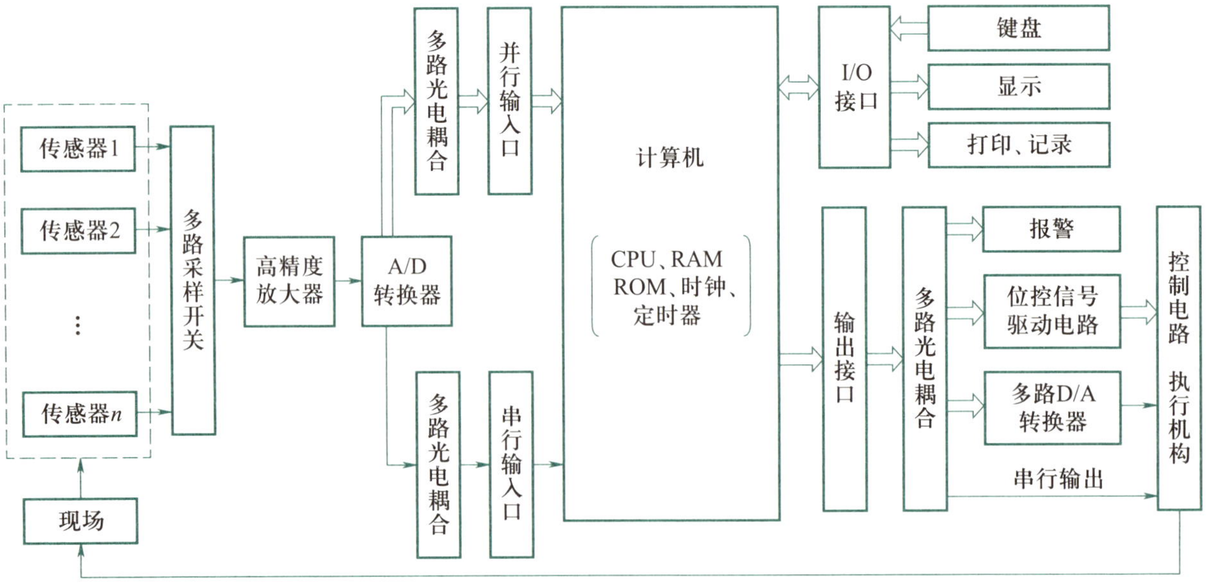

图10-1　智能检测系统的硬件结构原理框图

采样结束后,所有的采样值还需要经过误差统计处理,经比较计算剔除粗大误差,求出所需的较可靠数据(这种方法称为数字滤波技术),然后存储在 RAM 中。计算机根据预定程序,将各种可靠的数据进行线性化处理并作一系列的运算、比较、判断求得结果,然后送显示、打印和记录等终端,将某些结果经输出接口、多路光电耦合器分别送到位控信号驱动电路和多路 D/A 转换器,控制各种执行机构按工艺规程来调整现场的工作状态,若某些参数超限,计算机立即启动声光报警电路进行报警。这样不仅能对现场进行检测,还能对其进行有效的控制。

需要说明的是,智能检测系统可以是较复杂的,也可以较简单,不一定包括以上所有硬件部分,要根据具体检测控制的复杂程度而定。如检测量只有一个,则多路采样开关就不需要,又如执行机构只识别数字量(步进电动机等),则多路 D/A 转换器就不需要。

2. 软件系统

软件任务分析和硬件电路设计结合进行,哪些功能由硬件完成,哪些任务由软件完成,在硬件电路设计基本定型后,也就基本决定下来了。软件从功能来看可分为两大类:一类是执行软件,它能完成各种实质性的功能,如测量、数据处理、计算、显示、打印、输出控制和通信等;另一类是监控软件,它是专门用来协调各执行模块和操作者的关系,在系统软件中充当组织调度角色的软件。自动检测系统的执行软件一般有数据采集,故障自诊断及自校验,数字滤波,线性化处理,温度的补偿,数据运算、比较与处理和数据输出等功能模块。下面简要介绍这些模块的功能,而不涉及其具体软件的细节。

(1) 数据采集　数据采集软件要根据要求确定采样时间及采样次数,它包括多路采样开关的控制、A/D 转换的控制等。

(2) 故障自诊断及自校验　所谓故障自诊断就是当系统出现故障无法正常工作时,只要计算机本身能继续进行工作,它就自动停止正常程序,转而执行故障诊断程序,按预定的顺序搜索故障部位,并在屏幕上显示出来,这增加了人们对系统的可信度。对于具有模拟信息处理功能的系统,自诊断过程往往包括自动校验过程,它为系统提供模拟通道的增益变化和零点漂移信息,供系统运算时进行校正,以确保系统的精度。

(3) 数字滤波　模拟信号都必须经过 A/D 转换后才能为计算机接受,干扰作用于模拟信号之后,使 A/D 转换结果偏离真实值,如果仅采样一次,我们是无法确定该结果是否可信的,因此必须多次采样,通过某种处理后,才能得到一个可信度较高的结果。这种从一系列数据中提取逼近真值数据的软件算法,即为数字滤波算法。

(4) 线性化处理　对于模拟量的非线性校正常需要附加许多校正电路。这不仅增加了电路的复杂性,同时校正电路本身又引入新的误差因素。对于数字信号,在应用计算机技术后可以运用软件技术来实现非线性校正。

(5) 温度的补偿　环境温度对大多数传感器都有或多或少的影响,前面已经介绍了传感器温度补偿的一些方法，如采用差分传感器、温度补偿电路和恒温措施等。在计算机检测系统中则可用软件来实现温度补偿，基本方法是把传感器输出与环境温度之间的关系存储在计算机中，再经测温传感器把环境温度信号送入计算机，通过计算、查表等方法，求得反映测量真实值的某一数据，这样的可靠数据才可进入下面的运算、比较与处理中。

(6) 数据运算、比较与处理　计算机的特点是运算速度非常快，所以可进行数据统计处理，减小随机误差，可根据要求进行控制算法运算与给定值进行比较等一系列操作，这些都可由软件来实现。

(7) 数据输出　测量数据的输出包括输出显示、打印和通信等，控制数据的输出包括报警、控制执行元件来调整被测量等。

二、智能检测系统的特点

通过对智能检测系统构成的讨论，我们可以对智能检测系统与常规检测系统进行比较，得出下列三方面的突出特点：

1. 改善了性能

① 利用计算机进行多次测量和求均值的办法可削弱随机误差的影响。

② 利用计算机可进行系统误差补偿。

③ 利用辅助温度传感器和计算机可进行温度补偿。

④ 利用计算机实现线性化，可以减少非线性误差。

⑤ 利用计算机可进行测量前调整零点和工作中周期性调整零点。

⑥ 利用计算机检测系统的硬件与软件系统可提高抗干扰能力。

2. 增加了功能

① 利用计算机的记忆功能对被测量进行最大值和最小值测量。

② 利用计算机的计算功能对原始信号进行数据处理，可获得新的可靠数据。

③ 利用多个传感器和计算机数据处理功能可以测量场和空间等“立体”的数据。

④ 利用计算机软件的办法进行放大、倍频和细分，可提高分辨率。

⑤ 将计算机用于数字显示可有译码功能。

⑥ 可用计算机对周期信号特征参数进行测量。

⑦ 对诸多被测量可有记忆存储功能。

3. 提高了自动化程度

① 可实现误差自动补偿。

② 可实现检测程序自动化操作。

③ 可实现越限自动报警和故障自动诊断。

④ 采用多传感器检测和计算机控制可对诸多被测量进行自动巡回检测。

⑤ 可实现自动变量程检测。

⑥ 作为自动控制系统的信息反馈环节,把测量与控制紧密地结合了起来。

传感器和计算机结合构成的智能检测系统是现代检测技术中的重要发展方向。现在许多测量仪表通过运用单片机而成为智能型仪表就是一个很好的佐证。

三、多功能化、网络化仪器系统

随着计算机软硬件技术的发展,基于计算机、工控机的大型测控系统应用日益广泛,产生了全新的测试仪器的概念和结构。虚拟仪器就是在此背景下开发出的新一代仪器,即在以计算机为核心的平台上,调用不同的测试软件就可构成不同的虚拟仪器,完成不同功能的检测任务。虚拟仪器还可以方便地将多种测试功能集成一体,形成多功能仪器,从而有效增加测试系统的柔性,降低测量工作的成本,达到不同层次、不同目标的测试要求。

同时,网络技术的普及和发展,使得测试仪器系统向网络化方向发展,这样不但可实现对测试系统的远程操作与控制,而且还可以把测试结果通过网络发布,以实现系统资源的共享,仪器资源得到极大延伸,其性价比将获得更大的提高。

单元 2　家用电器中的传感器

一、概　　述

随着社会的进步及人民生活水平的不断提高,人们对家用电器产品的功能要求也越来越高。要满足社会的这种需求,必须采用电子技术及计算机技术对家用电器的各项参数进行控制。为实现这种控制,首先应输入正确的信息,因而就要用到各种各样的传感器。目前,传感器在家用电器中已得到了十分广泛的应用,它不仅使家用电器的功能更加完善,而且使用也变得更加简单方便。在节省家用电器耗能方面,传感器也起到了重要的作用。

传感器在家用电器中的应用情况见表 10-1。其中使用最多的是温度传感器,其次是湿度、气体、光、磁、压力、转速、烟雾、声敏、接触等传感器。本单元将对传感器在家用电器中的一些应用案例加以介绍。

表 10-1　传感器在家用电器中的应用情况

家用电器名称	温度传感器						湿度传感器	气体传感器	光传感器	磁传感器	压力传感器	转速传感器	烟雾传感器	声敏传感器	接触传感器
	压力式	双金属	热电偶	热敏电阻	感温铁淦氧	温度熔断器									
电视机				√		√			√						√
电冰箱	√			√			√								√
洗衣机								√			√				√
衣物干燥器				√											
室内空调	√	√		√		√	√								
食品加热器				√		√		√					√		
抽油烟机								√							
煤气用具	√		√					√							
电烤箱	√			√				√					√		
御寒用具				√											
灭蚊器				√											
微波炉				√			√	√	√						
报警器				√				√	√	√	√		√	√	√
电饭锅		√			√	√									
喷雾器							√								
时钟									√						
照相机									√						
电熨斗	√		√	√											√
电风扇				√					√						

二、洗衣机中的传感器

目前，全自动洗衣机已实现了利用传感器和微处理器对洗涤过程进行检测和控制。除了用微处理器作程序控制外，洗衣机还使用了水位传感器、布量传感器、光电传感器和水温传感器等，使洗衣机能够自动进水、控制洗涤时间、判断洗净度和控制脱水时间。此外，洗衣机还可以自动判断搅拌程度与洗涤、漂洗及脱水的进行情况，将洗涤控制到最佳状态，不但使洗衣机省水、省电、省洗涤剂，也给使用带来了极大的方便。图 10-2 所示为传感器在全自动洗衣机中的应用示意图，图中使用了水位传感器、光电传感器、布量传感器及水温传感器。

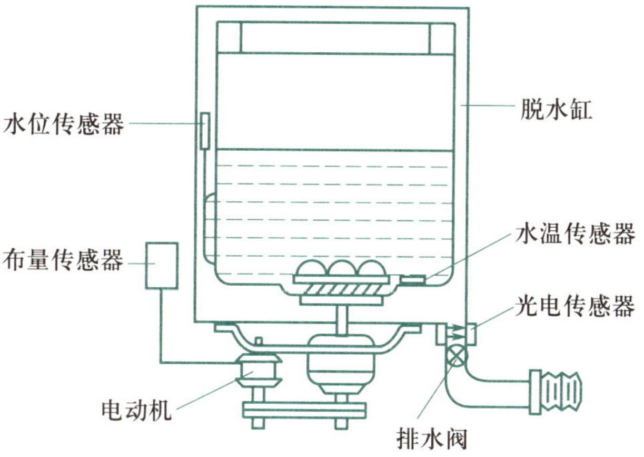

图 10-2　传感器在全自动洗衣机中的应用示意图

1. 水位传感器

洗衣机中的水位传感器主要用来检测水位的等级。水位传感器是由三个发光元件和一个光敏元件组成的，其检测原理是根据依次点亮三个发光元件后，光到达光敏元件的时间从而得到水位高低的数据。

2. 布量传感器

布量传感器用来检测洗涤物的重量，它可以用不同的方式来实现。最简便的是用静态的压力传感器直接测量，但从成本和结构上来说，并不实用。目前一般用动态的间接测量方法，即采用负载传感器进行检测，电动机的负荷可用正常运转时的驱动电流来测量，也可用电动机断电后的反电动势的大小以及波形来测量。以测量断电后的反电动势为例，其检测的原理是：在桶内加衣服的同时，放少量的水至负载量检测水位，然后脉动器驱动电动机以一定时间间隔接通（0.3 s）及断开（0.7 s），重复进行一段时间（32 s）。由于惯性的作用，当电源切断时，电动机还会继续旋转一段时间，此时，在电动机两端就会产生感应电动势（反电动势）。当洗衣机内布量少时，搅拌轮停止得慢，而当布量多时，电动机较快就停止了。根据电动机两端产生的感应电动势的持续时间，就可测量布量的多少。将电动机两端产生的反向电压，经过波形整理，作为低压脉冲，输入计算机，计算机根据预先输入的经验公式进行判断，从而决定水位、搅拌和洗涤的方式。

3. 光电传感器

光电传感器安装在排水口上部。用光电传感器可检测洗涤净度，判断排水、漂净度及脱水情况。它的检测原理是通过将排水口上部的光透射率的变化经微处理器处理来实现。判断洗净度时，光电传感器每隔一定时间，检测一次由于洗涤液的混浊引起光透射率变化的情况，待其变化为恒定时，则认为洗涤物已干净，从而结束洗涤过程。在排水过程中，排水口有洗涤泡沫，传感器根据泡沫引起光的散射情况来判断排水过程。漂洗时，传感器可通过测定光的透射率来判断漂净度。脱水时，排水口有紊流空气，使光发生散射，这时光电传感器每隔一定时间检测一次光透射率的变化，当光的透射率变化为恒定时，则认为脱水过程结束了，从而通过微处理器结束全部洗涤过程。

4. 水温传感器

适当的洗衣温度有利于污垢的活化，可以提高洗涤效果。水温传感器装在洗涤桶的下部，其测定打开洗衣机开关时的温度为环境温度,注水结束时的温度为水温。水温检测一般采用集成温度传感器,如 AD590,或热敏电阻。

三、电冰箱中的传感器

1. 传感器在电冰箱中的作用

电冰箱主要由制冷系统和控制系统两大部分组成,其中控制系统用来保证电冰箱在各种使用条件下能够安全可靠地运行。控制系统主要包括温度自动控制、除霜温度控制、流量自动控制、过热及过电流保护等。在控制系统中,传感器起着非常重要的作用。

图 10-3 所示为常见的电冰箱电路原理图,它主要由温度控制器、温度显示器、PTC 启动器、除霜温控器、熔断器、开关、风扇及压缩机电动机等组成。电冰箱运行时,由温度传感器组成的温控器按设定的电冰箱温度自动接通和断开电路,控制制冷压缩机的启动与停止。当给冰箱加热除霜时,由温度传感器组成的除霜温控器将会在除霜加热器达到一定温度时,自动断开加热器的电源,停止除霜加热。热敏电阻检测到电冰箱内的温度将由显示器直接显示出来。PTC 启动器是一个带有正温度系数热敏电阻的电动机保护装置,利用 PTC 的温度特性,用电流控制的方式来实现压缩机的启动,当压缩机负荷过重、发生某些故障以及电压过低或过高不能正常启动时,都可能引起电动机电流的增大而烧坏电动机,这时 PTC 启动器将利用热敏元件的温度特性及时切断电源,对电动机进行保护。

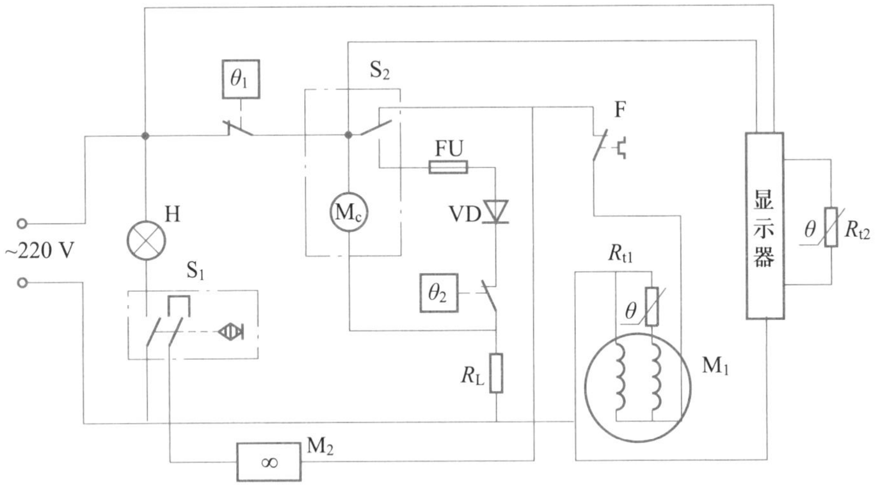

θ_1—温控器;θ_2—除霜温控器;R_L—除霜加热丝;S_1—门开关;S_2—除霜定时器;F—热保护器;R_{T1}—PTC 启动器中的热敏电阻;R_{T2}—测温热敏电阻;M_1—压缩机电动机;M_2—风扇;FU—熔断器。

图 10-3 常见的电冰箱电路原理图

2. 电冰箱中的温度传感器

(1) 压力式温度传感器 压力式温度传感器有波纹管式和膜盒式两种形式,它们主要用于温度控制器和除霜温控器上。波纹管式压力式温度传感器的结构如图 10-4a 所示，它是由波纹管及感温管连成一体后内部填充感温剂组成的，A 点的位移与感温剂受温度的影响产生压力的变化呈线性关系。膜盒式压力式温度传感器的结构如图 10-4b 所示，它是由感温管与膜盒连成一体后内部填充感温剂组成的，其作用原理与波纹管式相同，但 A 点的位移与感温剂的压力变化为非线性关系。

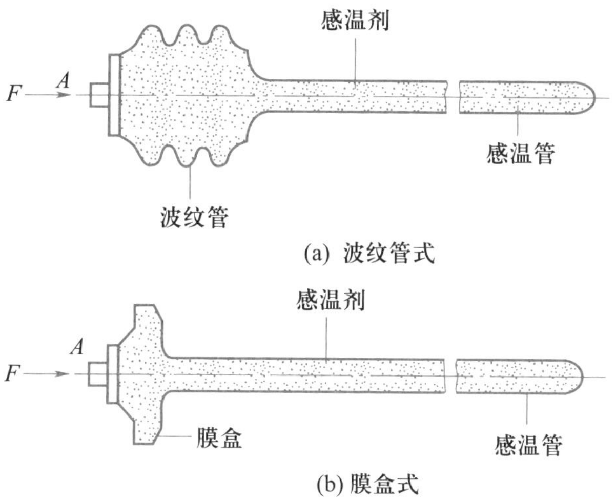

图 10-4　压力式温度传感器结构示意图

由压力式温度传感器组成的电冰箱温度控制器的工作原理如图 10-5 所示。温度控制器主要由压力式温度传感器和一组微动开关组成，传感器的感温管与电冰箱的蒸发器贴在一起，感温管内的压力将随着蒸发器温度的变化而升降，传感器端部的金属膜片将随着感温管内的压力而产生伸缩位移，推动微动开关机构切断或接通压缩机的电源。当蒸发器温度降低时，感温管内的压力小于弹簧的拉力，在弹簧力的作用下，拉杆向右移动，使电触点断开，压缩机随即停机。压缩机停机后，蒸发器的温度将逐渐上升，致使感温管内的压力也相应升高。当压力大于弹簧拉力时，传感器将推动拉杆向左移动，使电触点闭合，压缩机又启动开始制冷，使蒸发器的温度逐渐下降。如此周而复始地工作，达到控制电冰箱内温度的目的。温控器的温度调节是利用调温凸轮实现的，旋转调温凸轮可以通过推动板的左右移动，改变弹簧的拉力大小，达到调节设定温度的目的。

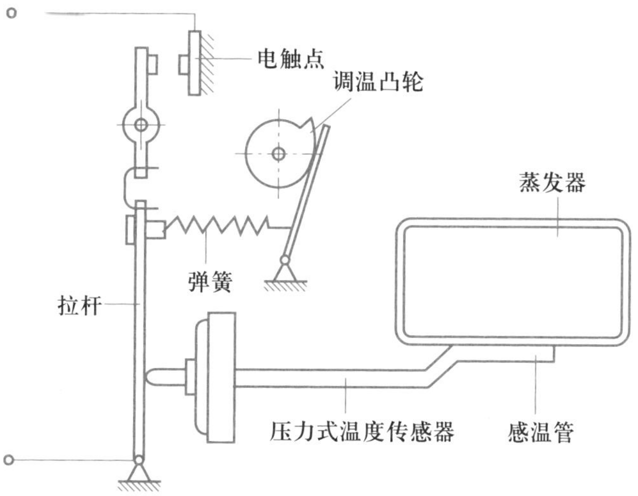

图 10-5　压力式温度传感器组成的电冰箱温度控制器的工作原理图

(2) 热敏电阻式温控电路 热敏电阻式温控电路如图 10-6 所示。当电冰箱接通电源时，由 R_4 和 R_5 分压后给 A_1 的同相端加一固定基准电压，由温度调节电路的 R_{P1} 输出一设定温度电压给 A_2 的反相输入端，再将由热敏电阻 R_t 与电阻 R_3 检测出温度信号的电压分别送入 A_1 的反相输入端和 A_2 的同相输入端，这样就由 A_1 组成开机检测电路，由 A_2 组成关机检测电路。当冰箱内的温度高于设定温度时，由于热敏电阻 R_t 和 R_3 的分压大于 A_1 的同相输入端和 A_2 的反相输入端电压，A_1 输出低电平，而 A_2 输出高电平。由 IC_2 组成的 RS 触发器的输出端输出高电平，使 VT 导通，继电器 K 工作，其动合触点 K_{-1} 闭合，接通压缩机回路，压缩机开始制冷。

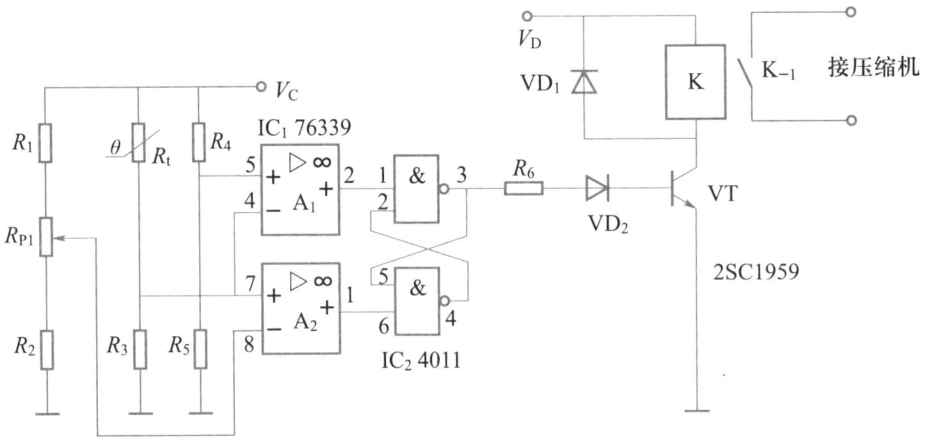

图 10-6 热敏电阻式温控电路

当压缩机工作一定时间后，由于箱内温度下降，到设定温度时，箱内的温度传感器阻值增大，使 A_1 的反相输入端和 A_2 的同相输入端电位下降，A_1 的输出端变为高电平，而 A_2 的输出端变为低电平，RS 触发器的工作状态翻转，其输出为低电平，从而使 VT 截止，继电器 K 停止工作，触点 K_{-1} 被释放，压缩机停止运转。若电冰箱停止制冷一段时间后箱内温度慢慢升高，此时开机检测电路 A_1、关机检测电路 A_2 及 RS 触发器又翻转一次，使压缩机又开始制冷。这样周而复始地工作，达到控制电冰箱内温度的目的。

图 10-7 所示为用热敏电阻组成的除霜温控电路，它使除霜以手动开始，自动结束，实现了半自动除霜。当需要除霜时，按动按钮 S_1，使由 IC_2 组成的 RS 触发器置位端接地，其输出端输出高电平，使 VT 导通，继电器 K 开始工作，继电器动合触点 K_{-1} 闭合，除霜加热器 R_L 开始工作。当除霜加热器工作一段时间后，电冰箱内温度回升，致使热敏电阻 R_t 的阻值下降，造成 IC_1 反相输入端电位升高。当该点电位大于同相输入端电位时，IC_1 的输出为低电平，RS 触发器输出端由高电平变为低电平，使 VT 截止，继电器 K 失电停止工作，其触点 K_{-1} 断开，除霜加热器停止工作，除霜结束。在除霜工作期间也可人工强制停止除霜，此时只要按动按钮 S_2，使 RS 触发器的复位端置于接地，即可停止除霜工作。

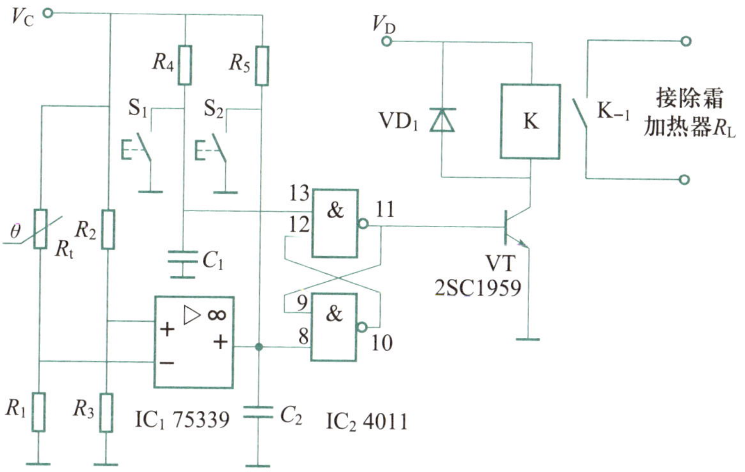

图 10-7　热敏电阻组成的除霜温控电路

（3）双金属温度开关　双金属温度开关的结构如图 10-8 所示。它由双金属热敏元件、推杆及微动开关组成，平时微动开关处于常闭状态，只要除霜开关接通，便可通过传感器接通除霜加热器的回路，使除霜工作开始。当除霜工作一段时间后，电冰箱蒸发器上的霜层融化，温度升高，双金属热敏元件在该温度作用下产生形变，使推杆运动，微动开关的触点断开，切断除霜加热器电路，停止除霜工作。双金属温度开关具有性能稳定、精度高、体积小、重量轻、可靠性高、寿命长、对无线电干扰小等特点。广泛应用于电冰箱、空调、饮水机、热水器、烤面包机、洗碗机、干燥机、消毒柜、电微波炉、电热咖啡壶、电煮锅、办公设备、汽车座椅加热器等器具。

（4）双金属热保护器　双金属热保护器是一个封装起来的双金属热敏元件，它实际上是一种结构比较简单的温度开关，它的结构如图 10-9 所示。它可以直接埋设在压缩机电动机绕组内，直接对电动机绕组的温度进行控制。当电动机绕组的温度出现过热时，保护器内的双金属片产生变形，从而使传感器内的可动触点与固定触点断开，切断压缩机的电源。

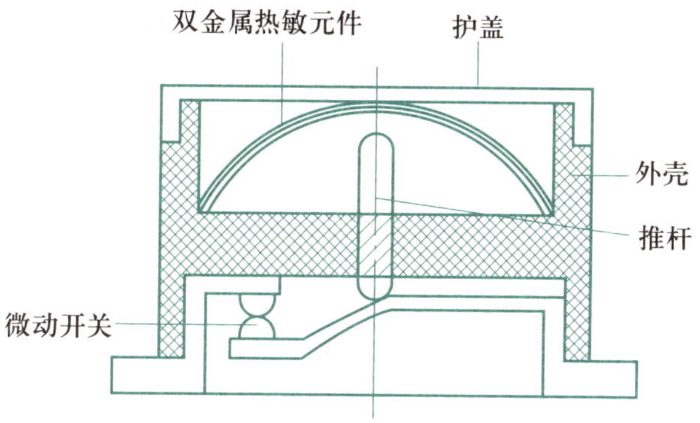

图 10-8　双金属温度开关的结构

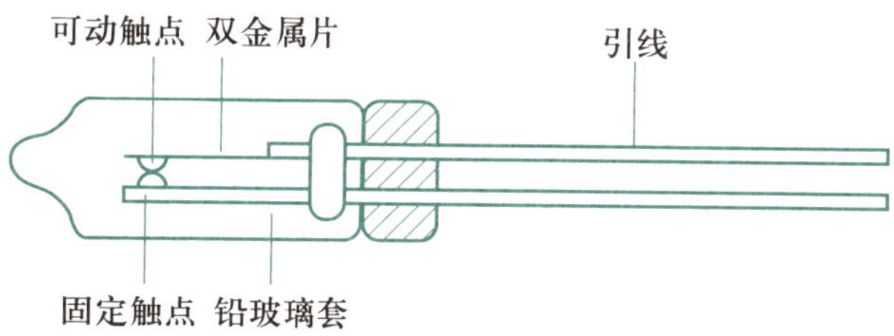

图 10-9　双金属热保护器结构

3. 电冰箱中的温湿度传感器

以上运用温度传感器进行电冰箱的除霜的方式，具有不能精准控制、耗电量大、电冰箱内湿度无法控制等缺点。风冷式无霜冰箱中有个结霜化霜加热保湿控制系统，它包括控制板、温湿度传感器、化霜温控器、电加热器、风扇等。控制板上设有单片机、正反转电路和功率控制电路；温湿度传感器监测冰箱内的干球温度、相对湿度，通过热力学计算方法得到无霜冰箱运行过程中凝结在蒸发器表面的结霜量，用于确定无霜冰箱最佳化霜切入点，从而能够及时与化霜温控器一起控制冰箱，及时加热化霜，并且在化霜后及时停止加热，达到无霜并且保湿的目的；电加热器包括加热器一和加热器二，加热器一设置在蒸发器的上管排的上方，加热器二设置在蒸发器的下管排的下方，加热器一的功率大于加热器二的功率；风扇为正反转风扇。温湿度传感器、化霜温控器、温度传感器、加热器一、加热器二、风扇分别与控制板相连。采用上述控制系统实现了对冰箱加热保湿的精确控制，达到无霜和节能的目标。

四、电视机中的传感器

1. 传感器在遥控器上的应用

遥控功能是红外技术、声音合成及识别技术不断发展的结果。目前生产的电视机绝大多数使用红外技术组成遥控电路，遥控电路通常由红外遥控发射器、红外遥控接收器、微处理器及节目存储器等组成，电视机红外遥控原理如图 10-10 所示。红外遥控发射器和红外遥控接收器是采用一对红外光电管来完成的，它不仅使调制和检波更为简单，也使遥控部件更容易实现小型化。通过使用遥控器，实现了从较远距离对电视机的频道预选、自动调谐、音量调节、对比度调节、亮度调节、色饱和度调节、关机及定时等控制功能。

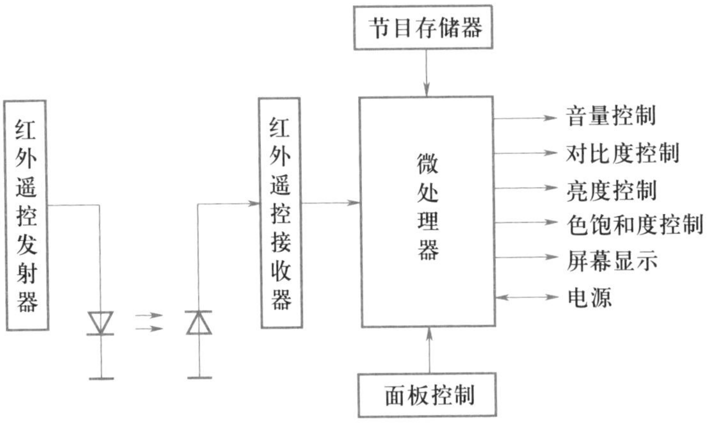

图 10-10 电视机红外遥控原理图

除红外遥控方式外，在电视机上还可采用声音遥控方式。这种遥控方式采用声音识别技术，通过讲话来控制电视机的各项功能。

2. 光/数字传感器

智能感光系统是电视机智能化的体现，它可以实现随外界环境自动调节电视机屏幕亮度。

当外界较亮时，智能感光系统自动将屏幕亮度调亮，以适应外界亮度，避免屏幕太暗无法看清内容；当外界光线太暗时，智能感光系统则将屏幕亮度自动调暗，以免在黑暗的环境中，过亮的屏幕亮度刺痛眼睛，同时还可以降低背光亮度，起到节能降耗作用。

智能感光系统中对应的传感器就是光/数字传感器。光/数字传感器是可以感应可见光（380 nm~770 nm），并能将光强度转化成简便易用的16位标准数字输出信号的传感器元件。该元件是一个将光照度传感器、电流放大器、用于消除人为光闪烁的50 Hz/60 Hz抑制滤波器和模/数转换器集成为一体的集成传感器。

单元3　传感器在物联网中的应用

物联网是通过传感器、射频识别（RFID）、红外感应、条码识别等信息传感设备，采集力、热、声、光、电、磁、化学、位置等各种信息，按约定的协议，实现物与物、物与人等的网络互连，进行信息交换和通信，以实现物品的智能化识别、定位、跟踪、监控和管理的。

国际电信联盟（ITU）将射频识别技术、传感器技术、纳米技术、智能嵌入式技术列为物联网的关键技术。国内有关专家认为，物联网的关键技术包括物体识别、体系架构、通信与网络、安全与隐私、服务发现与搜索、软硬件、能量获取与存储等。其实质是利用传感、射频识别等技术，通过计算机互联网实现自动识别和信息的互联与共享。

一、物联网的基本概念

1. 物联网的体系结构

物联网需通过各种信息传感设备，实时采集任何需要监控、连接、互动的物体或过程等信息，与互联网结合形成的一个巨大网络。物联网大致有三个层次，底层是用来感知数据的感知层，中间层是进行数据传输的网络层，上层则是应用层，其体系结构如图10-11所示。

（1）*感知层*　感知层是物联网的核心，是信息采集的关键部分，主要由传感器等组成，处于物联网最低端，用于感知信号并且进行数据采集。传感器可以采集各类物理量、标识、音频和视频信号，而物联网数据采集除了利用传感器之外，还可以采用RFID、二维码、实时定位技术和多媒体信息采集技术。

（2）*网络层*　网络层的作用是将感知层感受到的信息无障碍、高可靠性、高安全性地进行传递，这就要依靠云计算平台、移动通信网络和互联网技术的相互配合。经过近些年的发展，互联网、移动通信网络已日趋成熟，物联网可以提供可靠的信息传输。

（3）*应用层*　应用层由应用支撑平台子层和应用服务平台子层组成，应用支撑平台子层

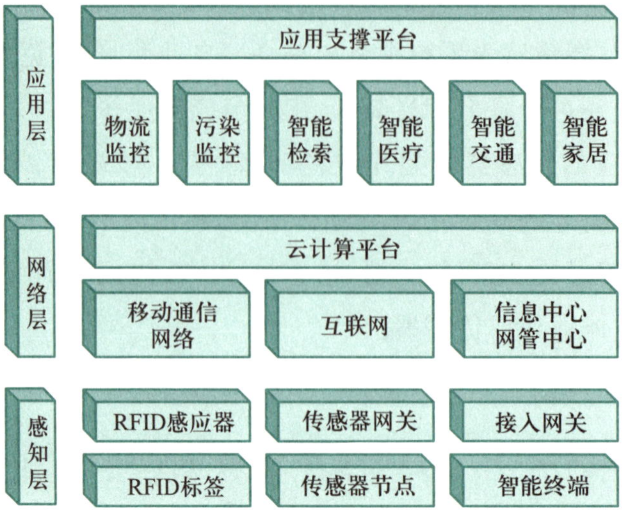

图 10-11　物联网体系结构

用于支撑跨系统、跨平台、跨应用信息的协同、共享和互通;应用服务平台子层通常有智能家居、智能交通、智能医疗、物流监控等行业的应用。

另外,公共技术虽然并不属于物联网的三个组成部分之一,但是其与三个组成部分都有密切关系,这包括标识与解析、安全技术、网络管理和服务质量(QoS)管理。

2. 物联网感知层硬件构成

感知层是物联网的皮肤和五官,其主要任务是快速、准确地采集和传输各项信息,并为智能决策的合理制定提供一定的参考依据。感知层包含两个部分:传感器(或控制器)组成的终端节点及短距离传输网络。终端节点用来进行数据采集及实现控制,其中,传感器及相关电路组成的称为传感节点,控制器及相关电路组成的则称为控制终端;短距离传输网络则是将传感器收集的数据发送到网关或将应用平台控制指令发送到控制器,其主要由数据接收节点构成。

(1) *传感节点*　传感节点完成相应数据的采集和传输,图 10-12 所示为采用短距离无线传感网络的传感节点硬件原理图。各测量信息被传感器转换后经 A/D 采样并送至微处理器,再由微处理器按通信协议经天线发送至数据接收节点。

(2) *数据接收节点*　数据接收节点除了具有无线收发数据的功能外,还需将汇集的各个终端呼叫器传来的数据通过通信端口传送至上位机,进行数据显示、记录等处理,或通过互联网等进行远程数据交互,图 10-13 所示为数据接收节点硬件框图。

3. RFID 技术

RFID 技术属于自动识别技术的一种,它是利用射频信号通过空间耦合(交变磁场或电磁场)实现无接触信息传递并通过所传达的信息达到识别目的的技术。RFID 由电子标签、天线和读写器组成,其组成及工作原理如图 10-14 所示。

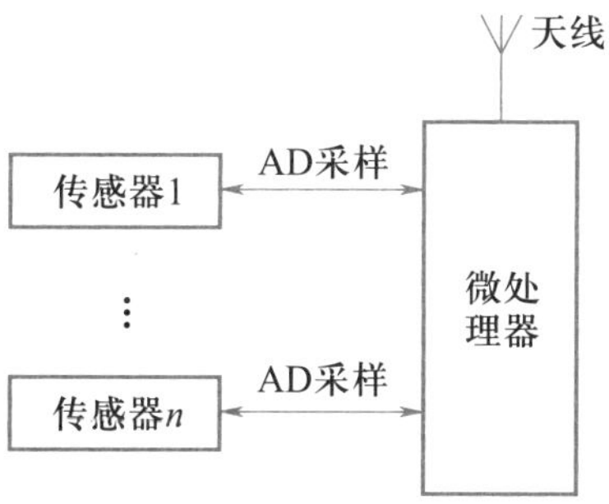

图 10-12　采用短距离无线传感网络的传感节点硬件原理图

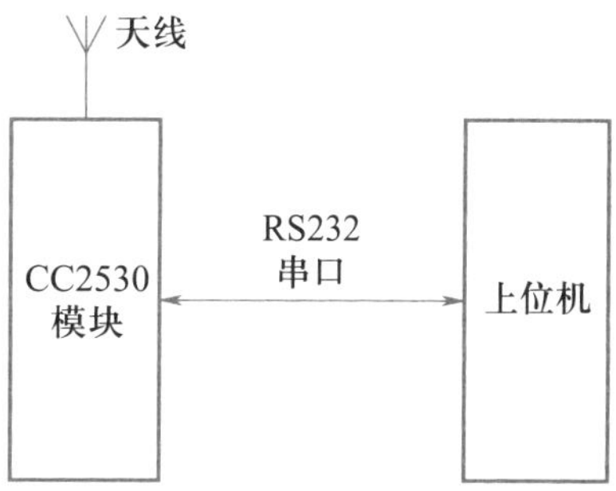

图 10-13　数据接收节点硬件框图

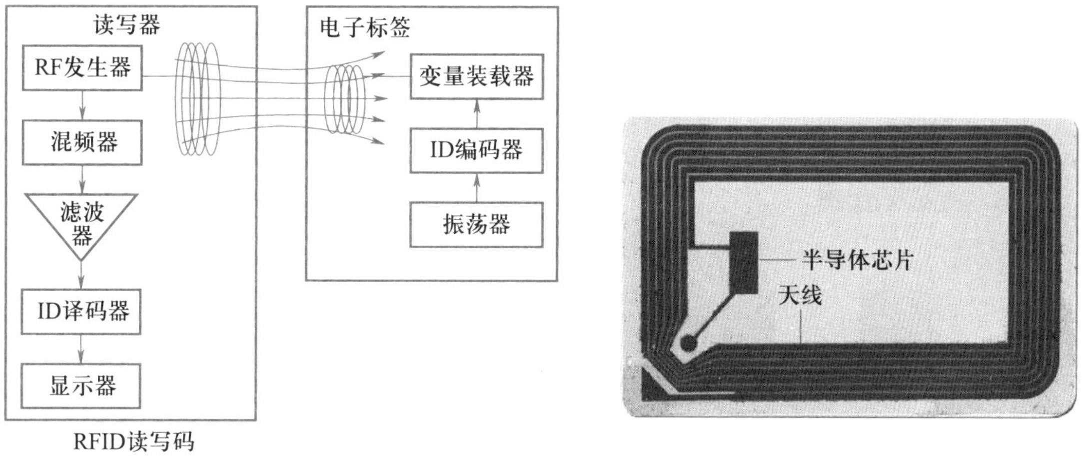

(a) 工作原理　(b) 电子标签外形图

图 10-14　RFID 的组成及工作原理

(1) 电子标签　由集成电路和耦合元件组成,每一个电子标签具有全球唯一的识别号码(ID),不能修改,不能仿造。电子标签内部保存有约定格式的电子数据,应用时,电子标签附着在待识别物体表面,用以标识目标对象。

(2) 天线　处于读写器和电子标签之间,用于传递射频信号,即电子标签的数据信息。

(3) 读写器　读取或者写入电子标签的信息,有手持式和固定式。读写器可以无接触地识别被测物体的电子信息,将自动识别的信息传递给计算机,进行处理。

RFID 的工作原理如下:电子标签进入磁场后,接收读写器发出的射频信号,凭借感应电流所获得的能量发送出存储在集成电路中的产品信息(无源标签或被动标签),或者由电子标签主动发送某一频率的信号(有源标签或主动标签),读写器读取信息并解码后送至中央信息系统进行有关数据处理。

二、物联网应用案例

1. 智能停车场

基于物联网的智能停车场系统整体架构如图 10-15 所示。

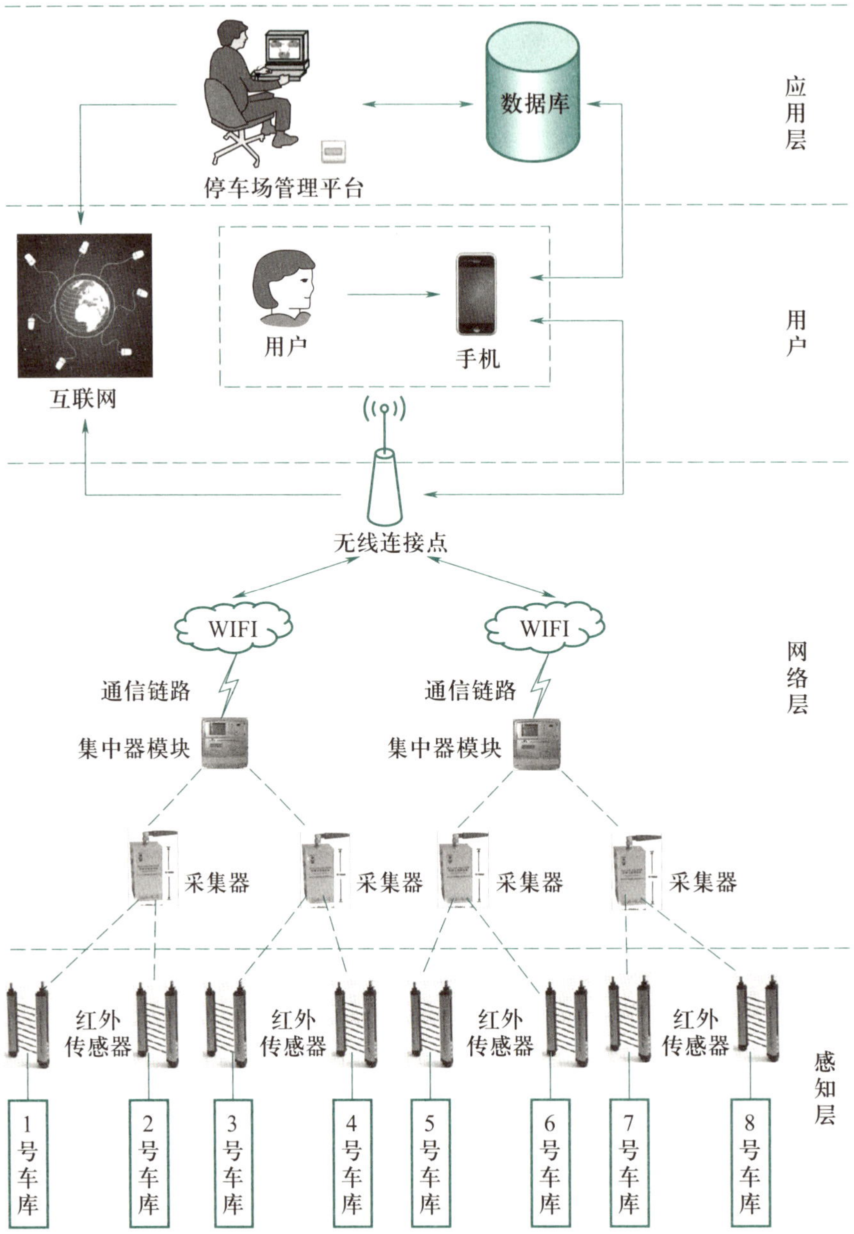

图 10-15　基于物联网的智能停车场系统整体架构

通过将停车场的基本参数、停车位的基本情况、管理员信息、用户信息以及用户停车位选择发送至服务器，管理员能够在服务器端对数据进行相关操作，对停车场情况进行实时的掌控。

传感器节点采用红外传感器对停车位的状态进行检测(是否有车驶入或驶出),当车辆驶入停车位时,相应停车位的红外传感器把停车位状态信号发送给采集器,相反,当车辆驶出停车位时,相应停车位的红外传感器也会把相应的信号发送给采集器,采集器将数据进行处理和存储。集中器收集所有停车位的信息后,会把相应的信息通过网络上传至服务器。

停车场管理系统通信部分为服务端,停车场终端系统为客户端,其数据通信系统示意图如图 10-16 所示。手机客户端与 Web 服务器端的数据交互流程是:先通过 HTTP 协议(超文本传输协议)将数据请求发送到 Web 服务器,服务器将手机客户端请求的数据封装成 JSON (JavaScript Object Notation)格式,再通过 HTTP 协议响应到手机客户端,客户端先解析收到的 JSON 格式的数据,然后将其显示在用户界面上。

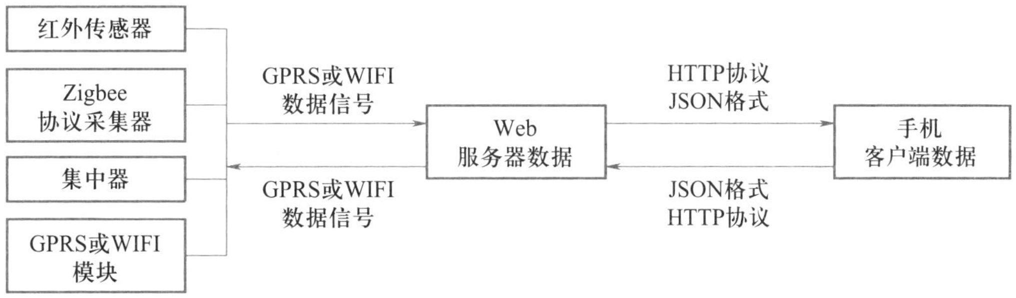

图 10-16　数据通信系统示意图

2. 智能家居

智能家居系统又称智能住宅,在国外常用 Smart Home 表示。与智能家居含义近似的有家庭自动化(Home Automation)、电子家庭(E-home)、数字家园(Digital Family)、家庭网络(Home Net for Home)、网络家居(Network Home)、智能家庭/建筑(Intelligent Building)等不同的称法。智能家居系统结构如图 10-17 所示。

智能家居利用计算机技术、控制技术、图像显示技术以及通信技术,将与家居生活有关的各种子系统通过网络连接到一起,从而满足整个系统的自动化要求,能够提供更便捷的控制和管理。

与普通家居相比,智能家居不仅具有传统的居住功能,提供舒适安全、高品位且宜人的家庭生活空间,而且还把原来被动静止的结构转变为具有能动智慧的工具,提供全方位的信息交换功能,帮助家庭与外部保持信息交流,优化人们的生活方式,帮助人们有效安排时间,增强家居生活的安全性,甚至节约各种能源。

传统的智能家居实现一般通过有线线路的布线方式对楼宇设施进行控制和通信,安装成本较高,系统的扩展性也很差。基于无线传感器网络技术的智能家居系统不仅可以摆脱线缆的束缚、降低安装成本,而且系统的扩展性也有了大幅度的提高。智能家居的发展趋势应是具有完善的家庭各个系统的智能控制功能,目前有如下一些智能控制功能。

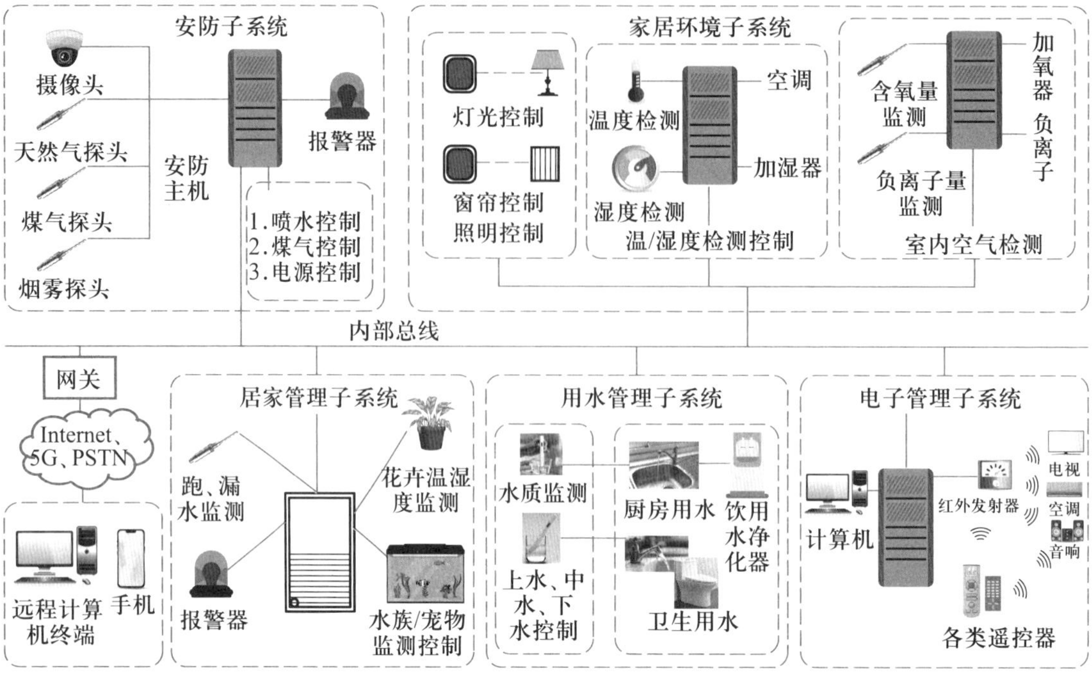

图 10-17　智能家居系统结构

（1）防盗报警功能　可通过智能家居控制器接入各种红外传感器、门磁开关，并根据需要随时布防撤防，相当于安装了无形的电子防盗网，可以敏感探知并警告闯入的不法分子，保护人们的生命和财产安全。家庭安防功能是居民对智能家居的首要要求，当家庭智能终端处于布防状态时，红外传感器探测到家中有人走动，就会自动报警，并通过蜂鸣器和语音实现本地报警，同时将报警信息传到物业保安中心并自动拨号到主人的手机或办公室电话上。

（2）防灾报警功能　智能家居通过接入烟雾传感器、燃气传感器和水浸传感器，全天候监控可能发生的火灾、燃气泄漏和溢水漏水情况，并在发生报警时联动关闭气阀、水阀，为家庭构建坚实的安全屏障。

（3）求助报警功能　智能家居控制器接入各种求助按钮，可以使家中的老人小孩在遇到紧急情况时通过启动求助按钮快速进行现场报警和远程报警，及时获得各种救助。

（4）远程控制功能　利用电话或手机可在办公室或其他地点进行远程控制家庭电器开关及安防系统布/撤防等；通过组建家庭的监控网络，还可以通过监控设备，对家庭安全进行监视和控制，可以在任意地点通过互联网看到家中的图像和与家中的人员进行对话。

（5）定时控制功能　通过无线遥控器或液晶控制面板操作，预先设计家电的定时启停计划，实施热水器定时开启的设备运行计划，达到节约电费的目的。

（6）信息收发功能　通过液晶控制面板显示接收网络信息，也可通过手机接收智能家居控制器发送的状态信息，并向其发回各种控制指令。

（7）联动控制家用电器及居家安防　智能家居可以很方便地设计各种联动控制方案，例如，遇盗警时，联动开启家庭所有灯光；遇火警时发出报警信号；燃气泄漏时，联动打开排风扇，并关闭燃气管道总闸门。所有的联动控制均可以通过控制面板操作启动。

(8) 居家抄表智能化　智能家居通过与小区智能系统的联网,还可以很容易地实现四表(水表、电表、气表、热表)远传、一卡通等智能化服务。

综上所述,传感器网络在智能家居中应用空间广阔,主要表现在家庭自动化和智能环境两个方面。家庭自动化就是在传统的家用电器中嵌入智能的传感器和执行器,如吸尘器、微波炉、电冰箱等,从而成为智能家电,成为传感器网络的节点,家电节点间可以互相通信,并能通过互联网与外部网络互联,使用户可以方便地对家电进行远程监控。智能环境可以分为以人为中心和以技术为中心两种观点,前者强调智能环境在输入/输出能力上必须满足用户的需求,后者主张通过开发新的硬件技术、网络解决方案和中间件服务等方法来满足用户的要求。

3. 红外幕帘探测器

红外幕帘探测器也称热释电红外探测器,在电子防盗、人体探测器领域中应用非常广泛,因其价格低廉、技术性能稳定而应用到多个领域。

红外幕帘探测器有热释电元件和菲涅尔(Fresnel)光学透镜组两个关键的组件。人体发射的 10 μm 左右的红外线通过菲涅尔光学透镜增强后聚集到热释电元件上。其中热释电元件在接收到人体红外辐射温度发生变化时就会失去电荷平衡,向外释放电荷,后续电路经检测处理后就能产生报警信号,图 10-18 所示为红外幕帘探测器的使用效果图。

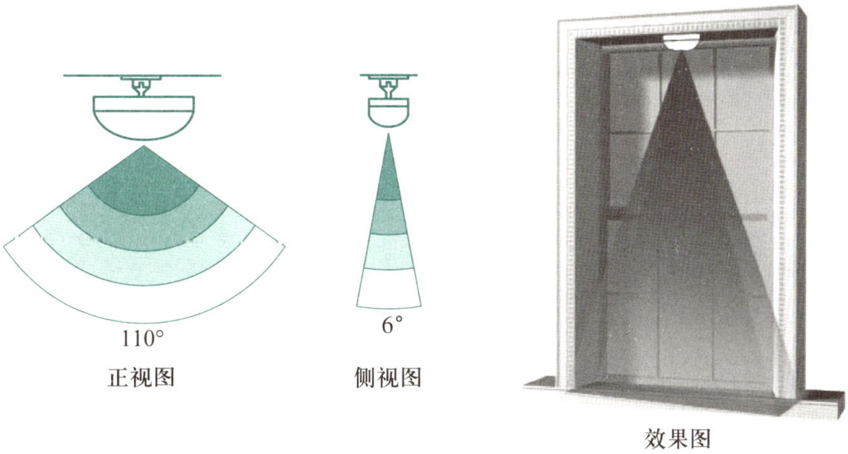

图 10-18　红外幕帘探测器的使用效果图

红外幕帘探测器一般采用红外双向脉冲记数的工作方式,即 A 方向到 B 方向报警,B 方向到 A 方向不报警,因幕帘探测器的报警方式具有方向性所以也称为方向幕帘探测器。红外幕帘探测器在防护卧室和客厅、对防止家里有人时的非法闯入非常适用,但要达到整体综合的防护方案,应该是各种探测器,各种探测方式的组合。

尽管红外幕帘探测器有很多优点,但是其自身也存在一些弱点,如红外幕帘探测器的延时,这个延时既给保护对象从内部穿越探测区到外部的过程提供了更多的时间,同时也使非法入侵容易被探测器忽略，因此通常建议延时时间不要太长。红外幕帘探测器虽然具有移动方向的识别功能，但是如果安装在床、沙发、桌子上面或人经常持续活动的地方，由于温度和气流等因素的干扰可能造成误报警，因此上述位置也不适合安装红外幕帘探测器。除此之外，红外幕帘探测器本身属于被动红外探测器的范畴，因此被动红外探测器通常不宜安装的地方，红外幕帘探测器同样也不适合安装，如空调的下部、暖气和热风机的上部、气流流动较大的地方、紧贴窗帘的地方等易于引起误报警的地方。

安装红外幕帘探测器时应该注意如下事项：

① 探测器水平固定在墙上，定向窗指向外侧，安装高度约为 1.8~2.3 m，探测器与窗之间的距离为 1 m 以上，以感应窗为一幅远达近 15 m，上下角度 110°的红外幕帘，幕帘厚度平均为 1 m。

② 红外幕帘探测器只能安装在室内（切勿安装在室外），安装时不要直接对着窗外，探测范围内不得有隔屏、家具、大型盆景或其他隔离物。

③ 须安装在室内气流、温度变化不大的位置或空间，避免面对窗户、冷暖气机、火炉等温度会产生快速变化的地方。

④ 安装时应尽量远离大功率的家电、远离外界光热源，如太阳光、较强的照明灯光等。

⑤ 探测器的安装应使其覆盖整个需探测的区域。

⑥ 在同一个空间不得安装两个红外幕帘探测器，以避免产生因同时触发而造成的干扰现象。

⑦ 红外幕帘探测器刚开启时，对周围环境有 5 min 左右的感知时间，开启 5 min 后，再用控制器进行设防。

⑧ 当入侵体被红外幕帘探测器探测到时，需几秒钟的分析确认时间，方能发射报警信号，以免误报、漏报。

单元 4　汽车电子防盗系统

一、汽车防盗的种类

汽车防盗可分为机械式防盗装置、电子式防盗装置、芯片式防盗装置和网络式防盗装置。

1. 机械式防盗装置

它主要是靠锁定离合、制动、油门或转向盘、变速挡来达到防盗的目的，但只防盗不报警，分为钩锁、转向盘锁和变速箱锁等。其优点为价格便宜、安装简便；缺点为防盗不彻底，每次拆装比较麻烦，不用时还需要找地方放置。有时车主会给车辆装上数种机械式的防盗器。此类产品防盗性能极低，现在市面上已经很少单独使用。

2. 电子式防盗装置

为了克服机械式防盗装置只防盗不报警的缺点,电子式防盗装置应运而生。它主要是靠锁定点火或起动来达到防盗的目的的,同时具有声音报警功能。电子式防盗装置是目前市场的主流产品,常见的各种汽车防盗报警器、车辆防盗报警系统、电子锁等都属于此类产品。其特点为具有可遥控防盗器的全部功能,可靠方便,可带有振动侦测门控保护及微波或红外探头等功能。它分为单向和双向的两种。其中双向电子式防盗装置的功能是在一定距离内不仅能由车主遥控车辆,车辆还能将自身状态传送给车主,例如哪一侧的车门被开启或车窗玻璃被破坏等。但是,这类防盗装置普遍存在误报警现象,而且超出有效距离和无人看管时,其防盗功能也将丧失殆尽,没有从根本上解决车辆丢失后找回的问题。

3. 芯片式防盗装置

电子式防盗装置固然有其优点,但随着时间的推移,人们研制出了更先进的替代品,这就是目前在汽车防盗领域居于重要地位的芯片式防盗装置。芯片式防盗装置的基本原理是锁住汽车的发动机、电路和油路,在没有芯片钥匙的情况下无法启动车辆。例如,市场上一种芯片式无匙进入汽车防盗装置的功能为:① 无匙进入——感应式自动开关门锁:当车主距车辆 1.5~2 m 时,门锁会自动打开并解除防盗;当车主离开车辆 2.5 m 后,门锁会自动锁上并进入防盗状态;如果车主离开时有一个车门没有关或没有关好,车辆会自动发出提示报警声。② 身份识别系统——芯片感应启动车辆:采用最先进的射频识别技术(RFID),人进入车辆时,车辆能辨认出真正的车主;如果车主不在车内,车辆将无法启动并马上报警。③ 完备的密码身份识别器(电子钥匙)加密系统无法复制。④ 可实现电路、油路或启动锁定:能够对车辆电路、油路、启动三点同时进行锁定,当防盗器被非法拆除时,车辆将无法启动。⑤ 绝不误报警:采用最先进的防冲突技术,极大地增强了系统的可靠性,也就是说,一旦车辆发出报警声,一定有人非法打开车门或启动了车辆。⑥ 支持多种触发方式:实现了多种车辆输出的触发方式,可以任意选择。

4. 网络式防盗装置

网络防盗是指通过网络来实现汽车的开关门、启动、截停、定位,车辆会根据车主的要求提供远程的车况报告等。网络防盗主要是突破了距离的限制,通过手机和防盗主机的双向通信,不仅可以对车辆进行全球遥控,全球监控,实现防抢、寻车、反劫持,还可以及时停止车辆运行、禁止车辆运行等,而且车辆还能将自身状态传送给车主,如提示“震动报警”“车门打开”“车已非法启动”,以便车主及时发现险情并及时处理。

二、汽车防盗装置的基本原理

1. 基本构思

除机械式防盗装置外的其他汽车防盗报警装置的基本构思是:当利用非正常的手续侵入

车厢，进行车辆移动时，能立即进行检测与报警并阻止发动机起动和行驶。

电子控制的汽车防盗装置是典型的机电一体化产品，其控制部分就是电控单元（ECU）。在调置、重调置的操作部分，它是驾驶员进行操作防盗报警装置和解除其功能的部件。传感器的功能是当未以正常的手续解除报警功能，发生侵入车厢事件，并开始起动发动机时，传感器便能检测到这种信息。控制电路则接受来自调置、重调置的操作部件和传感器的信息，并进行判断，当获知异常时，一方面会发出报警，另一方面会阻止车辆起动。

2. 防盗报警装置的调置方法

防盗报警装置的调置方法可分为主动式与被动式两种。主动式是指，用于装置起动（set）的特别操作是必要的方式，具有暗号开关或密码电源开关板，其典型的方式是红外线或电波的遥控方式。在售后服务市场上这种产品较多。这种方式的优点是，在安装上具有通用性，但缺点是往往容易忘记调整，发生偏漏。被动方式则对驾车者不作特别的操作要求，车门关闭后防盗报警装置能自动进行工作，不会发生忘记调置的偏漏。在汽车工厂中装车实用的装置几乎全部采用这种方式。

防盗装置必须安全可靠地工作，如果在深夜发生误动作就会令车主担心。防盗安全装置的误动作与发动机故障一样，是关系到生命安全的重大问题，因此必须确保防盗装置的可靠性。

3. 防盗装置的功能和车上布置

各汽车公司装设的防盗装置相差无几，现以典型案例说明装置的工作过程和功能。图 10-19 所示为防盗装置的功能构成图，图 10-20 所示为防盗装置在车辆上的布置图。防盗装置的各个输入信号来自车门、发动机盖、行李箱（后车门）接通和断开用检测开关，车门的关闭和开启用检测开关，车门键筒的保护开关（当键筒撬开，被拔出时则开启）和点火开关，大部分利用原来车辆的开关。当检测出异常情况时，报警喇叭隔一定时间发出鸣叫声，或者用前照灯的闪亮来报警，与此同时起动机继电器处于切断的状态。

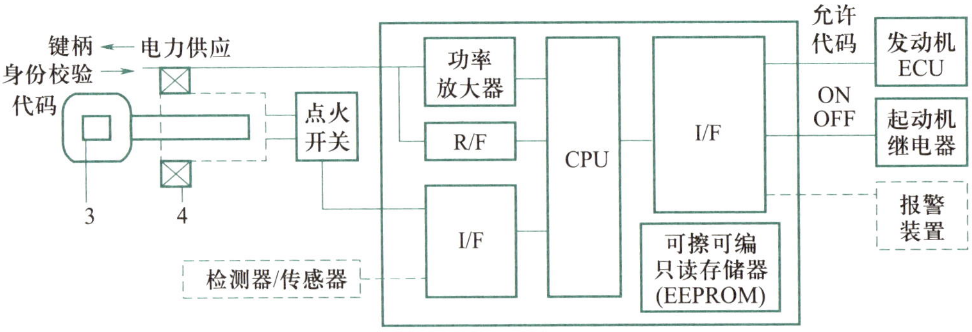

图 10-19 防盗装置的功能构成图

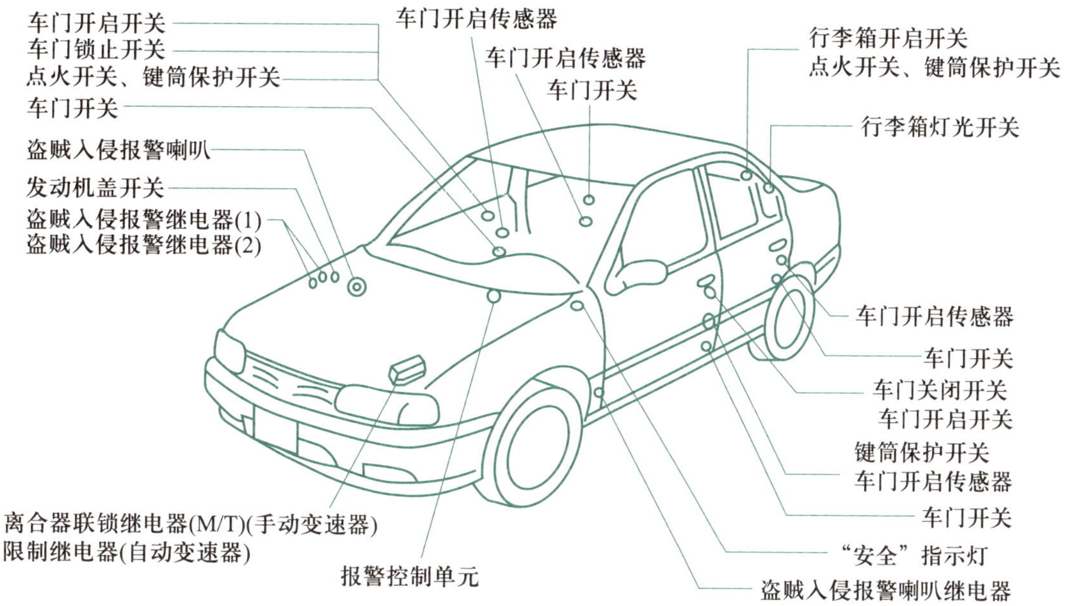

图 10-20　防盗装置在车辆上的布置图

4. 防止被盗车辆自走行驶装置——阻行器(Immobiliser)

阻行器是利用机械或电气方式,或机电一体化控制方式阻止被盗车辆行驶的装置。阻止方式一般是阻止发动机起动。现在国外市场上供应的阻行器可分为四种:键开关方式(ON/OFF)阻行器(图 10-21)、电波遥控键方式阻行器(图 10-22)、电阻键方式阻行器(图 10-23)、继电器(Transponder)方式阻行器(图 10-24)。

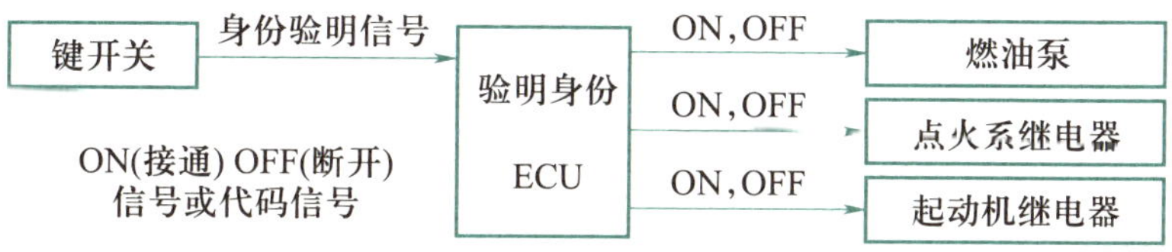

图 10-21　键开关方式阻行器

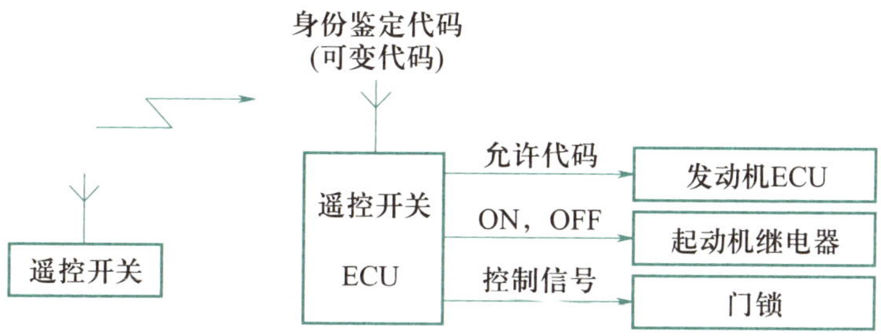

图 10-22　电波遥控键方式阻行器

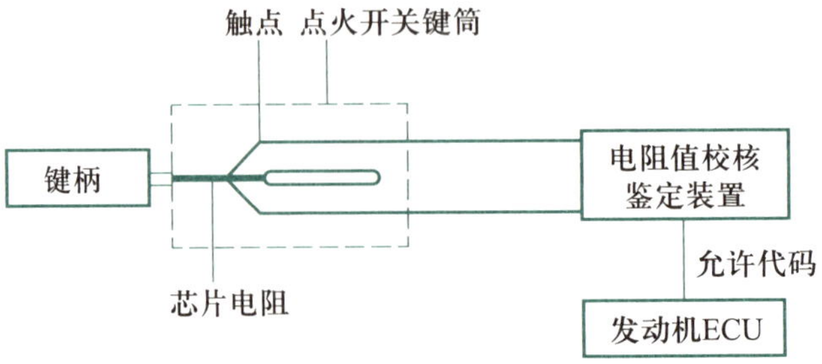

图 10-23 电阻键方式阻行器

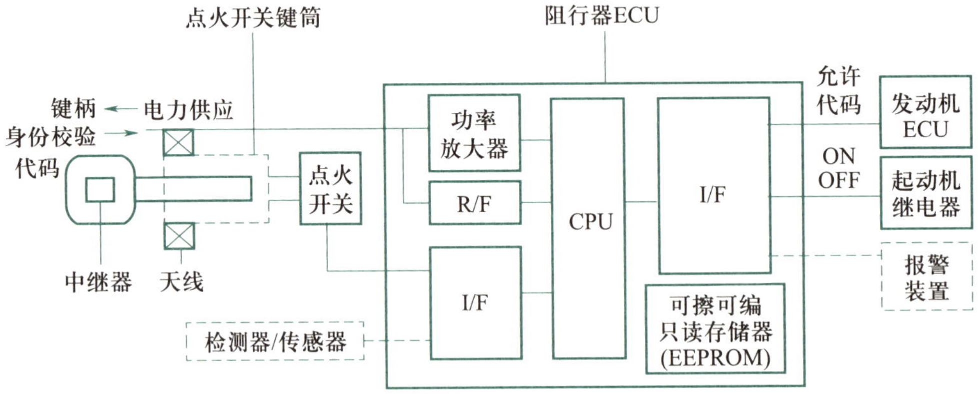

图 10-24 继电器方式阻行器

三、汽车防盗装置的技术发展动向

综合对成本与安全性的考虑，电子式防盗装置和芯片式防盗装置更适合当前的社会发展水平，电子式与芯片式防盗装置混合使用是目前应用较广泛的防盗形式，这种防盗形式具有极高的性价比，可以提供非常高的防盗安全性能。

可以预见，随着电子技术和网络技术水平的不断提高，未来的汽车防盗装置将朝着安全简单、智能化及功能多样化方向发展。

综合训练十

【认知训练】

10-1 智能检测系统由哪两部分构成？试简述其中硬件系统的组成。

10-2 试简述智能检测的软件系统组成。其中执行软件由哪些模块组成？

10-3 智能检测系统有何特点？

10-4 洗衣机中用到哪些传感器？分别检测哪些物理量？

10-5 电冰箱中用哪些传感器来检测温度？

10-6 物联网大致有哪三个层次？这三个层次分别有什么功能？

10-7 试简述传感器在物联网中的作用。

10-8 物联网感知层包含哪些内容？有哪几个硬件节点？

10-9 试简述智能家居的基本功能。

10-10 目前有哪几种汽车防盗装置？

【能力训练】

10-1 通过观察说出至少3种家用电器中有哪些传感器，是如何控制其运行的。

10-2 试说明手机远距离监控家庭居室防盗、防火等场景的原理，画出其原理框图。

10-3 试通过查找网络、图书等手段，简要说明物联网在农业上有哪些应用，并描绘出某一应用的场景。

附　　录

附录一　传感器的分类表

传感器分类		工　作　原　理	传感器名称	典　型　应　用
转换形式	中间参量			
电参数	电阻	移动电位器触点改变电阻	电位器式传感器	位移
		改变电阻丝或片的尺寸从而改变电阻	电阻丝应变式传感器、半导体应变式传感器	微应变、力、负荷
		利用电阻的温度效应（电阻温度系数）	热丝传感器	气流速度、液体流量
			电阻温度传感器	温度、辐射热
			热敏电阻传感器	温度
		利用电阻的光敏效应	光敏电阻传感器	光强
		利用电阻的湿度效应	湿敏电阻传感器	湿度
	电容	改变电容的几何尺寸	电容式传感器	力、压力、负荷、位移
		改变电容的介电常数		液位、厚度、含水量
	电感	改变磁路几何尺寸、导磁体位置	电感式传感器	位移
		涡流去磁效应	涡流式传感器	位移、厚度、硬度
		利用压磁效应	压磁传感器	力、压力
		改变互感	差动变压器	位移
			自整角机	位移
			旋转变压器	位移
	频率	改变谐振回路中的固有参数	振弦式传感器	压力、力
			振筒式传感器	气压
			石英谐振传感器	力、温度等
	计数	利用莫尔条纹	光栅式传感器	大角位移、大直线位移
		改变互感	感应同步器	
		利用拾磁信号	磁栅式传感器	
	数字	利用数字编码	角数字编码器	大角位移

续表

传感器分类		工作原理	传感器名称	典型应用
转换形式	中间参量			
电量	电动势	温差电动势	热电偶传感器	温度、热流
		霍尔效应	霍尔式传感器	磁通、电流
		电磁感应	磁电式传感器	速度、加速度
		光电效应	光电池	光强
	电荷	辐射电离	电离室	离子计数、放射性强度
		压电效应	压电式传感器	动态力、加速度

附录二　几种常用传感器性能特点比较表

传感器类型	典型示值范围	特点及对环境的要求	应用场合与领域
电位器	500 mm 以下或 360°以下	结构简单，输出信号大，测量电器简单，摩擦力大，需要较大的输入能量，动态响应差，应置于无腐蚀性气体的环境中	直线和角位移测量
应变片	2 000 με 以下	体积小，价格低廉，精度高，频率特性较好，输出信号小，测量电路复杂，易损坏	力、应力、应变、小位移、振动、速度、加速度及扭矩测量
自感 互感	0.001～20 mm	结构简单，分辨率高，输出电压高，体积大，动态响应较差，需要较大的激励功率，易受环境振动的影响	小位移、液体及气体的压力测量，振动测量
电涡流	100 mm 以下	体积小，灵敏度高，非接触式，安装使用方便，频响好，应用领域宽广，测量结果标定复杂，需远离不属被测量的金属物	小位移、振动、加速度、振幅、转速、表面温度及状态测量，无损探伤
电容	0.001～0.5 mm	体积小，动态响应好，能在恶劣条件下工作，需要的激励源功率小，测量电路复杂，对湿度影响较敏感，需要良好屏蔽	小位移、气体及液体压力测量，与介电常数有关的参数如含水量、湿度、液位测量
压电	0.5 mm 以下	体积小，高频响应好，属发电型传感器，测量电路简单，受潮后易发生漏电	振动、加速度、速度、位移测量
光电	视应用情况而定	非接触式测量，动态响应好，精度高，应用范围广，易受外界杂光干扰，需要防光护罩	光亮度、温度、转速、位移、振动、透明度测量，或其他特殊领域应用

续表

传感器类型	典型示值范围	特点及对环境的要求	应用场合与领域
霍　　尔	5 mm 以下	体积小，灵敏度高，线性好，动态响应好，非接触式，测量电路简单，应用范围广，易受外界磁场、温度变化的干扰	磁场强度、角度、位移、振动、转速、压力测量，或其他特殊场合应用
热电偶	-200～1 300 ℃	体积小，精度高，安装方便，属发电型传感器，测量电路简单，冷端补偿复杂	测温
超声波	视应用情况而定	灵敏度高，动态响应好，非接触式，应用范围广，测量电路复杂，测量结果标定复杂	距离、速度、位移、流量、流速、厚度、液位、物位测量及无损探伤
光　　栅	0.001～10^4 mm	测量结果易数字化，精度高，受温度影响小，成本高，不耐冲击，易受油污及灰尘影响，应有遮光、防尘的防护罩	大位移、静动态测量，多用于自动化机床
磁　　栅	0.001～10^4 mm	测量结果易数字化，精度高，受温度影响小，录磁方便，成本高，易受外界磁场影响，需要磁屏蔽	大位移、静动态测量，多用于自动化机床
感应同步器	0.005 mm 至几米	测量结果易数字化，精度较高，受温度影响小，对环境要求低，易产生接长误差	大位移、静动态测量，多用于自动化机床

附录三　热电阻分度号表

名　　称	分度号	分度号采用标准
工业用铜热电阻	Cu50 $R_0=50\ \Omega$ $\alpha=0.004\ 280\ ℃^{-1}$	JB/T 8623—2015
	Cu100 $R_0=100\ \Omega$ $\alpha=0.004\ 280\ ℃^{-1}$	
工业用铂热电阻	Pt100 $R_0=100\ \Omega$ $\alpha=0.003\ 850\ ℃^{-1}$	IEC751—1983
	Pt10 $R_0=10\ \Omega$	

附录四 热电阻分度表

工作端温度/℃	电阻值/Ω		工作端温度/℃	电阻值/Ω	
	Cu50	Pt100		Cu50	Pt100
-200	—	18. 49	90	69. 26	134. 70
-190	—	22. 80	100	71. 40	138. 50
-180	—	27. 08	110	73. 54	142. 29
-170	—	31. 32	120	75. 68	146. 06
-160	—	35. 53	130	77. 83	149. 82
-150	—	39. 71	140	79. 98	153. 58
-140	—	43. 87	150	82. 13	157. 31
-130	—	48. 00	160	—	161. 04
-120	—	52. 11	170	—	164. 76
-110	—	56. 19	180	—	168. 46
-100	—	60. 25	190	—	172. 16
-90	—	64. 30	200	—	175. 84
-80	—	68. 33	210	—	179. 51
-70	—	72. 33	220	—	183. 17
-60	—	76. 33	230	—	186. 32
-50	39. 24	80. 31	240	—	190. 45
-40	41. 10	84. 27	250	—	194. 07
-30	43. 55	88. 22	260	—	197, 69
-20	45. 70	92. 16	270	—	201. 29
-10	47. 85	96. 09	280	—	204. 88
0	50. 00	100. 00	290	—	208. 45
10	52. 14	103. 90	300	—	212. 02
20	54. 28	107. 79	310	—	215. 57
30	56. 42	111. 67	320	—	219. 12
40	58. 56	115. 54	330	—	222. 65
50	60. 70	119. 40	340	—	226. 17
60	62. 84	123. 24	350	—	229. 67
70	64. 98	127. 07	360	—	233. 17
80	67. 12	130. 89	370	—	236. 65

续表

工作端温度/℃	电阻值/Ω		工作端温度/℃	电阻值/Ω	
	Cu50	Pt100		Cu50	Pt100
380	—	240.13	450	—	264.11
390	—	243.59	460	—	267.49
400	—	247.04	470	—	270.36
410	—	250.48	480	—	274.22
420	—	253.90	490	—	277.56
430	—	257.32	500	—	280.90
440	—	260.72			

附录五　镍铬-镍硅(镍铝)热电偶分度表

(自由端温度为 0 ℃)

工作端温度/℃	热电动势/mV		工作端温度/℃	热电动势/mV	
	EU-2	K		EU-2	K
-50	-1.86	-1.889	120	4.92	4.919
-40	-1.50	-1.527	130	5.33	5.327
-30	-1.14	-1.156	140	5.73	5.733
-20	-0.77	-0.777	150	6.13	6.137
-10	-0.39	-0.392	160	6.53	6.539
-0	-0.00	-0.000	170	6.93	6.939
+0	0.00	0.000	180	7.33	7.338
10	0.40	0.397	190	7.73	7.737
20	0.80	0.798	200	8.13	8.137
30	1.20	1.203	210	8.53	8.537
40	1.61	1.611	220	8.93	8.938
50	2.02	2.022	230	9.34	9.341
60	2.43	2.436	240	9.74	9.745
70	2.85	2.850	250	10.15	10.151
80	3.26	3.266	260	10.56	10.560
90	3.68	3.681	270	10.97	10.969
100	4.10	4.095	280	11.38	11.381
110	4.51	4.508	290	11.80	11.793

续表

工作端温度/℃	热电动势/mV		工作端温度/℃	热电动势/mV	
	EU-2	K		EU-2	K
300	12.21	12.207	590	24.48	24.476
310	12.62	12.623	600	24.90	24.902
320	13.04	13.039	610	25.32	25.327
330	13.45	13.456	620	25.75	25.751
340	13.87	13.874	630	26.18	36.176
350	14.30	14.292	640	26.60	26.599
360	14.72	14.712	650	27.03	27.022
370	15.14	15.132	660	27.45	27.445
380	15.56	15.552	670	27.87	27.867
390	15.99	15.974	680	28.29	28.288
400	16.40	16.395	690	28.71	28.709
410	16.83	16.818	700	29.13	29.128
420	17.25	17.241	710	29.55	29.547
430	17.67	17.664	720	29.97	29.965
440	18.09	18.088	730	30.39	30.383
450	18.51	18.513	740	30.81	30.799
460	18.94	18.938	750	31.22	31.214
470	19.37	19.363	760	31.64	31.629
480	19.79	19.788	770	32.06	32.042
490	20.22	20.214	780	32.46	32.455
500	20.65	20.640	790	32.87	32.866
510	21.08	21.066	800	33.29	33.277
520	21.50	21.493	810	33.69	33.686
530	21.93	21.919	820	34.10	34.095
540	22.35	22.346	830	34.51	34.502
550	22.78	22.772	840	34.91	34.909
560	23.21	23.198	850	35.32	35.314
570	23.63	23.624	860	35.72	35.718
580	24.05	24.050	870	36.13	36.121

续表

工作端温度/℃	热电动势/mV		工作端温度/℃	热电动势/mV	
	EU-2	K		EU-2	K
880	36. 53	36. 524	1 130	46. 23	46. 238
890	36. 93	36. 925	1 140	46. 60	46. 612
900	37. 33	37. 325	1 150	46. 97	46. 935
910	37. 73	37. 724	1 160	47. 34	47. 356
920	38. 13	38. 122	1 170	47. 71	47. 726
930	38. 53	38. 519	1 180	48. 08	48. 005
940	38. 93	38. 915	1 190	48. 44	48. 462
950	39. 32	39. 310	1 200	48. 81	48. 828
960	39. 72	39. 703	1 210	49. 17	49. 192
970	40. 10	40. 096	1 220	49. 53	49. 555
980	40. 49	40. 488	1 230	49. 89	49. 916
990	40. 88	40. 897	1 240	50. 25	50. 276
1 000	41. 27	41. 264	1 250	50. 61	50. 633
1 010	41. 66	41. 657	1 260	50. 96	50. 990
1 020	42. 04	42. 045	1 270	51. 32	51. 344
1 030	42. 43	42. 432	1 280	51. 67	51. 697
1 040	42. 83	42. 817	1 290	52. 02	52. 049
1 050	43. 21	43. 202	1 300	52. 37	52. 398
1 060	43. 59	43. 585	1 310		52. 747
1 070	43. 97	43. 968	1 320		53. 093
1 080	44. 34	44. 349	1 330		53. 439
1 090	44. 72	44. 729	1 340		53. 782
1 100	45. 10	45. 108	1 350		54. 125
1 110	45. 48	45. 486	1 360		54. 466
1 120	45. 85	45. 863	1 370		54. 807

注:表中 EU-2 为旧的分度号,K 为新的分度号。

参考文献

[1] 吴旗. 自动检测与转换技术[M]. 北京:高等教育出版社,2014.

[2] 何希才. 传感器及其应用电路[M]. 北京:电子工业出版社,2001.

[3] 刘迎春. 传感器原理、设计与应用[M]. 5版. 北京:国防工业出版社,2015.

[4] 陈尔绍. 传感器实用装置制作集锦[M]. 北京:人民邮电出版社,1999.

[5] 黄继昌,徐巧鱼. 传感器工作原理及应用实例[M]. 北京:人民邮电出版社,1998.

[6] 郑堤,唐可洪. 机电一体化设计基础[M]. 北京:机械工业出版社,2011.

[7] 顾冠群,万德钧. 机电一体化设计手册[M]. 南京:江苏科学技术出版社,1996.

[8] 刘少强,张靖. 现代传感器技术——面向物联网应用[M]. 2版. 北京:电子工业出版社,2016.

[9] 姜香菊. 传感器原理与应用[M]. 2版. 北京:机械工业出版社,2020.

[10] 贾惠芹. 虚拟仪器设计[M]. 北京:机械工业出版社,2012.

[11] 魏学业. 传感器技术与应用[M]. 武汉:华中科技大学出版社,2013.

读者意见反馈

为收集对教材的意见建议，进一步完善教材编写并做好服务工作，读者可将对本教材的意见建议通过如下渠道反馈至我社。

咨询电话　400-810-0598

反馈邮箱　zz_dzyj@ pub.hep.cn

通信地址　北京市朝阳区惠新东街 4 号富盛大厦 1 座

高等教育出版社总编辑办公室

邮政编码　100029

防伪查询说明

用户购书后刮开封底防伪涂层，使用手机微信等软件扫描二维码，会跳转至防伪查询网页，获得所购图书详细信息。

防伪客服电话　(010)58582300

学习卡账号使用说明

一、注册/登录

访问 https://abooks.hep.com.cn，点击“注册/登录”，在注册页面可以通过邮箱注册或者短信验证码两种方式进行注册。已注册的用户直接输入用户名加密码或者手机号加验证码的方式登录。

二、课程绑定

登录之后，点击页面右上角的个人头像展开子菜单，进入“个人中心”，点击“绑定防伪码”按钮，输入图书封底防伪码(20 位密码，刮开涂层可见)，完成课程绑定。

三、访问课程

在“个人中心”→“我的图书”中选择本书，开始学习。

如有账号问题，请发邮件至：4a_admin_zz@ pub. hep. cn。